国家核安全与放射性污染防治
“十四五”规划思路研究

核安全规划研究技术组　著

中国原子能出版社

图书在版编目（CIP）数据

国家核安全与放射性污染防治“十四五”规划思路研究／核安全规划研究技术组著. — 北京：中国原子能出版社，2020.12
ISBN 978-7-5221-1168-1

Ⅰ. ①国… Ⅱ. ①核… Ⅲ. ①核安全-研究-中国②放射性污染-污染防治-研究-中国 Ⅳ. ①TL7②X591

中国版本图书馆 CIP 数据核字(2020)第271514号

国家核安全与放射性污染防治“十四五”规划思路研究

出版发行 中国原子能出版社（北京市海淀区阜成路 43 号　100048）
责任编辑 付　凯　裘　勖
装帧设计 侯怡璇
责任校对 宋　巍
责任印制 赵　明
印　　刷 河北宝昌佳彩印刷有限公司
经　　销 全国新华书店
开　　本 787 mm×1092 mm　1/16
印　　张 14.625
字　　数 365 千字
版　　次 2020 年 12 月第 1 版　2020 年 12 月第 1 次印刷
书　　号 ISBN 978-7-5221-1168-1　　**定　　价** **65.00** 元

网址：http://www.aep.com.cn　　**E-mail：atomep123@126.com**
发行电话：010-68452845

《国家核安全与放射性污染防治“十四五”规划思路研究》

技　术　组

主　编： 董毅漫　常　猛

副主编： 曲云欢　李光辉　李小丁　张黎辉　龚　宇

编　委：（以姓氏笔画为序）

王　冠　王　璐　王永仙　邓少刚　左嘉旭　田　宇
白　刚　付陟玮　朱彦伟　任晓飞　刘　婷　刘志辉
安洪振　李宏宇　杨丽丽　吴超平　宋大虎　张　劲
张　明　张巧娥　张佳琦　周超然　郑向阳　郑洁莹
郑继业　党　磊　高志婷　黄　力　靖剑平　潘昕怿

统　稿： 李小丁　刘　婷　白　刚

序　言

核安全是国家安全的重要组成部分，是确保能源安全的重要条件，是生态环境的重要领域，加强核安全与放射性污染防治，对于推进生态文明建设，实现美丽中国宏伟目标具有重大意义。“十四五”规划是全面建成小康社会后，开启全面建设现代化国家新征程的开局规划，是向第二个百年奋斗目标进军的第一个五年规划。国家核安全与放射性污染防治“十四五”规划（以下简称核安全“十四五”规划）具有重要的历史使命和里程碑意义。因此，做好核安全“十四五”规划思路研究，为准确判断“十四五”核安全发展趋势、把握“十四五”重点问题、提出切实可行的目标指标和重点任务，发挥了重要引领作用。

2019 年生态环境部（国家核安全局）全面启动并部署了核安全“十四五”规划前期研究工作，成立了规划研究专家组和技术组。前期研究工作得到了各方面的高度重视和大力支持，在生态环境部（国家核安全局）的领导下，组织生态环境部核与辐射安全中心以及中国核工业集团有限公司、中国广核集团有限公司、国家电力投资集团公司、中国东方电气集团有限公司、中国再保险集团股份有限公司、中机生产力促进中心等单位就核电厂、核设施退役等领域开展思路研究，同时就核保险政策、核设施公众参与机制等开展研究。截至 2020 年 4 月，规划思路和专题研究全面完成，形成 50 余份规划前期研究报告，共 60 余万字的研究成果，为“十四五”规划编制提供了有益借鉴，有力提升了核安全“十四五”规划编制工作的影响力和公信力。其中，规划重点领域思路研究共形成 20 余份研究报告。

核安全规划研究技术组在总结回顾“十三五”规划实施总体情况基础上，对“十四五”核安全与放射性污染防治面临的形势进行了预判，建议以“推进核安全治理体系和治理能力现代化”为中心，通过“依法治核、科学治核、文化治核、信用治核、智慧治核”五种手段，实现思想认识、工作中心和监管思路三项转变，提升科研能力、核应急能力、核安全监管能力和放射性废物的处理处置四种能力，抓好保持核电厂安全运行、严控违规造假、提高国产核安全设备可靠性、促进核燃料产业链均衡发展、大力开展公众沟通五件大事，做好完善法规标准、制定核安全政策、优化机制体制、培育核安全文化、加强人才培养、加强国际合作六项保障，形成核安全“十四五”规划内容框架，并吸纳了国家生态环境保护“十四五”规划和国民经济和社会发展第十四个五年规划纲要相关内容。

核安全“十四五”规划的研究编制，得到了社会各界的广泛关注和大力支持，秉承“开门编规划”的原则，现将规划思路研究报告结集出版，以飨读者。希望本书的出版，有助于读者比较系统地了解“十四五”规划思路出台过程，了解规划对现状、形势、问题、任务设计的考虑，加深对核安全规划乃至对核安全工作的理解，更好的指导未来规划编制工作。需要说明的是，思路研究属于阶段性成果，研究方法、研究成果是课题承担单位的一家之言，相关内容与规划文本也存在一定的差异，恳请读者批评指正。

核安全规划研究技术组

目　录

第一篇　总体思路

第二篇　提升核与辐射安全水平

第三篇　加快放射性污染防治

第四篇　提升核安全保障能力

第五篇　构建现代核安全治理体系

第一篇

总体思路

一、核安全与放射性污染防治“十四五”规划总体思路研究

核安全是国家安全的重要组成部分，事关核能与核技术利用事业，事关环境安全，事关公众利益，历来得到党中央、国务院高度重视，党和国家领导人多次就核安全工作做出重要批示指示。核安全与放射性污染防治规划（以下简称“核安全规划”）是核安全领域的纲领性文件，是推进核安全治理体系和治理能力现代化的施工图和路线图，在保障国家安全、确保核能与核技术利用事业安全发展方面发挥着越来越重要的作用。核安全“十四五”规划（以下简称“核安全‘十四五’规划”）是全面建成小康社会后的第一个规划，具有承前启后的重要作用。总结《核安全与放射性污染防治“十三五”规划及2025年远景目标》（以下简称“核安全‘十三五’规划”》）实施情况，预判“十四五”期间核与辐射安全的发展趋势，系统谋划核安全“十四五”规划总体思路，对于核安全“十四五”规划编制具有重要意义。

生态环境部（国家核安全局）高度重视核安全“十四五”规划编制工作，组织核设施安全监管司、核电安全监管司、辐射源安全监管司、核与辐射安全中心等单位全面启动核安全“十四五”规划总体思路编制工作，同时组织中国核工业集团有限公司（以下简称“中核集团”）、中国广核集团有限公司（以下简称“中广核集团”）、国家电力投资集团有限公司（以下简称“国电投集团”）、机械科学研究总院集团有限公司（以下简称“机械院”）、生态环境部核与辐射安全中心（以下简称“核与辐射安全中心”）等单位开展六十余项专题研究和思路研究。核安全“十四五”规划编制组充分吸收各领域思路研究的最新成果，形成了核安全“十四五”规划总体思路。

1　关于核安全“十四五”规划背景

核安全规划是对未来一个时期核安全工作的简明扼要的总体安排，具有综合性、系统性、时效性、强制性等特点，此外还具有延续性和创新性。延续性体现在需要总结前续规划的完成情况和存在问题，创新性体现在需要综合我国经济、社会和行业发展的新情况进行预判，并根据预判针对性地安排和部署工作。

1.1　核安全“十三五”规划完成情况

遵照《国务院关于对〈核安全与放射性污染防治“十三五”规划及2025年远景目标〉

的批复》（国函〔2017〕29 号）要求，生态环境部会同国家发展和改革委员会、财政部、国家能源局、国家国防科技工业局对核安全“十三五”规划执行情况进行了评估。

1.1.1 实施情况总体良好

核安全“十三五”规划实施总体进展良好，核设施与核技术利用装置安全水平稳步提高，放射源辐射事故年发生率进一步降低，安全保卫、应急响应和安全监管能力基本形成，辐射环境质量保持良好，规划提出的各项目标和主要任务基本完成。

核安全治理体系全面建成，形成中央领导、部门协作、联防联控、运转高效的核安全治理体系。核安全监管体制持续优化，积极配合党中央国务院机构改革，调整内部机构，逐步完善核安全专家决策机制。法制建设成果显著，坚持依法治核，核安全法颁布实施并配套出台一系列法规文件，原子能法向社会公开征求意见，法律法规体系进一步完善。核安全文化建设深入开展，全面提升全行业核安全文化水平。核安全国际影响力大幅提升，发布《中国的核安全》白皮书，与“一带一路”有关国家签订多项核安全合作协议，积极参加核安全相关国际公约，提升国际核安全话语权，为核电“走出去”提供有力支撑。公众沟通全面铺开，建立中央督导、政府主导、企业作为、社会参与“四位一体”的核安全公众沟通体系。

1.1.2 重点任务和重点工程有序推进

核安全“十三五”规划提出的十项重点任务和六类重点工程均按计划有序推进，共开展六类 279 项重点工程，总投资约 127 亿元，包括 39 项核安全改进工程，78 项核设施退役及放射性废物治理工程，38 项核安保与反恐升级工程，49 项核事故应急保障工程，37 项核安全科技创新工程，38 项监管能力建设工程。

核电厂持续保持高安全水平。运行核电方面，对秦山核电厂一期 320 MW 机组开展老化评价，运行许可证延续工作持续推进。核电厂经验反馈体系运转良好，人因管理持续加强。在建核电方面，“华龙一号”、AP1000、EPR、高温气冷堆等世界首堆的试验和调试按计划推进，“华龙一号”福清核电 5 号机组首次并网，AP1000 三门核电 1 号、2 号机组和海阳核电 1 号、2 号机组、EPR 台山核电 1 号、2 号机组相继实现商业运行，石岛湾高温气冷堆核电厂示范工程双堆试验完成。新建核电方面，修订并发布《核动力厂设计安全规定》，提高新建机组的固有安全性。

研究堆和核燃料循环设施安全风险进一步降低。开展 3 家单位研究堆的安全改造，对 12 座研究堆开展定期安全审查，部分研究堆建立老化管理档案，开展小型堆等新反应堆型安全监管要求研究。开展 5 家单位早期建造的核燃料循环设施安全改造。开展六氟化铀泄漏事故排查和经验反馈。推进乏燃料贮存设施和后处理设施建设。

核设施退役和废物治理取得进展。完成部分早期核设施退役项目。固化处理一批历史遗留中低放废液，处理处置一批历史遗留中低放固体废物。部分省份开展了低放废物处置场选址和项目建设前期工作。高放废物地质处置地下实验室立项评估基本完成，确定了高放废物地质处置库首选预选区。

核技术利用管理日趋规范。完成全国放射源安全检查专项行动，检查放射源生产、销售和使用单位 1 万余家，集中收贮废旧、闲置放射源 3000 余枚。印发《射线装置分类》。开发全国高风险移动源在线监控系统平台，完成国家核技术利用辐射安全监管系统升级改造。加强废旧放射源辐射安全管理，推动废旧放射源回收再利用。

铀矿冶辐射环境风险治理取得进展。完成部分 2010 年前关停的铀矿冶设施退役治理。完成部分重点地区历史遗留地质勘探设施退役治理。完成第二次全国污染源普查伴生放射性矿普查初测工作。

核安全设备质量可靠性持续提高。更新民用核安全设备目录，修订核安全设备许可条件。落实“两个零容忍”，对设备领域违规操作和弄虚作假行为严格执法，加大处罚力度。营运单位进一步加强对核安全设备的监造管理。攻克并掌握部分关键制造技术，固化制造工艺，核电关键设备国产化、自主化水平稳步提高，可靠性增强。

核安保水平进一步提高。开展 7 家单位核电厂实体屏障、低空飞行物防范系统等实物保护系统的升级改造。各核电厂开展工控系统网络主机加固等措施。完成部分城市放射性废物库升级改造。践行国家承诺，协助相关国家完成微堆低浓化改造。

应急体系持续完善。发布《中国的核应急》白皮书。初步建立全国核应急预案管理数据库。国家核应急专网与 30 家核应急相关部门（单位）实现互联互通。逐步完善核应急资源管理数据库系统。组建中国核应急救援队，完成 10 个国家核应急专业救援队伍建设立项批复，建成浙江秦山、广东大亚湾-阳江、山东烟台 3 支核应急支援队。组织实施国家、省、核设施营运单位等各级核应急综合演习 40 次、综合性培训 42 次。

科研创新初显成效。建成核电人因工程实验室等 3 个核安全研发创新平台，开展 12 个重点领域 40 余项核安全技术研究。启动“核安全与先进核能技术”国家重点研发计划。

监管能力稳步提升。国家核与辐射安全监管技术研发基地土建工程建设全面完成。完善全国辐射环境质量监测、重要核设施监督性监测、核与辐射应急监测 3 张监测网络。新建 102 个辐射环境质量自动监测站（以下简称“自动站”），国控辐射环境质量监测点位达 263 个；完成重要核设施监督性监测 21 个国控点位的升级改造；完成了边境和重点地区核应急专业力量建设，构建东北边境地区三层核污染监测预警综合防控体系。全国省级辐射环境监测机构能力建设达标率达 84%。

1.1.3　规划落实过程中存在的问题

一是核电新机型和堆型的运行安全面临挑战。AP1000、EPR、高温气冷堆、“华龙一号”等新机型和堆型采取了全新的理念和设计，核电安全系统设计较以往的堆型发生了一些变化，且都是首次建造、调试和运行，没有成熟的运行应用和示范，甚至在国际上也无运行经验可借鉴，机组运行初期可能出现较多的运行事件，机组运行安全面临挑战。

二是核电厂乏燃料贮存能力不足，后处理大厂进展缓慢。目前核电厂运行产生的乏燃料大都暂存在各自的乏燃料水池中，而乏燃料水池的设计容量有限，不能满足日益增多的乏燃料贮存需求。部分核电基地的乏燃料水池已经满容，处于厂内新旧乏燃料水池倒运境地。核电厂乏燃料离堆贮存能力不足，增加了核电厂安全风险。同时由于受到技术、对外谈判、地方政府支持力度不够等因素的影响，商用乏燃料后处理大厂建设进展较为缓慢。

三是国家核与辐射安全监管技术研发基地能力建设资金尚未落实，自动站建设和运维问题较为明显。国家核与辐射安全监管技术研发基地是一项整体建设工程，除了征地及土建工程外，还包括核电厂安全验证等多项能力建设内容。受国家政策影响，国家发展改革委只批复了项目征地及土建投资，导致开展核与辐射安全监管亟需的实验室和条件保障内容建设资金尚未落实，严重制约我国核与辐射安全监管能力和水平的全面提升。自动站建设速度较为缓慢，部分地区自动站运行维护艰难，大部分自动站建设在地级以下城市（含地区、州、盟所在地），远离省级辐射环境监测机构，由各地市辐射环境监测机构负责运行维护，而地市辐射环境监测机构缺乏相关的技术人员及运行维护经验，难以胜任自动站的运行维护。

四是科研投入数量和投入的可持续性未达预期。核安全科研涉及的领域广、学科多、难度大，科研投入数量和资金，以及成果产出未达预期，高端科技人才不足，关键领域领军人才少，创新能力提升不全面成为制约核安全科研发展的主要问题。

1.2　关于核安全“十四五”规划形势预判

党的十八大以来，在习近平新时代中国特色社会主义思想指导下，党中央、国务院对核安全重视程度之高、指导力度之大、法规制度之全、标准要求之严、监管措施之实前所未有。人民群众对核安全的诉求更多、关注更高。总体来说，“十四五”期间机遇与挑战并存，动力与压力同在。

1.2.1　核安全与放射性污染防治面临新的机遇

一是十九届四中全会为核安全工作指明了发展方向。十九届四中全会提出推进国家治理体系和治理能力现代化，这是当前乃至今后一段时间内全党的一项重大战略任务。核安全是国家安全的重要组成部分，事关国家安危、人民健康、社会稳定、经济发展及大国地位。与其他安全相比，核安全具有政治性更强、专业性更高、影响范围更广等特点，十九届四中全会为核安全工作明确了方向、任务和要求，必须努力推进核安全治理体系和治理能力现代化。

二是核安全工作愈发受到领导重视。党和国家领导人多次就核安全工作做出重要批示指示。习近平总书记指出核安全“是一个值得高度重视的国家安全问题，务必千方百计消除隐患”“从国家层面部署实施核安全战略，制定中长期核安全发展规划，完善核安全立法和监管机制，并确保相关工作得到足够投入和支持。”李克强总理指出“要确保核安全万无一失”。确保核安全，事关国计民生，是党和国家对人民做出的庄严承诺。

三是核事业的发展为核安全事业注入了更大的动力。核安全是核能与核技术利用事业发展的生命线。截至 2020 年 12 月底，我国共有运行核电机组 48 台，排名世界第三；在建核电机组 17 台，排名世界第一。除核电外，我国还拥有 19 座民用研究堆，18 座核燃料循环设施，80 余座铀矿山，6 万多家核技术利用单位，近 14 万枚在用放射源、近 20 万枚废旧放射源、近 18 万台射线装置。此外，还有 200 多家核安全设备设计、制造、安装和无损检验单位。核安全必须与快速发展的核事业保持同步，才能更好地保障核事业健康发展。

四是《核安全法》出台为依法治核提供法律保障。2018 年 1 月 1 日，《核安全法》正式实施，有关核安全的基本方针、原则、主要制度、监督管理体制等重大问题在法律层面得到明确。核安全法的出台，结束了我国核安全领域无针对性法律的历史，以《核安全法》实施为契机，核安全法律法规制修订工作进一步加速，法规标准体系进一步完善，为核安全工作提供了坚实的法律保障。

五是《中国的核安全》白皮书的发布为中国特色核安全之路伸向世界舞台奠定良好的

基础。习近平总书记指出“核安全是全球性课题。加强核安全全球治理、防范恐怖主义渗透、实现普遍核安全，需要各国携手努力。”《中国的核安全》是中国政府发表的第一部核安全白皮书，阐述中国核安全的基本原则和政策主张，阐明中国推进全球核安全治理进程的决心和行动，为共同推进全球核安全治理，打造核安全命运共同体，贡献中国智慧和中国力量。世界的核安全需要中国，中国的核安全离不开世界，进一步推动核电走出去和“一带一路”发展战略实施为中国特色核安全之路伸向世界舞台提供了良好契机。

1.2.2　核安全与放射性污染防治面临新的挑战

一是中美贸易摩擦对我国核安全造成的影响不容低估。2018 年，美国能源部发布《美中民用核合作政策框架》，对向我国出口的民用核电技术提出多项具体限制条件，将我国视为核行业的主要竞争对手，我国核安全基础性、公益性科研积累不够，高水平研究较少、原始创新能力不足的问题凸显。我国部分设备、部件和软件，尤其是部分关键设备，依赖美国进口，“卡脖子”问题对我国核安全造成一定影响。

二是社会信用缺失蔓延至核领域，导致违规造假现象屡禁不止。我国是世界第一大核电建造国，核电的建造质量对核电安全运行起到重要作用，国家历来高度重视核电的建造质量，但从实际情况来看，违规造假事件禁而不绝。“十三五”期间，防城港违规造假事件引起了国家领导人的高度重视，李克强总理对此专门做出批示。违规造假具有方式多样性、手段隐蔽性、方法专业性和影响长期性等特点，如何贯彻两个“零容忍”，落实核安全责任将是我国核安全工作面对的一项重大课题。

三是新冠肺炎疫情给核安全应急工作敲响了警钟。虽然我国经历了“非典”“禽流感”等多次疫情的侵袭，积累了抗击传染病的经验，但新冠肺炎疫情依旧对我国正常生产生活造成了严重影响。我国核行业从未真正遭受过严峻的考验，一旦核事故发生，政府部门能否高效配合、应急决策指挥系统能否快速响应、应急信息能否迅速公开、应急物资储备是否充足，这都引发了对我国核安全工作的思考，可以说，新冠肺炎疫情给我国核应急工作敲响了警钟。

四是涉核社会稳定风险日益复杂。朝核问题对我国影响仍然存在，涉核恐怖袭击的风险尚未消除，核材料、核设施安保体系仍有薄弱环节。在涉核工程建设项目领域，公众的参与欲望愈发强烈，诉求表达也更加激烈，不同利益相关方的关系错综复杂。社会反核情绪不断高涨，“邻避效应”日益突出，涉核舆情极易引发社会稳定问题，“十四五”期间由核安全带来社会稳定风险的情况仍可能发生。

五是核安全文化有弱化趋势。多年来，我国核能与核技术利用事业保持了良好的安全业绩，我国核电厂迄今未发生国际核事件分级表 2 级及以上事件或事故，放射源辐射事故年发生率降至 1 起/万枚以下，良好的核安全业绩导致部分核从业人员思想上有所轻视，行动上有所弱化。加之核行业波动发展，人才流失现象明显，部分新进人员安全意识不强，安全文化水平不高，对我国核安全的影响不容小觑。

2 关于核安全“十四五”规划编制的总体思路

结合核与辐射安全“十四五”面临的形势，核安全“十四五”规划编制的总体思路按照“一二三四五六”展开，即围绕一个中心，聚焦两大目标，实现三项转变，提升四种能力，抓好五件大事，做好六项保障。

2.1 围绕一个中心

围绕推进核安全治理体系和治理能力现代化这个中心。

核与辐射自身的特点决定了其技术的复杂性、事故的突发性、处理的艰难性、后果的严重性、社会的敏感性和极端的重要性，决定了必须将安全放在首位。核安全“十二五”规划聚焦福岛核事故的历史背景，主题是安全改造，着重提高我国的核安全水平。核安全“十三五”规划聚焦我国核安全主要风险点，主题是风险防控，着重消除各类事故的安全风险。通过实施核安全“十二五”规划和“十三五”规划，解决了当时最急迫的一些现实安全问题，打造了具有中国特色的核安全治理模式。十九届四中全会提出推进国家治理体系和治理能力现代化，明确了“三步走”的总体目标，即到党成立一百周年时，在各方面制度更加成熟、更加定型上取得明显成效；到2035年，各方面制度更加完善，基本实现国家治理体系与治理能力现代化；到新中国成立一百年时，全面实现国家治理体系和治理能力现代化。推进核安全治理体系和治理能力现代化，提升核安全治理水平，是核安全领域推进国家治理体系和治理能力现代化的具体要求，这是今后一段时间核安全工作的重心和目标，也是核安全“十四五”规划的中心。

2.2 聚焦两大目标

聚焦核安全治理体系现代化和核安全治理能力现代化两大目标。

聚焦核安全治理体系现代化。习近平总书记指出，“一个国家选择什么样的治理体系，是由这个国家的历史传承、文化传统、经济社会发展水平决定的，是由这个国家的人民决定的。”党的十八大以来，在核安全观的引领下，我国逐步构建起了以法律规范、行政监管、行业自律、技术保障、人才支撑、文化引领、社会参与、国际合作等为主体的核安全治理体系，走出了一条具有中国特色的核安全道路。推进核安全治理体系，最根本的就是推动核安全的各项制度更加成熟更加定型。核安全“十四五”规划是全面建成小康社会后核安全领域的第一个五年规划，必须按照“固根基、扬优势、补短板、强弱项”的原则，完善核安全各项制度。

聚焦核安全治理能力现代化。核安全治理能力是综合运用各种制度、技术、理念和设备管理核安全各方面事务的能力，“十四五”期间，通过依法治核、科学治核、文化治核、信用治核、智慧治核五种手段，可有力推进核安全治理能力现代化。

依法治核就是完善法规体系，以落实核安全法为根本，以配套法律法规体系建设为抓手，以依法行政为手段，依法开展核设施选址、设计、建造、调试、运行、退役等各项核活动，推进科学立法、严格执法、全行业守法。

科学治核就是尊重客观规律，在准确分析我国核安全面临挑战的基础上，坚持最新的国际核安全标准，既能保障核安全、环境安全和公众健康，又不无限制提高安全要求，确保规划提出的各项目标和任务合理可行。积极开展核安全科学研究，不断提高核能的固有安全性。

文化治核就是充分认识核安全的重要性，增强对核安全的敬畏感和使命感，把核安全观作为核行业从业人员世界观、人生观、价值观外的"第四观"。树立文化自信，使每一位从业人员把自己视作核安全事业的建设者和参与者，把自己的每一项工作视作核安全事业的重要一环，增强我国的核安全水平不低于世界上任何国家的荣誉感和自信心。

信用治核就是引导行业自律，建立全行业核安全信用平台。将企业和个人信用录入系统，优先选择信用等级高的设备、工程和服务单位，将违规操作和弄虚作假的企业和个人纳入黑名单，在全行业、全链条、全社会范围内对弄虚作假的企业和个人形成高压态势。

智慧治核就是综合运用各种信息和通信技术手段感测、分析、整合各项核安全关键信息，从而提高治理的智能性、生态性和可持续性。"十四五"期间，在核电领域综合运用人工智能、5G、物联网、大数据、云计算、区块链等先进技术，提高核电厂监测、监控、诊断、运维和监管水平，提高核电的运行效率，朝着运行安全性更好、自动化水平更高、对环境更友好、人机界面更简单等方向发展。

2.3　实现三项转变

思想认识上实现从传统核安全向广义的国家安全转变，工作重心上实现从保障建设项目安全向保障核设施持续安全运行转变，监管思路上实现由传统监管方式向新型监管方式的转变。

实现传统核安全向广义的国家安全转变。思想认识的转变是由对核安全极端重要性的认识不断加深决定的。核安全是政治性很强的业务工作，也是业务性很强的政治工作。一旦发生事故，不但会对核能与核技术利用事业造成严重影响，还会极大影响政治、经济、社会等各个领域安全，进而影响政权稳定，因此必须提高思想认识，从维护国家安全的高度充分认识确保核安全的重要意义。

实现从保障建设项目安全向保障核设施持续安全运行转变。工作重心的转变是由我国核事业的发展状况决定的，"十四五"期间，我国运行核电机组数量远大于在建机组的数量，而且首次运行的机组数量多。而从运行情况看，新投运机组的运行事件较多，保障安全运行的压力较大。"十四五"期间，保障运行核设施的安全是核安全工作的重中之重。

实现由传统监管方式向新型监管方式的转变。监管模式上，从以确定论为基础的监管模式向确定论与风险指引相结合的监管模式转变；监管手段上，从主要依靠人力进行技术判断向充分使用监督审评工具、信息化大数据进行综合评估转变；监管能力上，从以符合性检查为主向发现隐蔽性、深层次问题转变；监管力量上，从人才、信息交流不充分向深层次信息共享、资源整合转变。

2.4 提升四种能力

提升科研能力、核应急能力、核安全监管能力和放射性废物的处理处置能力。

提升科研能力。从核安全“十二五”和“十三五”规划的情况看，我国核安全科研还是应用性科研为主，高水平研究较少，原始创新能力不足。“十四五”期间，开展更多战略性、全局性、前瞻性、公益性、基础性科技研发，开展高水平课题研究，突破一批核能科技关键项目，提升我国核电设备、核电技术以及放射性废物处理技术等方面的自主创新能力，同时提高对于交叉学科、新兴技术的关注。

提升核应急的能力。核应急工作是核安全的最后一道屏障，采取有效措施缓解和控制事故后果，最大程度控制、缓解或消除事故，避免对公众和环境造成不可接受的放射性危害。“十四五”期间，建立与核事业发展水平相适应的应急能力，持续完善应急预案和指挥体系，加强应急救援能力和物资储备建设，强化应急演习。高效应对外部风险对我国核安全的影响，维护社会稳定。

提升核安全监管能力。国家核与辐射安全监管技术研发基地土建工程基本完成，内涵建设亟待推进。“十四五”期间，进一步加强国家核与辐射安全监管技术研发基地内涵建设，推进标准化审评，加强校核计算和试验验证能力。加强现场检查和执法能力建设，不断提高监督能力。完善全国辐射环境监测、重要核设施监督性监测、核与辐射应急监测三张监测网络，不断加强监测能力。

提升放射性废物的处理处置能力。放射性废物尤其是高放废物的处理处置能力，已经成为制约核事业发展的瓶颈。“十四五”期间，通过积极推进早期核设施退役，开展历史遗留放射性污染治理，恢复和改善环境来多还旧账；同时按照新标准建设各类核设施，从源头防止或减少放射性废物产生，及时处理处置新产生的放射性废物以不欠新账。

2.5 抓好五件大事

抓好保持核电厂安全运行、严控违规造假、提高国产核安全设备可靠性、促进核产业链均衡发展、大力开展公众沟通这五件大事。

保持核电厂安全运行。核电厂是最受中央领导和公众关注的领域，也是发生事故影响最大的领域，保障核电厂的安全运行是核安全工作的核心。“十四五”期间，提高核电机组的运行能力，严格控制机组运行风险，优化仪控系统，增强对极端外部事件的设防，持续提升运行核电厂的安全水平。

严控违规造假。建立违规造假联防联控体系，建立合格供应商信息库，优先选择诚信等级高的企业和个人。建立“吹哨人”制度，对违规造假举报人进行严格保护并给予适当奖励。淡化“节点”文化，防止迫于进度压力而造假。加强对质量管理体系运作的检查，充分发挥质保各层次把关作用。严格落实第三方监理制度，切实发挥监理作用。杜绝“最低价中标”，防止由于过度压价不得不以次充好、弄虚作假。建立黑名单制度，将违规操作和弄虚作假的企业和个人纳入黑名单。加强政法机关对违规造假追责力度，依法进行严惩。

提高国产核安全设备可靠性。核安全设备是高端装备制造业的代表，我国核安全设备经过多年发展，国产化率不断提升，国产设备制造水平不断提高。但是部分设备，尤其是关键设备，还不具备国产能力，部分国产设备的可靠性还有待提高。“十四五”期间要不断创新体制机制，优化核安全设备监督管理，进一步提升国产核安全设备可靠性。持续开展核安全设备制造“集团取证”模式，进一步压实安全责任。提高研制能力，增强高端核安全设备的设计、制造、检验和验证能力，攻克部分核安全关键设备，扭转核安全设备受制于人的局面。

促进核产业链均衡发展。经过几十年的发展，我国形成了完整的核产业链，成为世界上为数不多的具备完整核产业链的国家之一，但是从整个核产业链来看，发展不平衡、不充分的矛盾仍然比较突出，“中间强、两端弱”的现象比较明显，尤其是后端，关系着乏燃料和放射性废物安全，严重滞后于核电发展，“十四五”期间应着重补齐这块短板。

大力开展公众沟通。公众对核事业发展具有决定性影响，也是核安全治理体系的重要一环。“十四五”期间，要提高公众在核设施选址、建造、运行和退役等过程中的参与程度。建立长效的公众参与机制，增强公众对核安全的了解和信心。完善核安全突发事件公共关系应对体系，做好舆情监测、引导和处置工作，及时发布权威信息，释疑解惑，消除不实信息的误导，维护社会稳定，严防核安全风险向政治领域传导。

2.6　做好六项保障

做好完善法规标准、制定核安全政策、优化机制体制、培育核安全文化、加强人才培养、加强国际合作等六项保障。

进一步完善核安全法规标准体系。出台原子能法、放射性废物处置法等相关法律。做好核安全法配套性文件的制修订及相关培训工作。确定核与辐射安全标准顶层设计基本框架及内涵。

不断完善核安全政策体系。尽快启动核电厂乏燃料处理处置基金制度、核保险巨灾责任准备金制度、放射性废物清洁解控和最小化策略、研究堆审批立项阶段的设施运维和退役费用安排政策等研究和制定工作。推进高风险放射源责任保险制度、国家放射性废物管理制度等相关政策的出台。

优化核安全体制机制。高效运转核安全工作协调机制，进一步厘清中央各部门之间的权力和责任。按照抓大放小的思路，进一步简政放权，划清中央和地方的权力和责任。进一步压实企业的主体安全责任。

推进核安全文化建设。建立核安全文化培育工作机制，形成“培育—评估—持续改进”的良性循环模式。设立违规造假专项治理工作组，将违规造假防控评估纳入核安全文化评估。组织企业自行开展违规造假专项治理行动。将核安全文化延伸到整个产业链，做好长期供应商安全文化的培育。

加强核安全人才培养。通过组织培训、学习交流等多种方式，不断加大核安全人才培养力度。不断创新人才激励机制，在核安全领域营造尊重知识、尊重劳动、尊重人才、尊重创造的浓厚氛围，培养政治强、本领高、作风硬、敢担当，特别能吃苦、特别能战斗、特别能奉献的核安全铁军。

不断增强国际竞争力。持续落实“推广国家核电安全监管体系”倡议。积极履行国际公约。加强与“一带一路”沿线有关国家核安全合作。向国外推广系列化先进核电运维一体化解决方案和全寿期技术服务能力，持续提升国际核安全领域影响力。

3 关于指导思想、基本原则、目标指标

3.1 指导思想

以习近平新时代中国特色社会主义思想为指导，深入学习贯彻习近平总书记重要批示指示精神，全面贯彻党的十九大和十九届二中、三中、四中、五中全会精神，以习近平总体国家安全观重要论述为根本遵循，坚持理性、协调、并进的中国核安全观，坚持党对核安全工作的集中统一领导，坚持从事核事业必须确保安全的方针，坚持“安全第一、依法治核，预防为主、纵深防御，责任明确、独立监管，严格管理、全面保障”的核安全工作基本原则，坚持战略思维、创新思维、辩证思维、法治思维和底线思维，不断践行以人民为中心的思想，不断优化工作思路，持续提升监管水平，持续推进核安全治理体系和治理能力现代化，保障核安全、环境安全和公众健康，推动我国核能与核技术利用事业安全健康高效发展。

3.2 基本原则

加强领导，压实责任。坚持党对核安全工作的领导，在党中央的集中统一领导下，开展核安全各项工作，确保党中央、国务院关于核安全的决策部署落地见效。各级政府和企业各司其职，牢固树立坚持讲安全就是最大的讲政治，坚持保障核安全就是保障政治安全、维护国家安全的核心使命，压实各方安全责任。

消除隐患，补齐短板。持续开展评估和改进行动，及时查找和消除安全隐患，提高核设施的安全水平。建设与核工业发展水平相适应的放射性污染治理和废物处理处置体系，补齐核工业发展的短板。

统筹协调，创新发展。统筹发展和安全，统筹核安全的各个环节，统筹国内和国际，推动我国核安全整体水平的提升。加强科技创新，发挥科学技术第一生产力的作用，突破国外对我国核安全技术的封锁。

文化引领，严格监管。坚持核安全文化建设，持续提升核行业从业者的核安全文化素养，变被动安全为主动安全。坚持“严慎细实”的工作作风，贯彻“独立、公开、法治、理性、有效”的监管理念，依法开展审评、许可、监督和执法，严厉查处违法违规行为。

强化法治，社会共治。按照核安全法及其他法规要求，持续完善核安全法规体系，依法开展核安全各项工作。提高公众参与程度，增强公众对核安全的了解和信心，全社会共同参与，提升核安全水平。

3.3　规划目标指标

（1）总体目标

到 2025 年，核安全水平持续提升，核电安全保持国际先进水平，其他核设施安全达到国际先进水平，放射性污染防治工作取得明显进展，辐射环境安全风险明显降低，核安全治理体系和治理能力现代化取得重大突破，核与辐射安全监管体系和监管能力现代化取得重大进展，核安全、环境安全和公众健康得以保障。

（2）具体目标

在核设施安全水平提高方面，核电安全水平持续提升，始终保持国际先进水平；新建核电机组实现从设计上实际消除大量放射性物质释放或早期放射性物质释放的可能性。早期研究堆安全隐患基本消除，新建研究堆安全运行。核燃料循环设施安全风险不断降低，商用后处理大厂开工建设。

在辐射环境安全风险降低方面，早期核设施退役取得重大进展，完成西北中低放固体废物处置场扩建工程，核电低放固体废物处置取得明显进展。基本完成 2015 年前关停的铀矿冶设施的退役和环境整治工作，全面完成历史遗留铀矿地质勘探设施的环境治理。实现对所有纳入矿产资源开发利用辐射环境监督管理名录的企业实施辐射环境监督管理。

在核技术利用装置安全水平提高方面，持续推进辐射安全监管信息化建设，高风险移动放射源在线跟踪监控实现全覆盖，确保放射性同位素与射线装置安全受控，有效控制特别重大辐射事故发生。

在核与辐射安全综合保障方面，核设施安保水平持续提升。战略性、全局性、前瞻性、公益性、基础性科技研发全面铺开，开展一批国际领先的高水平课题研究。

在核应急方面，形成指挥有力、反应迅速、保障全面的核与辐射事故应急响应能力，实现核与辐射应急体系现代化。

在核与辐射安全监管方面，加强国家核与辐射安全监管技术研发基地能力建设，具备较强的校核计算和试验验证能力。推进国家核与辐射安全监管技术研发基地二期项目建设，具备较强的核与辐射安全国际交流与合作能力。不断推进标准化审评，风险指引型监督检查取得突破。升级国家及地方辐射环境监测体系，提升大数据支持服务能力。

（3）规划指标

核安全规划的最终目的为保障核安全、环境安全和公众健康，基于此目的和核安全的发展形势，建议核安全“十四五”规划提出 9 个指标，分别是：运行核电机组每堆年运行事件数量、3 级及以上核事件核事故数量、废旧放射源安全收贮率、放射源辐射事故年发生率、历史遗留中低放废液处理率、核电厂中低放固体废物处置量、2015 年前关停的铀矿冶设施退役治理完成率、国家级核应急专用物资储备库、辐射应急救援队数量。

4 关于重点任务

4.1 保持核电厂国际先进安全水平

确保运行核电安全。开展运行机组安全状况评估，有效识别弱项，开展安全改进，增强对外部极端事件的设防，提高严重事故应对能力。施行同类型机组定期安全审查标准化，扩大概率安全分析应用范围，提高维修有效性。加强人因管理，降低人因引起核事故/事件的概率。优化设备性能管理，对重大设备开展专项管理，提高设备可靠性。加强老化与寿命管理，建立行业通用老化管理数据库和压力容器辐照监督数据库。建立跨集团、跨部门的核电厂老化管理数据共享和经验反馈体系，降低重发事件发生率。重视丧失最终热阱等外部事件对运行机组的影响，更新并优化数字化仪控系统设计，减少非计划停机停堆。综合运用人工智能、5G、物联网、大数据、云计算、区块链等先进技术，提高核电厂监测、监控、诊断和运维水平。

确保在建核电机组建造质量。落实各方安全责任，落实核设施营运单位负全面责任，建造及安装等单位负相应责任，加强营运单位对承包商及分包商的管理。加强工程质量管理，充分发挥质保各层次把关作用，确保对工程质量的有效监督。加强核安全构筑物及设备的质量控制，严格执行设计变更及不符合项管理制度。开展重大质量事件经验反馈，严格处理重大质量问题。加强商品级物项应用质量控制。开展违规造假联防联控，建立诚信体系，将违规操作和弄虚作假的企业和个人纳入黑名单。建立“吹哨人”制度，淡化“节点”文化，严格打击“最低价中标”行为，建立物项安全分级管控机制，做好长期供应商安全文化的培育和共建。妥善开展“华龙一号”和高温气冷堆的调试和首堆试验，将调试发现的问题及时反馈至设计阶段。

新建核电机组保持国际先进水平。新建核电机组按照国际最新的安全要求进行设计，积极推进新型结构在核电厂中的应用，加强概率安全分析在新建核电机组设计过程中的应用，实现从设计上实际消除大量放射性物质释放或早期放射性物质释放的可能性。加强浮动堆、铅冷快堆、钍基熔盐堆和加速器驱动次临界核能系统等新型反应堆的技术攻关，提高固有安全性。推进安全分析软件自主化设计、验证和确认。建立设计审查制度。推进自主行业标准认可。完善核电选址及厂址保护的法规体系，建立核电厂址安全数据平台，建设复杂厂址实验室，做好厂址的普选、查勘、布局、保护、开发等工作。依托“全国民用核设施自然灾害风险普查”项目，建设民用核设施厂址外部环境（地震、气象、海洋、海生物、人口、危险化学品等）和设防基准大数据库，初步形成民用核设施全寿期厂址外部环境风险早期识别和预报预警能力。推进内陆核电安全论证工作，妥善解决制约内陆滨河、滨湖核电厂选址、立项审批中涉及安全、环境相关的关键问题，研究制定发展内陆核电的政策法规。

4.2 持续消除研究堆和核燃料循环设施安全隐患

确保研究堆安全。综合运用限制运行、逐步关停、定期审查、安全分析、老化评估等手段，确保运行研究堆安全。对长期停堆的研究堆进行必要的维护和检查，恢复正常运行前，进行必要的检查、维修和试验。加强运行研究堆设备老化和性能评价技术研究，建立研究堆老化管理数据库。及时升版研究堆质量保证大纲，加强研究堆运行事件经验反馈。持续完善研究堆法规标准体系，强化新型研究堆监管方法研究及法规标准建设，明确监管要求。

消除核燃料循环设施安全隐患。加强核燃料循环设施运行经验反馈，建立核燃料循环设施运行经验反馈平台。完善核燃料循环设施定期安全审查机制，开展重水堆元件生产线的定期安全评价。加强核燃料循环设施事故分析及事故应对研究。明确核燃料循环研究设施安全要求。加强辐射防护管理，降低从业人员内照射水平。

加强乏燃料贮存及处理能力。明确乏燃料贮存的技术路线，编制乏燃料贮存规划，不断提升乏燃料贮存能力，缓解核电厂乏燃料在堆贮存压力。推动大型商用后处理厂建设。完善乏燃料贮存和后处理设施安全法规标准体系，发布后处理设施安全导则。加强中试厂运行安全监管。完成中试厂地震动参数改变后安全评价，定期开展中试厂运行安全分析与评估，建立中试厂运行事件审查机制。开展红油爆炸事故、气溶胶行为、临界安全等后处理关键技术研究。加强安全分析方法、事故分析、设计扩展工况、玻璃固化设施安全要求等后处理审评关键技术研究。

加强放射性物品运输安全。建设放射性物品运输综合管理系统。建立乏燃料公-海-铁联运体系，完善配套法规标准制定，建立监管方法。提高乏燃料和六氟化铀等一类运输容器的设计能力和制造质量，加强在役一类放射性物品运输容器定期安全性能评价。开展各类放射性物品运输容器在正常运输条件下和运输中事故条件下的各项试验、运输容器性能检验，开展运输容器结构、包容、热工、振动、屏蔽和临界等方面的独立校核计算。规范二、三类放射性物品运输活动、运输容器的设计和制造管理。加强运输过程的辐射防护管理，持续推进放射性物品运输辐射应急体系和能力建设。开展液体放射性物品运输的技术论证。

4.3　推进核设施退役及放射性废物处理处置

推动核设施退役和环境污染整治。开展老旧重点核设施退役策略调整研究，加快退役工程进程。推动天然蒸发池等环境整治工程实施。基本完成历史遗留中低放废液固化处理和处置。落实核设施便于退役要求，在设计阶段编制初步退役计划，在运行阶段定期更新。开展核电厂退役技术准备。

加强放射性废物处置前管理。制定核燃料循环设施和核技术利用设施废物最小化管理目标值。开展核电厂放射性废物管理专题同行评估，推动废物最小化策略的实施。推进放射性废物集中处理和委托处理。推进废放射源整备。

加快放射性废物处置。发布实施低水平放射性废物处置场所选址规划，形成低放固体废物处置的合理布局，推动核电废物的及时处置。完善核电厂放射性废物清洁解控的监管机制，推动解控后废物的管理。开展中等深度处置概念设计、场址调查和特性评价等工作，确定中等深度处置预选场址。建成高放射性废物地质处置地下实验室和工程技术研发中心。推进高放废物地质处置库选址、概念设计和安全评价工作，开展2~3个地质处置库重点候选场址的场址特性评价。发布高放废物地质处置安全导则和相关技术标准。全面升级改造放射性废物信息系统，建成全国放射性废物管理信息系统。

4.4 降低核技术利用辐射事故发生

持续开展全国放射源安全检查行动，查找安全隐患，对违法违规行为进行查处。加强核技术利用法规标准体系建设，推动《放射性同位素与射线装置安全和防护条例》出台，修订《放射性同位素与射线装置许可管理办法》《放射性同位素与射线装置安全和防护管理办法》，并及时制修订相关配套文件。制修订放射诊断、大型加速器使用、放射性药品生产等领域辐射安全标准，形成覆盖各应用领域的、完整的核技术利用辐射安全标准体系。推进地方性辐射安全法规建设。

推进辐射安全监管信息化建设。开展国家核技术利用辐射安全管理系统数据质量核查，提升数据质量。进一步完善系统功能，统筹整合高风险放射源实时监控、辐射工作人员培训和考核等功能。全面推行电子证照，进一步简化辐射安全相关业务的审批和备案手续，推行辐射安全许可证、放射性同位素审批备案事项线上办理。继续推进国家核技术利用辐射安全管理系统与地方政务平台对接。

持续加强放射源安全监管。加强高风险移动放射源安全监管，确保高风险移动源全部纳入实时监控。开展测井源运输监督检查，研究制定测井源运输与使用相关管理要求，规范运输容器，确保测井源运输、使用合规化。对工业和医用放射性同位素单位开展行业辐射安全风险评估。加强废旧放射源辐射安全管理，出台符合新形势的放射性废物（源）管理要求和收贮规范，明确送贮单位和收贮单位的权责。开展城市放射性废物库风险评估，定期对部分省市废物库的废源开展治理。推动废旧放射源回收再利用，鼓励有条件单位开展废旧放射源回收再利用工作。

加强射线装置源头管理。开展生产销售单位和进口代理单位销售台账监督检查。研究部分低风险危害Ⅲ类射线装置豁免管理要求。加强重大核技术利用项目、大科学装置及高能加速器辐射安全监管，进一步完善监管要求，定期开展重点核技术利用项目监督性监测。

4.5 加强铀矿冶和伴生放射性矿辐射环境管理

加强铀矿冶设施运行管理。建立铀矿冶设施安全管理信息平台。加强地浸铀矿山地下水监控。优化铀矿冶“三废”处理技术及废水排放管理，强化铀矿冶企业流出物和周边环境监测。

推进铀矿冶及铀矿地质勘探设施退役和治理。加强对已关停铀矿山及铀尾矿库的安全监护。出台铀矿冶退役设施长期监护技术规范和管理规定，建立长期监护机制。全面完成2015年前关停的铀矿冶及铀矿地质勘探设施退役和环境治理，有序开展2015年后关停的铀矿冶及铀矿地质勘探设施退役治理工作。

加强伴生放射性矿辐射安全监管。建设伴生放射性矿辐射环境管理平台，推进伴生放射性矿监管现代化建设。对纳入监管名录的伴生放射性矿开发利用企业开展环境辐射分级监督管理，制定环境辐射监测企业名录并动态更新。完善进口伴生放射性矿的监管方式。建立伴生放射性矿开发利用企业放射性岗位从业人员职业病监控制度。加快出台伴生放射性矿开发利用相关法规标准，制定伴生放射性矿开发利用辐射安全管理办法、伴生放射性矿开发利用环境辐射限值、伴生放射性物料贮存及鼓励废物填埋技术规范等。

推进伴生放射性固体废物处理处置。加强伴生放射性固体废物分类管理，开展伴生放射性矿开发利用企业环境污染整治，推动有关省份相对集中填埋处置试点。探索研究历史遗留伴生矿产资源的固体废物处理处置技术，明确其分类处置要求，制定伴生放射性固体废物处理、送贮、处置、监管等相关规定和收费标准。

加强伴生放射性矿开发利用企业的辐射防护管理。制定伴生放射性矿开发利用企业辐射环境管理制度，开展个人剂量监测。完善伴生放射性矿开发利用放射性废水、废气或气溶胶等环保处理设施或措施。提高伴生放射性矿开发利用企业放射性检（监）测能力，定期开展企业周边辐射环境和流出物的检测，全面落实伴生放射性矿开发利用企业辐射监测信息公开。

4.6　提高核安全设备质量

优化核安全设备监督管理。建立核供应链管理体系，对大宗物件和大宗材料进行统一采购，开展商品级物项适用性确认，完善核安全设备监管信息系统，形成覆盖物项寿命周期的集成核安全设备性能大数据库。加强设备国产化的安全监管及技术支持，支持企业加大加快关键设备的国产化战略储备，提高国产核安全设备可靠性。持续加强民用核安全设备许可动态管理，引入各设备领域先进企业，实现优胜劣汰。建立采购单位责任考核制度，落实采购监造单位主体责任。探索建立企业征信制度，将违规操作和弄虚作假企业及个人纳入失信名单。构建核安全设备第三方监造管理体系，明确第三方监造机构职责定位，制定质量评价标准，对质量活动进行监造监理。建立核安全设备独立验证和试验鉴定管理体系，基本形成核安全设备安全性能独立验证和试验鉴定能力，研究制定民用核安全设备鉴定试验管理办法。建立进口核安全设备注册登记与安全检验工作联动机制，强化境外注册登记单位监管。

强化企业核安全设备安全责任。营运单位加强核安全设备监造管理，提高对核电工程总承包单位及各级分包单位的要求。民用核安全设备持证单位严格管控设备出厂质量，坚决杜绝携带不符合项出厂，落实核安全设备质量主体责任。营运单位和民用核安全设备持证单位建立健全核安全文化评估体系，实施分级管理，全方位深层次开展核安全文化建设工作。

4.7　提升核安保水平

推进核安保能力建设。完成《中华人民共和国核材料管制条例》修订，加快配套文件及相关标准规范制定工作。建立全国民用核设施实物保护系统监管平台。

提升核设施安保水平。继续开展核电厂、核燃料循环设施和研究堆实物保护系统改造。建立有效防范低空空域飞行物和海域航行器入侵防范系统。开展海上浮动反应堆安保系统研究。加强核设施实物保护系统与反恐系统、辐射监测系统、应急系统、消防系统协调发展研究。加强涉核网络安全，促进数字化仪控系统国产化，提升应对网络攻击的能力。

坚决维护国际核不扩散体系。开展散料核材料衡算技术研究，建立后处理设施、高温气冷堆和 MOX 燃料元件厂的衡算平台。提高核出口管理的科学化和规范化水平，有力管控核两用品物项出口，坚决打击核走私活动，坚决打击核恐怖主义，消除核扩散风险。加强海关防辐射探测能力，坚决防范核材料和其他放射性物质非法贩运。

4.8 加强核与辐射应急能力建设

完善应急预案和应急机制。完成《国家核应急预案》修订，加快相关部门、地方政府、企事业单位等各级核与辐射应急预案和配套执行程序的修订工作。全面启动各核设施营运单位核事故场内应急预案的修订工作。加强核应急专网互联互通，建立统一接口，实现国家核应急协调委成员单位间应急管理、辐射环境、气象等信息和能力共享。建立核应急组织与国家应急部相关各级组织的协调支援机制。进一步强化地方政府辐射应急职责，明确归口部门责任，理顺辐射应急管理机制。完善核动力厂应急能力评估体系，推进核动力厂应急能力的量化评估机制。

加强应急指挥能力建设。基于大数据、人工智能和高分影像技术，完善平战深度融合的核应急指挥平台。完善辐射安全监管部门核与辐射事故应急一体化平台。完成长白山核与辐射应急响应中心能力建设，推进区域应急响应中心的建设布局。推进有关省份核应急前沿指挥中心以及核电厂场外现场指挥所试点建设。全面建成核电集团公司、核电厂核应急指挥中心。

加强应急救援能力和物资建设。完成国家核事故应急支援力量建设。持续提升中国核应急救援队的能力，加强和核电集团核事故场内应急支援队之间的协作，持续提升各级核应急救（支）援队伍的应急救援水平。探索建立区域性核与辐射应急支援体系，推进 13 支核与辐射应急救援队伍建设。建立和完善省内及相邻省之间的应急救援队伍、应急物资等信息共享和支援机制。建立国家核与辐射事故应急技术中心，进一步提升我国核与辐射应急技术研发及应用水平。加强省级核应急救援和技术支持能力建设，重点开展辐射监测、辐射防护、应急撤离、去污洗消、应急保障等专业能力建设。部分省份试点建设核电厂场外应急固定式洗消站。完善军地合作支援机制，进一步强化军队对核应急去污洗消、安全警戒、辐射监测和工程抢险等方面的核与辐射应急支援。建立核与辐射应急救援物资储备制度和标准，完善核与辐射应急专用物资。探索建立国家、省、核设施营运单位等核应急物资分级储备机制。建立健全省、地市、核设施营运单位之间核应急专用物资储备互助机制，实现部分专用核与辐射应急物资共享。建立部分特殊核与辐射应急物资的供应商名单制度。开展各级核应急力量信息和应急物资统计，建立核应急资源管理数据系统。

强化应急演习和培训。完善核应急演习机制，形成常态化、制度化演习工作制度，定期组织不同级别的核与辐射应急演习。突出实战，研究创建各类小情景库，熟练掌握小情景库的无脚本实战性演习。参加国际原子能机构组织的国际核应急演习活动。完善核与辐射事故应急培训制度，加强核与辐射事故应急响应人员分类培训。做好核与辐射应急宣传和公众沟通工作。进一步深化核应急领域国际及地区之间的合作和交流，提升国际社会影响力。

4.9　突破一批核安全科研项目

全方位布局核安全科技研发。充分利用具有权威和影响力的平台，加大企事业单位、研究院所间的协作和资源共享，建立和完善核安全科研基础设施和平台，突破一批“卡脖子”核安全关键技术，开展一系列基础性、前瞻性核安全研究。探索建立核安全科研鼓励政策机制，调动自主创新积极性。

全面推进核安全重点科技研发。坚持自主研发、聚焦薄弱、夯实基础、创新领先的思路和原则，开展核安全科技研发。在自主研发方面，开展关键泵阀、通用设备及材料、电气仪控、核燃料、设计软件、运维技术与工具、核级焊材等重点领域的研究，加强核安全关键技术的战略储备，助推国产化进程，实现自主安全发展。在核安全技术重难点领域，持续开展放射性废物中等深度研究、铀矿冶及核电厂址退役与修复技术研究、风险指引型核安全监管体系研究等，加大科研攻关力度，推进立项和研究进展。在核安全基础性科研方面，开展自主化安全分析软件研发与验证研究、严重事故机理研究、人因及可靠性研究等，在前沿领域进行原理性创新。在核安全前瞻性科研方面，持续开展浮动堆、四代堆、非轻水小堆、微型反应堆等新型反应堆安全研究，开展事故容错燃料应用、人工智能、大数据等新技术应用研究，开展先进非轻水堆安全性能试验验证及评价、空间或海洋堆外部环境条件影响评估等潜在核安全问题研究。

4.10　完善监管体系和监管能力

不断提高审评监督能力。依托国家核与辐射安全监管技术研发基地，新建“一带一路”绿色发展国际交流中心等技术中心和国家级实验室。加强核安全设备和部件验证能力，开展独立核设施重要领域安全审评校核计算和试验验证工作。改善部分监督站业务用房、现场检查和执法技术装备，开展风险指引型核安全监督检查。

建设核安全监测预警信息化平台。提升信息化基础设施支撑保障，完成核与辐射安全监管技术研发基地数据中心建设。开展核与辐射安全监管外网门户和专网门户建设。拓展核与辐射安全监管信息系统支持业务领域，推进协同办公与情报信息工作的数字化转型。推动建立数据管理机制，持续完善核与辐射安全监管数据资源目录。

构建全面高效的辐射环境监测体系。加大国家级辐射监测能力建设，建设国家环境保护辐射监测质量控制重点实验室和辐射监测综合信息平台，全面汇总、分析利用各类辐射监测数据。依托核与辐射安全中心等单位成立国家辐射应急辐射监测总队，配备移动式应急监测装置和无人机以及遥感监测技术，承担我国特别重大辐射事故、核事故的应急监测的总体响应和其他辐射事故的应急支援。在辽宁兴城、西藏拉萨等地建设辐射环境监测与应急实验室或基地等设施，补齐监测能力短板。推动省级辐射监测能力发展，通过标准化能力建设强化省级机构能力，建设区域辐射环境监测中心，带动区域整体能力提升。适度发展地市级辅助性监测能力。

不断完善辐射环境监测网络建设。加强国控网络建设和运行维护管理，优化站点布局，推进全国辐射环境监测网络与常规环境监测网络的融合，选取若干个现有常规大气自动站网络进行升级改造。开展水体自动站建设，在重点饮用水源地、内陆核设施周边水域、核电厂周边海域、跨省界重点流域等重要位置建设水体自动监测站。积极推动背景站和超级站建设。积极推进省控网建设，加强各省辐射环境监测网络建设。对重要核设施、铀矿开采及冶炼企业、重点伴生放射性矿产资源开发利用企业和重要核技术利用设施等开展监督性监测。加强我国海洋环境放射性监测与评价，整合海洋监测资源，统一布设海洋生态环境辐射监测站点/实验室，形成覆盖重点海域的海洋生态环境辐射监测能力，开展海洋生态环境辐射监测及技术研究。建设环渤海辐射环境监测实验中心。

5 关于保障措施

5.1 完善法律法规

全面推进《核安全法》配套法律法规标准制修订。推动出台原子能法、放射性废物管理法。推动修订《放射性同位素与射线装置安全和防护条例》及配套文件。制定《注册核安全工程师管理规定》《民用核燃料循环设施安全规定》等部门规章及配套导则。大力加强法律法规标准的培训和指导。建立接轨国际、切合国情的核与辐射安全法律法规体系。

完善核与辐射安全标准顶层设计，加强统筹规划。强化对标准研制的支持力度，提高标准的科学性和合理性。成立全国核安全标准化技术委员会，对核安全标准实施统一管理。建立与法规体系配套完整、科学合理的核与辐射安全标准体系。

5.2 推进政策规划制定

建立系统科学的核与辐射安全规划体系，组织制定核安全规划、计划和规划实施方案。指导和规范地方核与辐射安全规划的编制、实施和评估工作，做好与国家规划体系的呼应和衔接。

完善国家放射性废物管理战略及配套政策制度。推动建立高风险放射源责任保险制度，引导地方开展放射源辐射事故责任保险试点立法，持续推动放射性测井和工业探伤领域试点推行放射源强制责任保险。探索建立核损害赔偿金筹措机制，研究建立研究堆审批立项阶段的设施运维和退役费用安排政策。

5.3 完善机制体制

建立集中统一、分工合理、上下协同、运转高效的核与辐射安全管理体系。编制完善顶层设计及配套文件和程序制度，强化制度执行贯彻、更新维护和效果评估，将制度优势转化为监管效能，企业同步建立并完善以安全为核心的管理体系。构建政府为主导、企业为主体、社会组织和公众共同参与的核安全治理体系，推进核安全治理体系和治理能力现代化。充分发挥核安全相关学会、分会、行业协会等学术团体、行业组织的优势及主导作用，建立核安全项目研究机制、核安全保障机制，推动形成行业自律、企业自觉的社会共治良好格局。

深化完善核安全协调机制。统筹管理，构建横向到边、纵向到底的核安全工作管理体系，构建联防联控的政府管理格局，指导重点省（市）建立健全协调机制。强化预警监测和重大风险研判，推动核安全预警监测信息化平台试点，有效开展风险评估，准确识别、掌控、化解核安全风险。

加强核与辐射安全管理督查工作，将辐射环境管理纳入中央生态环境保护督察范围，加快推动解决突出辐射环境问题。

5.4　加强人才队伍建设

加强核安全人才培养。建立由高校、科研院所、企业共同参与的全方位、多元化、多领域核安全人才培养体系。培养核安全领军人才，打造核安全权威，增强话语权。加强国际化、创新型、复合型人才的培养，提高核安全队伍综合素质能力，为核安全“走出去”提供人才保障。引导并支持地方政府加强核安全人才培养，在辐射监测、技术执法等领域加大培养力度。举办多层级、多维度、多领域的研讨班、培训班和技能竞赛，聚焦重点工作，破解难点问题。强化核与辐射安全知识管理体系和业务培训能力建设，加大对模拟机等培训平台和设施的投入力度。

建立先进的人才管理机制。打造核安全人才管理体系，加大政府、高校、科研机构、企业之间核安全人才交流力度，探索建立选拔激励机制，增强对核安全事业责任感、荣誉感、使命感。推进注册核安全工程师制度改革，加强与职称制度的衔接，明确核安全关键岗位及职责，加强对人员配备情况及在岗履职情况的事中事后监管。力争到“十四五”末，注册核安全工程师资格证书持有人达到 1 万人左右。持续完善国家核安全专家委员会，汇集行业权威专家。积极推动设立核与辐射安全津贴，提高核安全从业人员薪酬待遇。锤炼一支政治强、本领高、作风硬、敢担当，风清气正、忠诚干净、具有国际化视野的核安全铁军。

5.5　塑造核安全文化

持续深入开展核安全文化宣贯。建立核安全文化线上线下平台，推广知识共享和学习交流机制。建立监管部门核安全文化培育工作机制，编制核安全监管部门安全文化培育指导文件，形成“培育—评估—持续改进”的良性循环模式。建立推广核安全文化示范基地，树立核安全文化先进典型，形成辐射效应。各单位制定核安全文化建设计划，推广“决策层管理层讲授核安全文化”良好实践。

全方位开展核安全文化评估。建立核安全文化监督评估及经验反馈数据库，纳入监管信息平台。开展核安全文化趋势分析研究，开展座谈交流、专项评估等活动。在各领域深入开展核安全文化评估、同行评估工作。建立“双随机、一公开”的违规造假联防联控机制，设立违规造假专项治理工作组，编制违规造假防控教材和工作指南，开展相关培训。将违规造假防控评估纳入核安全文化评估。督促企业开展违规造假专项治理行动。

5.6 有效开展公众沟通与风险防范化解

深入推进公众沟通工作。进一步深化核安全公众沟通长效协同机制，统筹政府、企业、社会组织、高校院所和媒体等，凝聚共识、形成合力。制定多层次细化公众沟通方案，开展针对不同人群、跨区域核安全公众沟通策略研究，提高公众沟通的针对性与有效性。加强对新媒体、社会力量等新兴传播手段的运用，拓展和创新符合全媒体时代特征的公众沟通方式。探索建立核安全公众沟通评估机制，组建专业评估团队，制定评估规范标准。

做大做优“魅力之光”“核+X”“核安全文化校园行”等核安全宣传品牌活动，制定系列科普教材。制定核与辐射信息公开、公众参与规章制度及配套实施细则，开展各层级信息公开，提高信息公开质量、实用性和可读性。开展核设施周边群众利益补偿问题研究，探索更为完善的利益补偿与平衡机制。切实做好涉核风险防范化解工作。密切关注涉核舆论发展趋势，防范化解涉核舆情，利用法律手段严厉打击造谣、传谣行为。引导并推进维护核安全全民行动，构筑人民防线，形成全社会共建共治共享的良好局面。

5.7 加强国际合作

构建健全有效的核安全国际合作体系。制定年度国际合作计划，加强国际合作项目管理，创新国际合作模式和内容，优化完善核安全国际合作交流平台，开展关键技术联合研究、对外援助培训等工作。完善国际组织人员选派制度，形成包括选拔、评估、指导、资金扶持在内的核安全国际人才保障体系。

深化国际履约和双多边合作。提高履约质量，推动履约成果实施落地，扩大我国国际影响力。持续深化与国际原子能机构、经合组织核能署的各项合作，加强选派任职力度，在技术交流、联合开发、培训等领域开展全方位深度合作。推动建立亚太地区核安全合作机制，推进亚太地区核安全国际合作。稳步推进与核能发达国家合作，探索与核能新兴国家的深度合作，构建全球核安全命运共同体。

全面支撑核电“走出去”战略实施。加强与“一带一路”国家核安全合作，积极主办并参加越南、摩洛哥、沙特阿拉伯、南非等国家核安全工作会议，加深合作深度，拓宽合作范围。分享我国核安全良好实践，巩固提升我国核大国地位，展现负责任大国担当。

5.8 加大资金投入

加大国家、地方、企业投入。国家投入主要用于核与辐射安全监管技术研发基地内涵建设、基地二期工程建设、国家重大核能专项、地区核与辐射安全监督站能力建设、早期核设施退役治理工程等，以及基础性、关键性、前瞻性核安全科技研发。地方投入主要用于省级城市放射性废物库升级改造、省级辐射环境监测和应急能力建设等方面。企业投入主要用于核设施安全改造、核安全技术研发和升级等方面。

第二篇

提升核与辐射安全水平

一、在建核电厂核安全“十四五”规划思路研究

“十一五”以来，我国在建核电机组数量连续十几年保持世界第一。“十三五”期间，在习近平新时代中国特色社会主义思想和习近平生态文明思想的指引下，我国核电建设单位始终秉持“理性、协调、并进”的核安全观，严格落实核安全“十三五”规划要求，取得了一系列显著成绩。但与此同时，也暴露出一些短板与不足，在建核电项目仍然存在部分共性问题和安全风险。在“十三五”收尾之际，对于这些“顽疾”，如何以问题为导向，提早制定应对方案，将风险控制在早期阶段，消除核安全隐患，是核安全“十四五”规划编制应予以关注的重点。

1 我国在建核电厂现状

1.1 在建和投运核电厂数量快速增长

截至 2020 年 12 月底，我国在建核电机组共计 17 台，“十三五”期间，建成并投入运行核电机组共计 21 台；我国在运核电装机总容量 4988 万 kW，核准及在建核电装机总容量 2099 万 kW。受福岛核事故影响，与核电中长期发展规划中“十三五”末在运核电装机容量 5800 万 kW 和在建核电装机容量 3000 万 kW 的预设目标还存在一定差距。

根据 IAEA 统计，截至 2020 年 9 月底，全球共有 441 台机组在运，分布在 30 个国家，核电装机近 4 亿 kW，另有 54 台机组在建，装机约为 5500 万 kW，全球核电运行总计超过 1.8 万堆年。

1.2 在建核电厂自主化程度大幅提高

（1）核电技术自主化取得重大进展

“十三五”期间，我国具有完全自主知识产权的第三代核电技术——“华龙一号”首堆福清核电厂 5 号机组已并网发电，这是我国核电创新发展和自主化进程中一个新的里程碑。

（2）核电设备自主化进程不断加快

AP1000 依托三门核电厂和海阳核电厂四台机组作为我国核电自主化项目，平均国产化率达到 55%。CAP1400 核电示范工程的国产化率预计能够超过 80%。

（3）核电自主化软件的研发工作不断推进

一批具有自主知识产权的软件系统已经正式发布，并提交国家核安全局审核。

1.3 在建核电厂核安全保障体系不断健全

“十三五”期间，党中央、国务院高度重视核安全与放射性污染防治工作，顶层设计更加完善，我国首部核安全相关法律《中华人民共和国核安全法》正式颁布并实施，将实行严格的标准、严密的制度、严格的监管、严厉的处罚以构筑我国核安全防线。2019 年 9 月，国务院新闻办公室发表《中国的核安全》白皮书，更是对核安全事业成果的全面总结和充分肯定，向世界彰显了我国核安全的实力与自信。

2 面临的形势、挑战和存在的主要问题

2.1 在建机组总量大、类型多，监管难度大

我国在建核电机组主要为“华龙一号”、VVER-1200 和二代改进型核电厂等。多种堆型、多种技术、多类标准并存，对人才培养、核电设备制造和安全监管能力提出了更高要求和挑战。

2.2 核电区域分布不平衡，地域经济制约核安全发展

目前我国核电厂主要分布在东部沿海地区。地域经济对核电的影响较大，个别区域因国际国内形势变化，能源需求量下降，核电机组不能全负荷运行，影响核电运行安全。而中东部内陆省份由于受到经济发展的驱动，对于能源供应存在巨大的需求，部分省份地质条件较好，地震发生概率低，水源相对丰富，有利于核电项目建设。很多省份在积极引进核电项目，但受 2011 年日本福岛核事故影响，内陆省份核电进程暂缓，核电区域分布不平衡，核电总体安全水平受地域经济影响较为明显。

2.3 核电自主创新能力进一步提升，提升过程中面临巨大挑战

目前在运的三代核电机组均为国外技术，自主设计的三代核电还处于积累成熟期，批量化规模效应和产业竞争力还有待提升。核科技创新能力与核电强国相比还有差距，核电研发力量相对分散，技术协同少、重复建设多。基础科研有待提升，一些“卡脖子”关键技术、核电关键设备和原材料还处于攻关阶段。

2.4　核安全理念落实有待加强

主体责任落实不到位，核电建设项目中不同程度地存在“以包代管”“以信任代替监督”现象和“依赖核安全外部监管”“内部安全监督不够重视”等问题。有的单位工程管控经验不足，有的单位工程监理、监造、安全管理流于形式，缺少必要的能力和规范。

违规造假现象屡禁不止，违规造假问题处理过程复杂、研判困难，耗费大量精力和资源，破坏了行业整体的诚信环境和核安全文化氛围，影响了公众对核安全的信任，一定程度上对国家核电发展和核电安全造成了恶劣影响。

2.5　核安全人才队伍不够稳定充实

我国自改革开放以来，特别是近 15 年确立了核电发展方针后，核电设备制造、工程设计建造以及其他相关服务企业投入大量资金，行业规模迅速增长，生产能力不断增强。然而“十三五”期间新项目开工锐减，对行业内企业的打击较大，核电设备加工、设计、建造及安装等重要环节的人才队伍维系较为困难，在研究院所、核电厂等均出现了人才外流现象。2019 年核电项目打破“零核准”，相关企业亟需补充“新鲜血液”，但是人才的培养又需要投入大量的时间、物力和财力。如何优化管理，保障人才队伍的建设和稳定是“十四五”期间在建核电项目亟需关注的问题。

2.6　公众沟通的困局

“邻避效应”对核电发展影响越来越显现，成为当前制约我国核电发展的重要因素。但公众对核能发展的战略意义及对核安全风险的认知参差不齐，加之“三大国际核事故”使部分公众“谈核色变”。同时涉核舆情极易向政治领域传导，核领域发生的任何纰漏、任何问题都有可能被酝酿发酵，甚至正面、客观的信息也可能被误读或故意曲解。日本福岛核事故后，国内已有多个核电项目、核燃料产业园、后处理项目因公众舆情问题被搁置、甚至取消。另外，由于地方政府态度的转变，开发的核电厂址落地还存在不确定性。

3　在建核电厂“十四五”规划建议

通过对当前我国各核电建设项目核安全情况的全面总结以及对“十四五”期间在建核电厂核安全形势的研判，现针对上述问题提出以下几点建议。

3.1　加强核安全法规体系建设

积极推进《原子能法》等法律法规的制定工作。研究制定核电及相关配套设施厂址保护制度。积极推进核电全产业链安全标准体系研究，形成完整的核能安全标准规范，促进核电标准化建设。完成先进压水堆、高温气冷堆、快堆、多用途小型反应堆设计、建造、运行、安全分析与评价等相关核安全法规、导则的研究与制定。

3.2 推进核电批量化、规模化、标准化建设

基于我国核电发展已有较好的基础和条件，建议在“十四五”期间稳定开工建设一定数量的核电机组，为实现核电产业发展目标提供保障，加快三代核电的建设力度，推进核电批量化、规模化，核能行业主动担当，坚持诚信施工，提高我国在建核电整体安全水平。

3.3 在建核电选址多元化，与地方经济协调发展

随着我国地域经济政策的调整和变化，中西部等内陆地区对能源的需求大幅上升，海上能源需求进一步提升，适度增加内陆核电、海上核电，针对不同区域经济水平和能源需求水平，推动在建核电厂分布区域多元化，促进核电与经济协调发展。同时，利用国内多区域核电的示范效应，提升我国核电技术海外竞争力，以经济促发展。

3.4 加大自主化技术投入，提升核电安全水平

加强核电自主研发和能力建设，加大对核心泵、核心阀门等关键设备制造的技术投入，加快核安全软件以及基础研发软件的开发，在燃料开发、制造等领域加快推进自主化进程，克服设备安装、工程管理等制约核电安全水平的短板，提升在建核电技术的安全水平。

3.5 持续加强核安全监管

增强核安全监管部门的独立性、权威性、有效性。按照核电机组数量或发展规模，配置适当数量的监管人员。加强在运核电厂、工程建造现场和核级设备制造厂等一线监管力量，充分履行核安全监管职责。

3.6 加强人才培养和管理，提升“人才红线”意识

核电项目建设需要大量的常规施工人员和具备专业技能的特种作业人员。核电建设单位综合考虑，优化人才管理机制，保障人才队伍稳定，提升“人才红线”意识，确定建设项目中各环节需要的人力，做好人员数量的摸排统筹，依据人员摸排情况，统筹协调各专业人才的培养，避免专业人才过剩和局部人力紧张，加大高校和科研院所的技术人才培养，完善培养机制，加快人才队伍建设。

3.7　强化公众沟通，营造理性氛围

研究建立符合我国国情的核能公众沟通机制，破解“邻避”困局，突出“邻利”优势。一要充分利用国家安全教育日、环境日等，普及核安全知识，打造宣传品牌。二要针对不同群体受众，通过开发科普手册、制作宣传纪录片、举办科普展览、建立微信、微博公众号等方式，开展线上线下精准宣传。三要加强公众沟通专业人才队伍建设，培育“懂专业、识大局、有影响、善沟通”的公众沟通专家团队。优化完善信息披露机制和舆论监督引导机制，同时探索公众参与机制新形式，把专家论证与听取公众意见结合，让新建、在建项目周边群众能在适当时机、以适当方式参与决策过程，从而提升民意基础，更好赢得公众对核电事业的理解支持。

二、新建核电厂选址安全“十四五”规划思路研究

1　我国核电厂选址安全现状

截至2020年12月底，中国大陆地区共拥有15个核电基地，均为滨海厂址；共有在运核电机组48台，在建核电机组17台。伴随着我国核能事业的发展，目前已有多个内陆核电厂址在筹划中，数量大、空间分布广，位置遍布湖南、湖北、江西、四川、重庆、河南、吉林、安徽、黑龙江等省市。

伴随着我国核电技术的快速发展，参照国际原子能机构（IAEA）的安全要求，通过三十余年的工程实践，我国已建成了较为完备的核电安全监管法规体系。我国现行的“核电厂厂址选择安全规定（HAF101）”及其配套导则（HAD101系列）是国家核安全局在IAEA法规标准的基础上编制完成的，于1987年至1994年陆续发布。

我国核电建设前期工作有两个重要阶段，一是初步可行性研究（包括厂址普选）阶段，二是可行性研究阶段。根据我国核安全导则《核电厂厂址查勘》（HAD101/07—1989）的规定，核电厂选址过程分为三个阶段：厂址查勘阶段、厂址评价阶段、运行前阶段。初步可行性研究的基本任务是在电力发展规划和工程项目投资机会研究的基础上，通过搜集资料和调查研究，分析论证核电厂建设可行性所涉及的主要问题与条件。在安全、经济和技术的综合比较基础上排列可行的候选厂址的顺序，推荐一个或两个优先候选厂址。这一阶段对应的是选址过程的厂址查勘阶段。可行性研究的基本任务是在审定的初步可行性研究报告和批准的项目建议书基础上，进一步研究核电厂工程建设的方案和条件，确定厂址，以论证其在安全上、经济上、技术上和商务上的可行性，为编制可行性研究报告书提供充分的依据。这个阶段只针对优先候选厂址开展工作。可行性研究报告书要上报国家发改委，在国家对其批准之后，工程进入初步设计阶段。可行性研究阶段和初步设计阶段对应的是选址过程的厂址评价阶段。从可研阶段起，生态环境部（国家核安全局）才正式受理营运单位的申请，审查“两评”报告——《厂址安全分析报告》和《环境影响评价报告（选址阶段）》，开展核安全监管。近年来，随着各类重大项目的启动，国家核安全局以核安全监管前期介入的方式，陆续参与了若干项目初可研阶段的工作，以支撑国家重大项目的决策需要。

2　世界各国核电选址发展态势

世界各国核电选址态势基本可概括为：先发核电强国原厂址扩建新堆，后发国家新厂址

选择和评价如火如荼。世界上最早开始建设运营商用核电厂的国家，如美国、俄罗斯、英国、法国，21 世纪以来的新堆均选择建在老厂址内，如美国的 Vogtle 核电厂 3 号、4 号机组、俄罗斯的列宁格勒 2 号机、英国的 BRB 和 HPC 项目等等。决定或正在建立首座核电厂的国家，如南非、约旦、沙特、埃及、阿联酋等国，在国际原子能机构的帮助和支持下，举倾国之力选择条件优越的厂址，针对这些新厂址开展了大量的厂址比选和厂址评价专题工作。中国、印度这两个新兴核电大国则介于两者之间，老厂址扩建新堆的同时，也在积极开拓新厂址资源。

先发核电强国已建立厂址选择和评价信息化系统。核电厂选址在综合考虑地震、地质、气象、水文、交通、爆炸和飞机坠毁等各种自然因素和人为因素的同时，也要充分论证核电厂对环境和公众的影响，是一项复杂的系统工程。自 20 世纪 80 年代起，美国核管会就一直资助国家实验室建立厂址选择数据库。橡树岭国家实验室基于多种高精度 GIS 数据，包括美国境内的人口、地震活动性、高程、地表水、地下水数据，以及核电厂选址限制区（自然保护区等）信息，建立了厂址选择工具 OR-SAGE。

3　我国核电厂选址存在的问题

3.1　厂址评价法规导则滞后

我国核安全法规标准体系中的厂址相关内容，包括《核电厂厂址选择安全规定》（HAF101）及其配套导则 HAD101 系列。这些法规和导则，大多基于 IAEA 于 20 世纪 80 年代发布的 50-SG 系列导则编制而成；少数导则以 IAEA 于 20 世纪 90 年代发布的 NS-S 系列为蓝本，结合我国实际情况，对蓝本中的部分条款进行调整后，由国家核安全局于 1994 年发布。IAEA 定期修订选址安全规定及配套导则。21 世纪以来，IAEA 于 2003 年 11 月发布了“核设施厂址评价”（No. NS-R-3）；汲取福岛核事故经验教训，于 2016 年 2 月发布了修订版“核设施厂址评价”（No. NS-R-3（Rev. 1））；2019 年 4 月，IAEA 发布了最新版“核设施厂址评价”（SSR-1）。IAEA 选址安全规定配套的水文、气象、地质、地震、火山等导则也相继升版、合并或新增。例如，将关于气象危险性评价和水文危险性评价的导则进行了升版合并，新增了关于火山危险性评价的专门导则等。伴随 IAEA 的法规修订，国家核安全局也多次启动了相应的法规修订计划。但由于种种原因，在过去的近 20 年中，一直没有能够发布 HAF101 的修订版。目前已对 SSR-1 进行了中文翻译，并对 1991、2016 和 2019 三个版本的厂址评价安全规定进行了对比，为升版工作积极准备。

3.2　厂址条件日益复杂

随着我国核电建设和国民经济发展，条件优越的核电厂址日益稀缺，新厂址条件的复杂多样性逐渐凸显。在核电厂选址和厂址评价中，核安全监管部门关注的是核电厂本身的安全及其对公众和环境的辐射影响。目前的运行和在建核电厂址都经历了漫长的选址和评价过程，这些厂址均位于我国滨海地区的基岩丘陵地区，远离大中型城市，大气和水体扩散条件好，自然和社会地理环境处于相对独立状态。随着内陆厂址前期工作成果的积累，与滨海厂址相比，内陆地区静风频率高，大气扩散条件相对较差。水文地质单元与周边区域相互联系，水体扩散条件相对也较差。随着厂址资源的减少，地震动水平较低的基岩厂址也非常稀少，新厂址或是地震动水平较高或是软土地基或是二者兼有。

3.3　厂址保护面临困难

核电厂选址要素众多且条件苛刻，故适宜的厂址非常有限，若后期由于人为因素导致厂址的适宜性颠覆，将是一种巨大的资源损失。当前，随着各地经济发展和人口增加，条件优越的核电厂址日益稀缺。且核电建设的前期开发周期较长，通常要3~5年。原本适宜的厂址有可能因人为或自然条件发生变化，不再适宜建设核电。日本福岛核事故后，中国对新建核电的态度更加审慎，致使很多项目的开发周期更长，特别是屡受争议的内陆核电项目，迟迟未能开建。在这种情况下，有力保护这些已通过前期论证却未能获批建设的厂址显得尤为重要。但实际上，厂址保护正面临一些难题。一方面，与厂址保护相关的法规标准可操作性不强。我国目前关于核安全的法律有已出台的《中华人民共和国核安全法》（以下简称《核安全法》）和《中华人民共和国放射性污染防治法》，另外还有《民用核设施安全监督管理条例》等8部行政法规。虽然《核安全法》《核电中长期发展规划（2011—2020年）》和《核电管理条例》均明确提出需进行厂址保护，但目前现行的核安全法规、导则或相关的标准中没有对核电厂址保护提出具体的要求，缺少可操作性。另一方面，厂址保护与地方经济发展存在冲突。核电项目的前期开发周期、建设周期均较长，厂址保护工作主要由地方政府实施。部分地方政府在看到核电项目近期上马无望时，可能在厂址周边引进开发其他项目，从而对核电厂址保护构成威胁。

3.4　新型反应堆选址管理薄弱

小型核电反应堆是目前国际上核能行业研究的热点领域，具有小型、模块化、多用途等特点。布置灵活，节能减排，环境友好，适合为偏远地区、海岛、远离负荷中心的用户提供电力，也可用于工艺用热、社区供暖、核能制氢、热电联产、海水淡化及船舶动力等，在我国和世界范围内具有广阔的应用前景。我国各大核电集团均对小型堆、浮动堆等产生了浓厚兴趣，纷纷开展厂址选择等前期工作。目前，对于小型堆、浮动堆等新型反应堆，我国尚未建立具有针对性的法规、标准以及审批和监管体系。对于此类堆型的审查多执行“一事一议”。具体到其选址论证过程，也像大型核电机组一样，分为普选、初可研、可研等阶段。使得项目审批周期较长，投入的人力和资金巨大，这不仅增加了企业负担，也占用了大量监管资源，更增加了项目落地的难度，不利于其健康发展。

4　新建核电厂选址安全“十四五”规划思路建议

4.1　加快选址法规导则制修订

进一步健全核安全法规标准体系，加快制修订核电厂选址和厂址评价相关法规和导则。在导则修订版中反映科学技术的最新研究进展，纳入外部事件引发核事故的宝贵经验，增强法规标准的适用性和可执行性。由于外部事件灾害评价相关学科的快速发展，新技术和新方法层出不穷，要求导则在技术层面上适应时代的发展和技术的进步。同时，外部事件引发的核事故的经验反馈，也推动着厂址评价安全要求和安全导则的修订和更新。因此，在 IAEA 核设施厂址评价标准体系的发展历程中，安全要求和安全导则通常在十年左右就会系统性的修订一次。

4.2　建立核电厂址安全数据平台

明确责任主体，统筹规划、合理布局，建立我国的核电厂址安全数据平台。建议由生态环境部（国家核安全局）牵头，生态环境部核与辐射安全中心具体实施，依托国家核与辐射安全监管技术研发基地的基础设施与网络环境，以多年积累的厂址外部特征与灾害数据为基础，逐步建立厂址特征与灾害分类体系，并联合我国其他专业领域主管部门，如自然资源部、水利部、中国气象局、中国地震局等合作开发，加快筹建我国首个核电厂址安全数据平台。该数据平台应包含核电厂选址所关注的全部人口、环境与各类灾害在全国范围的历史数据，还应包括限制核电建设的环境功能区划分布。数据平台中的数据应随新增事件的发生和相应主管部门数据的更新而及时更新。在数据平台建成的基础上，还可建立适用于核电厂厂址选择的 GIS 工具，为核电厂科学选址服务。

4.3　建设核电复杂厂址实验室

加大核安全科技研发力度，加强厂址选择科研基础设施建设。核电选址条件中对核电厂的建造和施工过程影响较大的因素包括地震和地基条件，软土地基的安全评价和桩基施工技术的适宜性都需要提前进行研究和确认。这些研究需要实验结果的支撑，如岩土动力特性的测试和土柱振动台实验等。对于地震动水平较高的厂址，隔震技术的安全性评价和适用性验证，也需要实验和数值模拟的支持。为了应对复杂厂址条件的安全评价和实验验证问题，应建设核电复杂厂址安全评价实验室，为厂址选择评价信息系统建设、软土地基适宜性评价、桩基和隔震技术可靠性分析提供必不可少的硬件条件。

4.4　加强厂址资源储备和保护

加强厂址资源的储备和保护，着力完善核电厂址保护法规体系。在与《核安全法》配套行政法规中，明确规定核电厂址保护的实施标准和开发利用要求，以及涉及厂址保护企业的资质和审批要求。明确政府部门和开发企业的权利、义务和责任。依法对核电厂址进行保护，为国家核电产业的发展预留空间，以利于我国核电产业安全、健康的发展。《核电管理条例》明确了核电厂址保护和监督工作的主体。建议生态环境部（国家核安全局）借鉴美国核管会“早期厂址许可 ESP”的监管模式，从厂址环境安全的角度，主导核电厂址保护办法的制定，明确环境保护和安全监督管理的具体要求。同时，利用核电厂址安全数据平台，采用卫星遥感技术和地区核与辐射安全监督站定期实地核查等方式监督厂址环境保护情况，履行好核电厂址保护监管的职责。

4.5 优化新型反应堆厂址安全监管要求

重点研究和优化小型堆、浮动堆等新型反应堆的厂址安全监管要求。根据新型反应堆的技术特点和安全特征，研究和优化国内新型反应堆厂址审查程序，制定具有针对性的厂址选择技术要求。建议小型堆项目尤其是在大型商用核电基地内的扩建项目，引用整个基地可以共用的批文即可，如社会稳定性评估、工程用地用海、非居住区和规划限制区等。减少前置审批事项。从核安全许可批复的角度，由于小型堆的固有安全性相对较高，可借鉴美国目前小型堆项目安全审查采用的“一步法”、设计认证结合厂址许可等方式，适当缩短审批时间，简化行政审批流程。对于具体选址要求，应考虑根据反应堆的特点进行有针对性的要求。例如某种新型反应堆的堆芯位于地下，则某些外部事件，比如龙卷风的调查可以考虑简化甚至省略。

三、核安全设备监管“十四五”规划思路研究

1　核安全设备监管现状

1.1　核安全设备相关法律法规

1.1.1　法律

2018 年 1 月 1 日起施行《中华人民共和国核安全法》（以下简称《核安全法》），其中第五条、第八条、第九条、第三十六条以及第三十七条，分别从责任、标准体系、核安全文化建设、单位许可、人员资质等方面对核安全设备相关的管理内容进行了规定。

1.1.2　国务院条例

《民用核安全设备监督管理条例》自 2008 年 1 月 1 日起施行，共包括总则、标准、许可、设计制造安装和无损检验、进出口、监督检查、法律责任和附则共八章，六十二条。

1.1.3　部门规章

部门规章《民用核安全设备设计制造安装和无损检验监督管理规定》（HAF601）、《民用核安全设备无损检验人员资格管理规定》（HAF602）、《民用核安全设备焊工焊接操作工资格管理规定》（HAF603）、《进口民用核安全设备监督管理规定》（HAF604）由国务院有关部门根据法律和国务院行政法规在本部门权力范围内制定并发布，具有法律约束力。2018 年，国家核安全局结合 10 年来实施的情况、经验总结和反馈问题，以及国家管理的新要求，启动了部门规章的升版修订工作。

2008 年，国家核安全局发布了《民用核安全设备目录》，从事目录内的核安全设备的设计、制造、安装和无损检验需要取得相应的许可或注册登记。2016 年，为了弥补目录中存在漏项等问题，国家核安全局对设备目录进行了升版修订发布了《民用核安全设备目录（2016 年修订）》。

目前我国尚没有针对核安全设备全寿期质量保证管理的系统性部门规章，甚至相应的管理文件目前也尚属欠缺阶段。核安全设备活动单位建立和运行质量保证体系依据的文件是国家核安全局为能满足核电厂及其设备的特殊要求而发布的部门规章《核电厂质量保证安全规定》（HAF003）。

1.1.4 指导性文件

核安全导则由国家核安全局制定并发布，属于推荐性文件，目前核安全设备管理涉及的导则，主要如下：《民用核安全机械设备模拟件制作（试行）》（HAD601/01—2013）、《民用核安全设备安装许可证申请单位技术条件（试行）》（HAD601/02—2013）、《核电厂质量保证大纲的制定》（HAD003/01—1988）、《核电厂质量保证组织》（HAD003/02—1989）、《核电厂质量保证记录制度》（HAD003/04—1986）、《核电厂质量保证监查》（HAD003/05—1988）、《核电厂设计中的质量保证》（HAD003/06—1986）、《核电厂建造期间的质量保证》（HAD003/07—1987）、《核电厂物项制造中的质量保证》（HAD003/08—1986）等。

1.1.5 参考性文件

参考性文件主要指由国家核安全局制定并发布核安全技术文件，用来作为核安全设备活动及监管的技术参考。核安全设备管理方面涉及的技术文件主要如下：民用核安全设备设计制造安装无损检验许可证取证申请审批程序（2016 年修订）、民用核安全设备设计制造安装无损检验许可证延续申请审批程序（2016 年修订）、民用核安全设备设计制造安装无损检验许可证变更申请审批程序（2016 年修订）、民用核安全设备制造阶段不符合项监督管理要求、民用核安全机械设备设计和制造活动不能分包的关键工艺和技术（2016 年修订）、民用核安全设备制造许可申请资格条件（目前已发布实施的为阀门、管道、管配件、铸锻件、泵、2/3 级热交换器和压力容器、成套开关设备和控制设备、1E 级电缆等）。

1.2 核安全设备活动单位许可管理（境内单位）

我国对于核安全设备，包括核安全机械设备和核安全电气设备，实施监管，目前对核安全设备活动单位实施许可准入制度，但没有对所有的核安全设备活动进行许可准入，而是基于目前我国的监管力量以及我国制造行业的实际水平和管理能力，制定了核安全设备目录，对目录范围内的设备类别和设备品种进行许可管理。

国家核安全局在《民用核安全设备监督管理条例》及其部门规章中进行了原则性规定，对于核安全设备活动单位许可申请应具备的条件；此外，对于申请单位应具备的条件，国家核安全局还在《民用核安全设备设计制造安装无损检验许可证取证申请审批程序（试行，2016 年修订）》等技术文件中进行了详细规定。对于上文中提到的资格条件，目前设计单位的尚未发布，制造单位的按照设备类别陆续发布了包括阀门、管道、管配件、铸锻件、泵、2/3 级热交换器和压力容器、成套开关设备和控制设备、1E 级电缆等的资格条件，安装单位的已发布，无损检验单位的也在试行。随后，国家核安全局对申请文件进行形式审查。技术评审包括文件审查、审评对话和现场核查等工作，在技术评审过程中，如认为申请单位不具备颁发许可证的条件，主审单位应向国家核安全局提交评价意见，国家核安全局通知申请单位。主审单位基本完成技术评审工作后，完成初步评价报告（有模拟活动的，应包括模拟活动审查的监督工作总结），提交国家核安全局，国家核安全局组织召开核安全与环境专家委员会会议，审议主审单位的初步评价报告。国家核安全局根据最终评价报告、现场检查报告、专家委员会会议纪要和公示结果做出批准与否的决定，通知申请单位并通过生态环境部网站向社会公布。

1.3　境外单位注册登记制度

目前我国对境外核设备活动单位实施注册登记制度，《民用核安全设备监督管理条例》第三十二条规定“为中华人民共和国境内民用核设施进行民用核安全设备设计、制造、安装和无损检验活动的境外单位，应当事先到国务院核安全监管部门办理注册登记手续”。同时，《进口民用核安全设备监督管理规定》（HAF604）第二章则对“境外单位的注册登记”进行了详细规定。国家核安全局根据最终评价报告、专家委员会会议纪要和公示结果做出批准与否的决定，以国家核安全局发文的形式通知申请单位并通过生态环境部网站向社会公布。

1.4　核安全设备监督

《民用核安全设备监督管理条例》第六章以及《民用核安全设备设计制造安装和无损检验监督管理规定》（HAF601）第五章“监督检查”，对核安全设备的监督检查进行了规定。我国目前对于核安全设备的监督是按照在核电厂内和核电厂外分为两块，核电厂外的核安全设备监督，按照设备条例及其部门规章的规定由生态环境部华北核与辐射安全监督站（以下简称华北监督站）实施，核电厂内的设备监督则由生态环境部各地方监督站（以下简称地方监督站）进行。

目前，华北监督站负责对我国民用核安全设备设计、制造、安装和无损检验许可证持证单位的活动实施核安全监督检查。主要内容是抽查民用核安全设备设计、制造、安装和无损检验活动单位提交的活动前报告，根据质量计划进行选点，相关活动单位在活动前通知监督站，监督站组织专家进行选点见证；对于民用核安全设备设计、制造、安装和无损检验活动单位，根据其活动情况和发现的问题等每年进行抽查，实施年度综合检查；对于重要的民用核安全设备，如压力容器、蒸汽发生器等设监造分机构，实施驻厂监造。目前，华北监督站在富拉尔基、上海、南沙、大连、成都、秦皇岛等均有监造分机构。但自 2018 年开始，由于机构人员设置等情况，目前监督站的驻场监督点也在逐渐缩减。

非进口设备主要由各地方监督站开展制造厂内监督，进入现场时以不符合项关闭、出厂验收合格为标准，原则上不允许带有未关闭的不符合项、未执行完成的设计变更、未经出厂性能试验或试验不合格以及不完整交付的设备入场，重要设备如压力容器、蒸汽发生器、主泵外壳、稳压器等现场会在吊装是进行现场随机监督或专项监督，并对安装后的维护保养（如蒸汽发生器的干保养）进行巡视和监督，对管道、阀门等物项结合安装专项监督、现场检查开展监督，目前现场设备入场检验的主力军是安装承包商，如果安装承包商不能在入场时及时发现制造存在的问题，会存在将问题责任转移到自身的风险，因此安装承包商对设备验收管控相对严格。

1.5 进口核安全设备的监督检查和安全检验

华北监督站负责对境外单位为我国境内民用核设施进行的民用核安全设备设计、制造、安装和无损检验活动实施核安全监督检查，抽查民用核安全设备设计、制造、安装和无损检验活动，组织专家进行选点见证。对于重要的民用核安全设备，如压力容器、蒸汽发生器等设备实施驻厂监造。之前华北监督站就曾在美国、俄罗斯等设有驻厂监督机构。

生态环境部核与辐射安全中心（以下简称“核安全中心”）的核安全设备注册检验办公室（以下简称“安检办”）负责对报检单位提交的口岸报检资料进行审查，并在必要时对到岸设备进行检查。各地区监督站对报检单位在核设施现场内的开箱检查活动实施见证检查。开箱见证检查完成后，安检办或各地区监督站出具《进口民用核安全设备开箱见证检查报告》。在安装和装料前调试阶段，各地区监督站结合安装和调试活动监督，对进口民用核安全设备安全性能试验进行检查。安全性能检查完成后，各地区监督站出具《进口民用核安全设备安全性能试验检查报告》并发送至安检办。营运单位应当在核设施装料前调试工作完成后，将与进口民用核安全设备安全性能试验相关的报告报送至安检办和相应监督站。

针对安全检验过程中所发现的不合格的进口民用核安全设备，在相应阶段的检查报告中给出该设备安检不合格的结论，说明相关问题及处理措施并终止相关设备的安检工作。机组《进口民用核安全设备安全检验总报告》可作为发放首次装料批准书的依据之一。

1.6 核安全设备活动人员资质管理

目前我国在进行核安全设备监管的过程中，需要对主要企业的如下人员资质进行关注，包括企业法人代表、焊工焊接操作工、无损检验人员、设计人员、设计验证人员、特种工艺人员、理化检验人员，此外还有注册核安全工程师资质。管理包括培训、资历要求、考核要求等多方面。对于国家核安全局不颁发人员资质，如理化检验人员、热处理、锻造等特种工艺人员、试验人员、质保监查人员、设计人员、设计验证人员等，国家核安全局采取资质核实的方式，要求相关人员持有相应的资质证书，据此对人员资质进行管理。

1.7 核安全文化建设

自 2015 年国家核安全局发起核安全文化推进行动以来，先后发布了《核安全文化政策声明》《核安全文化特征》，组织华北监督站对民用核安全设备持证单位广泛开展核安全法规、核安全文化宣贯。此后，核安全局组织核安全中心、地区监督站等多家单位，制定了《关于持续推进核安全文化建设的建议》《持续推进行业核安全文化建设实施方案》。自 2016 年至今，已对 22 家持证单位核安全文化建设情况进行了评估。评估对象包括设计院、主设备制造企业、机械设备设计制造单位、电气设备生产企业、无损检验专业机构，通过对设计、制造、无损检验三类许可企业，主设备、泵、阀、电气等各行业的核安全文化评估，进一步宣传和普及了核安全文化理念和要求，也为各单位提出了针对性地改进建议。同时，华北监督站将评估收集到的良好实践和典型问题通过经验反馈、论文交流、现场宣贯等多种方式进行宣传推广，丰富了核安全设备领域核安全文化实践经验。2018 年，华北监督站组织中国核电工程有限公司、中广核工程有限公司、国核工程有限公司和核动力研究设计院首次在核安全设备领域开展核安全文化培育共建活动。

1.8　独立验证

国家核安全局一直重视并强调对于核安全设备的独立验证工作，近年来也在逐步启动相关工作，独立验证包括独立计算校核、独立试验验证、能力验证等。

1.8.1　独立计算校核

目前我国对于核安全设备的独立计算校核，仅针对一些重要的不符合项处理过程中的计算校核，相关工作基本委托技术后援单位进行，尚没有独立的计算校核机构和人员，也没有相应的独立校核法规标准文件，目前基本是依据设计所遵循的标准规范进行复核计算。

1.8.2　独立试验验证

近年来，国家核安全局一直强调作为监管部门的独立试验验证能力，相关试验验证的装备建设也已经启动，正在逐步建设过程中。而目前，国家核安全局独立进行的试验验证尚比较少，基本是针对取证或监督过程中出现的重大且难以仲裁的问题，才使用此方法。

1.8.3　能力验证

目前，能力验证基本是针对无损检验的，参照美国 ASME 标准中规定的能力验证，华北监督站编制发布了《核电厂在役检查无损检验技术能力验证实施办法》，主要是对能力验证的三种方法和验证方式进行了规定，所不同的是 ASME 标准中规定的能力验证仅限于超声，而我国目前的能力验证则不限于此，但其验证方式还是基本依靠对于文件记录的检查。

1.9　设计验证

我国目前核安全设备验证主要由企业自己进行，对于重要研发项目的设备验证，有时会组织专家对其设计验证结果进行审查。对于能动设备，单位在许可申请时，必须对其模拟件进行鉴定试验。而对于产品样机的鉴定则由企业按照技术规格书进行，审评人员或监督人员/监造人员进行见证检查。

1.10　大宗材料管理

核安全设备涉及的大宗材料涵盖在国家核安全局监管范围内。但是之前很长一段时间，我国核电厂的大宗材料管理主要由工程公司和采购单位自己控制，从 2016 年开始，国家核安全局开始重视大宗材料的管理，组织制定了《关于进一步加强核电厂紧固件等大宗材料质量管理的通知》（国核安发〔2016〕195 号）等文件，对紧固件的抽查及检验等进行了规定，开始逐步对大宗材料进行统一控制。与此同时，各行业也开始对大宗材料控制更加重视起来，采购单位和工程公司开始加大对大宗材料采购、见证及入厂复验的控制，相关行业也开始针对大宗材料，如焊材、钢材等制定相应的技术标准。

1.11 商用物项引入

目前我国运行核电厂，尤其是一些早期建设运行核电厂备品备件的采购，特别是一些当时国外采购的物项，均面临商品级物项转化的问题。此外核电厂中的一些技术成熟、制造简单、需求量小的物项，难以找到符合要求的核级供应商，也面临商品级物项转化的问题。在AP1000项目中率先尝试了商品级物项转化的实践，其总承包方制定了商品级物项转化导则，其转化过程主要包括技术评估和检验验收，但该导则并不适用于中国核安全监管范围内的物项和服务，且商品级物项转化也不能用于替代我国核安全法规对于国内外核级供应商的资格要求。

2 核安全设备质量管理总结

2.1 管理的创新点

2.1.1 核安全文化建设全体系推进

核安全文化首先是针对核电厂人因失误而提出的，国际和发达国家推进核安全文化多针对营运单位，自2015年我国核安全局发起核安全文化推进行动以来，组织华北监督站对民用核安全设备持证单位广泛开展核安全法规、核安全文化宣贯，并组织制定了《关于持续推进核安全文化建设的建议》《持续推进行业核安全文化建设实施方案》。按照任务安排，华北监督站负责核设备领域核安全文化评估试点工作。

在评估过程中进一步宣传和普及了核安全文化理念和要求，也为各单位提出了针对性地改进建议。同时，华北监督站将评估收集到的良好实践和典型问题通过经验反馈、论文交流、现场宣贯等多种方式进行宣传推广，丰富了核安全设备领域核安全文化实践经验。近年来，随着国家核安全局的重视以及对相关工作的持续推进，核安全文化在我国核安全设备行业得到了广泛认识和普及。

2.1.2 关键工艺管理

对于民用核安全设备设计、制造、安装和无损检验活动进行关键工艺管理是我国在核安全设备管理中的一个亮点，在关键工艺的管理中充分体现了过程化控制的理念，在设备生产过程中，通过对关键工艺选点见证和监督，充分保证了核级产品的质量和可靠性。此外，针对制定不能分包的关键工艺和关键技术清单，更有利于精细化规范化管理。

2.1.3　质保分大纲管理

《民用核安全设备监督管理条例》规定编制项目质量保证分大纲的要求。该项规定对于促进核安全设备活动单位针对具体项目充分分析其质量保证要求，并将其及时体现在相关质保文件中保证质保文件的可操作性，避免质保文件流于形式，起到了积极的作用。同时需经营运单位审查同意的规定，也将营运单位的责任进行了明确，督促营运单位对其分供商的质保体系进行审查，进一步保证了核安全设备活动单位在具体合同项目执行时的质保控制。

2.1.4　模拟件管理

针对许可申请的单位，要求其进行相应的模拟件试制，是我国核安全设备管理中的一大创新。申请单位通过模拟件的试制，可以体验一遍按照核质保要求控制的情况以及对于核相关标准规范的理解掌握情况，而监管单位也可以通过对其模拟件试制过程的监督和见证，充分了解企业的能力，及时发现企业存在的不足，帮助其进行整改提高，并及时剔除那些能力不够的单位，从源头上保证了核安全设备供货厂的水平和能力。

2.2　核安全设备监管形势

近年来，我国核电已经跨过了以增加容量、技术引进、设备国产化为标志的学习阶段，进入了以“重质量确保安全、走出去引领发展”的新时期。安全第一、质量第一将是核安全设备监管的主旋律。但同时，由于监管力量与监管需求的严重不匹配，监管部门已经无法对核安全设备大包大揽。随着国家政府提出的“放管服”要求，对质量管理的权利更多的赋予了营运单位和活动单位，但我国制造业和工程管理质量保证水平与国际水平存在差距，核安全设备活动单位弄虚作假事件的出现以及常规工业企业大量进入核电市场，已经使这种差距变成了核电安全的短板，而靠单个营运单位或核电投资集团形成的监造体系，效率不高、可信性不强，且容易受非质量因素影响。

3　存在的问题

3.1　监管条块分割缺乏对核安全设备的整体把握

我国监管部门对于核安全设备是分块进行管理，场内场外分开，生产制造和服役分开，尚没有从核安全设备的系统设计、设备设计到设备服役退役的全寿期进行统一管理，也缺乏一个明确的文件将核安全设备全寿期管理的职责和要求规定清楚，导致一些责任不清、职责不明确，甚至存在监管空白或交叉管理的情况。

3.2　监管法规标准发展滞后

我国核安全设备管理中最棘手的问题是很多情况无法可依，监管法规和标准要求的缺乏和滞后给监理检查单位和设备活动单位均带来了诸多不便，甚至已经严重桎梏了我国核安全设备的发展。

3.3 许可监管范围的确定缺乏原则和准则

核安全设备目录，结合我国前期核承压设备许可管理的经验，以及在设备许可监管过程中发现的问题和控制情况进行的制定，并定期或不定期的进行调整和增补。总体来说，没有明确的许可监管范围确定原则和准则，同时对于范围调整的通知和规定形式也不固定和统一，有些内容甚至仅在相应的经验交流会会议纪要中进行了提及，而相关内容一直没有正式对外发布，不利于相关活动单位明确自己的职责和责任。

3.4 许可审评的技术要求不明确

对于目前的许可审评而言，存在的最大问题就是相关要求不明确，如对于参数变更是否需要进行模拟件制作、延续申请的业绩要求等，这些要求的不清晰为许可审查的一致性、客观性带来一定影响，也从一定程度上影响了审评进度。

其次是许可活动范围表的格式内容，尚没有完全固定，就国内的情况而言，同一设备类别或设备品种不同持证单位持有的证书范围和参数内容不尽相同，甚至有的连参数限制也不一样，给监管和许可管理带来一定难度。

此外个别设备类别的许可活动范围表参数过细，也存在不小困扰，过细的参数限制势必导致频繁的参数变更。而同时模拟件的选择也面临难度，个别设备类别，如阀门、管配件等的申请单位目前面临大量模拟件试制的情况，尤其阀门，还要完成相应的鉴定试验，给企业带来了很大的经济负担，也给审查和见证带来难度。

3.5 人员资质管理缺乏系统性和统一性

人员资质管理缺乏系统性和统一性，特别是对于哪些资质的人员，要进行哪些培训，必须取得什么证书、应具备什么资质，没有明确的要求，导致各家情况纷杂不一，给审查和监管带来一定困难。更有一些企业存在钻政策漏洞的情况，对于特种工艺人员、监查人员等的资质管理流于形式，消极应付，导致由于人因出现产品质量问题。

3.6 对设备验证缺乏系统的监管

整体来看，我国核安全设备管理中的独立验证，尚处于起步阶段，相关工作开展得比较零散且随意，没有明确的规定和原则，对哪些必须进行独立验证，进行什么样的独立验证没有规定，也没有专业的独立验证机构和标准文件，软硬件配备均不齐备。目前国家核安全局对于设备验证没有进行系统的监管，对于核安全设备必须进行的哪些鉴定试验没有审查机制，对于哪些单位能进行设计鉴定试验，也没有进行统一的监管和控制。

3.7 对大宗材料采购及商品级物项转化缺乏管理要求

目前，我国对于大宗材料控制的相关文件尚不完备，相关规定不明确，对于大宗材料的采购控制、入场控制、各方职责等规定缺乏，导致在大宗材料管理中没有足够的法规供大家遵循。虽然近几年我国从监管部门到营运单位到工程公司包括采购单位都逐步重视并加强了大宗材料的控制，但是基本属于事后控制，对于过程控制缺乏规定和执行。而从控制和监督反馈看，目前不管是入场验收还是复验，面临的最大问题就是对于批次的定义和界定，由于界限不清导致抽样不全的情况时常发生。另外，我国缺乏商品级物项转化的法规和标准依据，对于商品级物项转化的鉴定要求也缺乏统一的规定和检验标准。

3.8 针对核安全设备的质量要求不清晰

我国目前的核设施安全分析报告中，有单独的章节对核设施建造用的执行标准进行了规定，这些执行标准中也包括了针对核安全质量要求的一些相关标准，此外在安全分析报告中对于质量保证要求也有单独的章节进行规定，审核标准目前主要为《核设施质量保证安全规定》（HAF003）及其导则。

从以往的审评经验看，我国核设施安全分析报告中除规定了质保等级要求外，没有系统的提出关于质量保证的相关要求，没有细化和分解具体控制所要依据的质量标准，对于质保一章的审评流于形式，对于可操作性考虑不够，同时也没有明确要求必须按照一套系统的与技术标准相适应的质量标准来控制。

此外，我国目前核安全设备活动的单位在建立质保体系时，依据的法规标准文件均为《核设施质量保证安全规定》（HAF003），而实际上该部门规章中提到的质保要求更多是针对核设施的，虽然适用于核设备，但针对性不强，尤其是一些核设备设计、制造、检验过程中的具体要求不明晰，这也间接导致了我国核安全设备活动单位普遍存在质保文件规定可操作性差，相关内容和控制情况参差不齐的现象。

3.9 核安全文化建设亟待提升

针对核安全设备持证单位推进核安全文化建设并开展评估，是我国的一大创新并已取得了初步成效。近年来，随着国家核安全局的重视以及对相关工作的持续推进，核安全文化在我国核安全设备行业得到广泛认识、普及，但目前国内核安全设备持证单位的核安全文化建设发展仍然存在不少问题，一是持证单位核安全文化建设水平参差不齐，差距较大，弄虚作假和违规操作的情况几乎不是个例，但我们又缺乏明确的规定和管理手段进行督促。二是我国尚缺乏系统的核安全文化培训及评价专家库，缺少专业队伍对核安全设备持证单位核安全文化建设进行指导和评估，持续深化核安全文化建设的动力不足，后继乏力。三是我国针对核安全设备单位的核安全文化建设尚缺乏明确的管理文件和具体的要求，法规层面缺少核安全文化建设强制要求，需尽快发布更详细的管理文件以明确要求。四是国家核安全局仅以任务单的形式组织安排核安全文化评估试点，尚未将核安全文化评估作为地区监督站职责，不利于对核安全文化建设的长期发展。

3.10 监管与监造的匹配性差

《核安全法》对监造工作提出了明确要求。第五条规定：“为民用核设施营运单位提供设备、工程以及服务等的单位，应当负相应责任”；《民用核安全设备监督管理条例》第二十条规定：民用核设施营运单位应对民用核安全设备活动进行质量管理和过程控制，做好监造和验收工作；《民用核安全设备设计制造安装和无损检验监督管理规定》（HAF601）第三十九条规定：设备监督检查的内容包括营运单位的监造情况。

目前，我国核安全设备的监造管理存在欠缺，各单位基本建立了核设备监造监理管理体系，但仍存在监造监理计划不科学、执行不到位，监造监理人员不独立、配备不足、能力不强，监造监理记录不完善、填写不规范，监造重点不突出、把关不严等问题。同时，核设施营运单位与工程总承包单位之间也存在核安全设备管理责任不清晰等问题，需进一步明确监造监理要求，规范监造监理工作，并落实监造监理责任。

另外，第三方监造并没有广泛铺开，且第三方监造单位的水平和能力参差不齐，设备监造更多依赖于工程公司和采购单位，各单位编制有相应的监造规定和程序文件，但没有统一的标准，如对于见证点的选择、确定和放弃等，以及见证次数，巡检次数和要求也没有统一的明确规定。核安全监管部门对于营运单位、工程公司监造活动的监管缺少明确的规定，尚没有系统性的文件进行具体要求，且缺少对监造单位的资质和监造人员的资质管理，导致目前设备监造存在见证点随意、见证流于形式、现场巡检随意等情况。

目前由于我国多堆型导致在多个标准体系下的监造，各营运单位和工程公司自行控制监造，水平参差不齐，导致问题层出不穷。

3.11 多规范使用控制

我国核电技术标准目前主要有四个来源。一是引用、参考国际原子能机构发布的核电技术标准。二是参考美国、俄罗斯、法国等先进核电国家发布的技术标准。三是国家核安全局根据自身工作需要，自己研究制定的标准。四是其他行业制定的相关核电用标准。

目前，我国核电技术存在多种机型、多种技术路线、多种标准并存的局面，自主核电标准体系的建立、应用和推广不足，标准基础研究欠缺，同国外先进标准相比较质量和水平还有一定差距。由于标准体系不同，对设备制造企业来说，增大了技术准备、原材料采购、制造和检验以及过程中质量问题处理等方面的复杂性和难度，同时还造成这些环节的大量重复工作以及人力、物力和时间资源的浪费，导致制造成本过高、效率低下。而标准不统一不仅存在于设备制造业，在核电厂的设计、建造和运行等方面都暴露出了一系列问题。

由于要推进核电国产化，在同一核电厂的设备制造中，存在多标准同时使用的情况，造成标准不统一。而且有些标准直接引用国标，但其与国际标准和国外发达国家标准的一致性并没有经过慎重考虑。

3.12　对国外进口设备的管理有待加强

3.12.1　管理要求与国内设备不一致

目前对于同一设备类别的注册登记范围和许可活动范围在格式内容参数设置方面存在差异，导致在参数变更、承接合同等方面，国内企业处于劣势，带来了一定问题。

3.12.2　进口设备的安全检验和监督检查力度不够

目前国家核安全局对于入场后的设备基本是文件检查。由于我国对于公职人员出国的限制，以及相关费用等问题，我国目前对于进口设备的监督力度，无法与国内设备的监督相比的，同时，我们所采购的大部分国外进口设备，并没有要求其按照所在国或国际通用的（如 ASME 等）检验要求进行检验，可以说我们对于国外进口设备的监督控制相对薄弱。

此外，还存在一个较为突出的问题，即设备厂和工程公司，由于出国费用、时间进度等问题，弱化了对进口设备，特别是进口零部件及过程控制缺失。特别是对于一些规模小的零部件制造厂，以及批量或价格便宜的零部件，其见证点执行情况堪忧，有些甚至根本没有进行出国见证。

4　“十四五”指导思想、基本原则和目标

4.1　指导思想

以“理性、协调、并进”的核安全观为核心，坚持“安全第一、质量第一”的根本方针，以法规标准为准绳，以科技进步为先导，进一步明确责任、优化机制、科学管理、持续改进、消除隐患，不断提高我国核安全设备设计制造水平，确保核设备质量安全与可靠。

4.2　基本原则

4.2.1　明确责任、全面保障

梳理接口，明确核安全设备质量监管定位，明确监管部门、核设施控股单位、专业化总包单位、核设施设计单位、参与单位、采购单位、供方单位、代理机构、质量评价机构等各方责任，对核安全设备实现全寿期全链条管理，全面保障核安全设备安全与可靠性。

4.2.2　规范管理、依法监管

完善核安全设备法规标准体系，完善核安全设备监管制度，明晰相关管理要求，细化质量监管要求，规范核安全设备管理要求，实现依法监管。

4.2.3 科学监管、层层预防

依托现代化科学管理理念，通过信息化平台、身份识别、远程监控等手段，对核安全设备进行科学和管理。

4.3 总体目标

在总结我国“十三五”核安全设备监管经验的基础上，结合我国核电发展的新形势，汲取先进国家的经验，建立在国家核安全局领导下，营运单位进行质量管理、第三方机构进行质量评价，国家核安全局实施质量监督的“三位一体”监管模式，以法治化、公开化和信息化为标志的核安全设备质量监管体系，以提高核安全设备安全水平，保证核安全设备质量和可靠性，降低核安全设备质量风险。

5 重点任务

5.1 明确责任实现全寿期全链条管理

5.1.1 明确核安全设备质量管理责任

在坚持安全第一、预防为主、责任明确、严格管理、纵深防御、独立监督、全面保障的核安全工作原则的基础上，以核安全法和《民用核安全设备监督管理条例》为引导，遵循《核电厂质量保证安全规定》（HAF003—1991）的体例，编写《核安全设备质量保证管理规定》，在努力借鉴国际最新最高安全标准，积极汲取核安全监管多年形成的法规要求和实践经验，充分考虑相关单位的利益诉求的前提下，明确核安全设备质量管理的要求和相关责任，针对核安全监管部门、核设施控股单位、专业化总包单位、核设施设计单位、参与单位、采购单位、供方单位、代理机构、质量评价机构等分别提出责任划分和管理措施。

5.1.2 强调过程控制，实现对核安全设备的全寿期连续监管

核安全设备质量监管的目标是保证核安全设备在核设施运行期间的可靠性，而核设施是一个非常复杂的系统，核安全设备可靠性说到底是应满足核设施运行的要求不是孤立的“好之又好”，核安全设备质量管理应立足于保证“活动”满足事先预设的要求且留下客观证据，强调对“过程”质量的控制。通过核设施质量保证体系对从核安全设备设计开始到退役全寿期中，与核安全设备可靠性有关的活动过程的不间断的、协调一致的控制，有利于国家核安全局对核安全设备可靠性的整体把握。

5.2　优化许可制度

5.2.1　明确许可和监管范围

确定核安全设备许可和监管范围确定的原则和准则，制定许可范围调整的统一程序和要求，解决许可和监管范围中目前存在的不自洽的问题。

5.2.2　规范许可活动范围

规范许可活动范围，综合考虑国内许可和国外注册登记的活动范围表，统一同品种设备类别的范围表格式内容。针对阀门、管配件等设备类别，开拓思维，以“放管服”要求为导向，以减轻企业经济负担为前提，考虑新的参数确定原则。

5.2.3　完善制度，明晰管理要求

针对核安全设备许可制度，梳理缺失的管理要求和规定，针对模拟件制作要求、资格条件、业绩要求等，指定相应指南或程序文件，明确管理要求。针对不同设备类别制定统一的模拟件制作技术条件，构建许可设备类别模拟件制作技术条件库，服务申请单位模拟件制作。

5.3　提高监管的能力和效率

5.3.1　完善法规标准体系

整合、优化并完善核安全设备法规文件；针对大宗材料采购、商品级物项转化等制定管理要求，填补核安全设备监管要求的缺失或空白。

加快核安全设备标准体系建设工作，确定核安全设备标准体系构架；制定《核安全机械设备基本要求》，明确核安全设备设计、制造、安装、维修和定期试验等要求；完善工业标准认可制度，解决标准衔接问题；建立多标准融合制度，解决多标准同时使用带来的问题。

5.3.2　建立监管质量管理信息平台

建设全国核安全设备活动单位质量管理信息平台，通过身份识别、远程监控、信息共享、经验反馈等手段，预防质量事件，提高核安全设备质量。

5.3.3　建立独立验证和试验鉴定机制

设立服务于监管的独立验证和试验鉴定机构，制定机构认可制度、具备条件、工作流程、程序制度、评价和监督等管理制度，建立核安全设备独立验证和试验鉴定体系。

5.3.4　建立核安全文化评估机制

建立核安全文化评估专家库，制定核安全文化评估要求和制度，建立核安全设备活动单位核安全文化评价机制，促进核安全设备活动单位核安全文化的建设。

5.3.5 运用市场机制引入第三方质量评价

建立第三方监造管理体系，明确第三方监造机构的职责定位、方式流程、规范制度等，构建核安全设备第三方监造管理体系。制定质量评价标准，要求营运单位委托第三方机构，根据国家核安全局认可的质量评价标准，对质量活动进行监造监理，在营运单位之间形成行业自律。

6 重点工程

6.1 核安全设备质量监管体系工程

明确营运单位、总包单位及活动单位职责，制定核安全设备质量管理要求及基本技术要求，开展核安全设备法规文件的修订完善工作，加快核安全设备标准体系建设工作，打造法治化、公开化和信息化为标志的核安全设备质量监管体系。

6.2 核安全设备质量评价体系工程

明确第三方监造机构的职责定位、方式流程、规范制度等，构建核安全设备第三方监造管理体系，在此基础上，构建核安全设备质量评价体系。解决日益突出的持证单位弄虚作假事件以及常规工业企业大量进入核电市场所引起的核安全设备质量事件。

6.3 核安全设备独立验证和试验鉴定体系工程

确立核安全设备独立验证和试验鉴定专业机构认可机制，明确核安全设备独立验证和试验鉴定管理制度，在国内设立权威的、独立的、能够系统完成核安全设备独立验证或试验鉴定的相关机构，构建系统规范的核安全设备独立验证和试验鉴定管理体系。

6.4 核安全设备质量管理信息平台工程

适应信息化发展，构建基于质量计划管理的覆盖所有质量活动所有过程和结果的全国核安全设备活动单位质量管理信息平台，通过身份识别、远程监控、信息共享、经验反馈等手段，预防质量事件，提高核安全设备质量保证信息系统。运用实时信息处理技术和现场身份识别技术等现代智能技术防止弄虚作假和违章操作，提高诚信水平，在核安全设备质量管理领域实现信息综合集成。

四、核技术利用领域辐射安全“十四五”规划思路研究

核技术利用是指放射源、非密封放射物质和射线装置在医疗、工业、农业、地质调查、科学研究和教学等领域的应用。核技术的广泛应用，给人们的工作和生活带来了前所未有的便捷，为社会创造了巨大的经济效益；同时，核技术也是把双刃剑，它给人类带来财富的同时，也可能引起辐射事故，给人类健康和环境带来危险，甚至危及生命安全。因此，核技术利用领域辐射安全工作不容忽视，加强核技术利用领域的辐射安全管理极其重要。

1　核技术利用领域工作形势与现状

1.1　核技术利用发展情况

根据国际原子能机构（IAEA）的报告，核技术在全世界的工业、农业、医疗、环境等领域得到广泛应用。在农业方面，可用来提高家畜的生产能力和健康水平，控制病虫害、提高农作物产量、育种、食品保鲜和灭菌等，以及用于节水灌溉研究、土壤有机碳捕捉研究等。在医疗应用方面，可用于 CT、SPECT/CT 和伽玛刀等放射成像、肿瘤诊断和治疗等。

我国核技术利用始于 20 世纪 50 年代，当时主要集中于伽马射线无损探伤和疾病的放射诊断和治疗等。2003 年，国家发改委在《关于实施民用非动力核技术高技术产业化专项的公告》中提出："加快高技术成果的产业化，引导、推动我国民用非动力核技术应用产业的持续、快速、健康增长，促进我国核技术应用产业在 5 年左右达到 1000 亿元的产业规模，并保持年均 15%以上的增长速度"。此后，核技术得到迅速发展，目前已在国防现代化建设、工业、农业（含粮食）、生命科学、材料科学、信息科学、生态环境保护和人民健康等方面发挥着重要的作用，广泛应用于辐照灭菌消毒、材料改性、石油测井、辐射计量、工业探伤、食品保鲜和杀虫、辐射育种、放射性药物、放射治疗和诊断、教学科研、同位素示踪等各个领域。

但是与国外先进国家相比，我国核技术应用情况还存在着明显差距。据统计，美国和日本的国内生产总值（GDP）中，核技术利用产业的贡献约占 3%~4%，而国内核技术应用产业的产值约占 GDP 的 0.3%，相差约一个数量级。无论是在应用领域还是应用规模上，我国核技术利用发展水平与国际先进国家还有很大的差距。

1.1.1　核技术在工业领域的应用

核技术在工业上主要应用于工业辐照、核子仪与放射性测量、工业射线探伤等方面。

工业辐照（又称辐照加工），是指利用射线通过可靠的辐射加工工艺对物品和材料进行加工的技术，通常采用γ辐照加工（常用^{60}Co和^{137}Cs放射源）和电子加速器辐照加工（电子束和X射线）。

工业射线探伤是对一个部件或产品进行非破坏性检验过程。射线探伤技术应用最广泛的是X射线和γ射线工业探伤技术。X射线机多用于较薄部件的检查，射线强度调整快捷，不需要定期更换放射源等优点，常用在铸件、焊接件、电子元器件结构上。γ射线探伤机是用γ放射源进行部件检查，与X射线机相比，X射线机仅在通电开机后才产生X射线，γ放射源则始终发出γ射线，防护要求更高。

核子仪是一种在工业中广泛应用的利用射线穿过物质进行测量或控制的装置，主要用于过程控制和产品质量控制。常用核子仪有：核子密度计，一般采用^{137}Cs放射源进行密度测定，对于大直径管道的测量等则多用^{60}Co源，而对于几厘米直径的细管道用^{241}Am源较多。在烟草行业，则用β射线源测量连续卷烟机中烟草的密度。测厚仪，是利用γ射线对金属、非金属材料的厚度进行测量。料位计，是对物料位置高度进行测量，主要采用γ射线源。对堆积密度小的物料（如泡沫塑料）或少量物料（如管中牙膏）也可用β射线源测量。

放射性测井是根据岩石和介质的核物理性质，研究物质剖面，寻找油气、煤等矿产油井工程的地球物理方法，常用于煤田、铀矿和石油勘探。放射性测井包括密封源测井和同位素示踪测井两类，密封源测井又分为γ射线测井和中子测井，常用放射源有^{137}Cs、^{241}Am/Be等。

1.1.2 核技术在农业领域中的应用

目前，核技术在农业上的应用主要集中在辐射诱变育种、虫害防治、农产品贮藏保鲜等方面。

辐射育种是利用X射线、γ射线及中子束等诱发生物遗传变异，再通过人工选择和培育使有利的变异遗传下去，使生物品种得到改良。据统计全球通过辐射育种方式培育了2376个品种，我国培育品种的数量占全球四分之一以上。

辐射杀虫是利用电离防治虫害，其辐射效应与剂量大小有关。X射线、α射线、β射线、γ射线、电子源和快中子都能使昆虫不育，但使用最普遍、最方便的是γ射线，射线源主要是^{60}Co和^{137}Cs。昆虫辐射不育技术防治害虫，是当今生物防虫法中唯一有可能在大面积内消灭害虫的防治手段。

辐射保藏食品是利用射线或加速器产生的粒子束流照射食品，引起一系列物理、化学或生物化学反应，达到杀虫、灭菌、抑制发芽、抑制成熟等目的，从而延长食品保藏时间，提高食品质量。保鲜或保藏常用的辐射源有三种，即^{60}Co和^{137}Cs的γ射线、电子直线加速器产生的电子束以及X射线管产生的X射线。我国食品辐照技术于1958年开始，先后批准了18种辐照食品管理方法。目前我国辐照食品已进入了商业化应用阶段。

1.1.3 核技术在医学中的应用

核技术在现代医学中有着十分广泛的应用，主要应用于放射诊断、放射治疗和核医学等方面。

放射诊断是利用X射线诊断疾病，包括X射线诊断和CT诊断。

放射治疗是利用X射线、β射线、γ射线和中子流对肿瘤或病灶进行照射，以抑制或破坏病变细胞的生长，达到治疗的目的。治疗方法主要有贴敷法、腔内照射法和体外照射法，放射源主要有^{90}Sr、^{226}Ra、^{60}Co、^{192}Ir、^{125}I、^{137}Cs等，治疗设备包括X射线治疗机、^{60}Co治疗机和医用加速器。

核医学是一门用放射性物质进行诊断和疾病治疗的医学专业，包括应用相对少量的放射性物质（放射性同位素），在特定的器官骨骼、组织中蓄积，通过γ照相机、PET扫描机等特殊的探测器在体外进行探测，获取信息。以及将放射性核素引入到病变的组织、器官或特定的病变细胞内进行局部或靶向治疗。

1.2　国外核技术利用辐射安全管理现状

核技术利用在给人类带来巨大经济效益、推动科技发展和造福于人类的同时，也会由于安全防护方法不当或放射源失控等原因，对人体造成伤害，甚至造成灾难性的后果，因此世界各国和有关国际组织特别重视放射源的安全管理。

1.2.1　国际组织核技术利用辐射安全管理动向

为了促进放射源的安全应用，保护个人、社会和环境免遭放射源辐射事故或人为恶意破坏造成的影响，IAEA制定并发布了一系列的安全标准，制定放射源安全行动计划，其宗旨是使IAEA能够规划并执行一些向成员国提供帮助的活动，以便在整个寿命周期维持并在必要时加强放射源的安全和放射性材料的安保。2000年12月，IAEA发布了《放射源安全和保安行为准则》，该规定仅低于国际公约，对辐射源安全监督管理提出了新的、更高的要求，对成员国具有一定的法律约束力；其核心内容是促进各成员国政府建立强大有效的、独立于核技术应用发展部门的监督管理机构，在其他有关政府部门支持下做好监督工作。同年12月，IAEA召开了国际会议“强化国家监管当局对放射源安全和放射性物质安保监督管理”。2002年6月，IAEA新闻中心指出：“世界放射源监管不善”，全世界几乎每一个国家都能找到制作“脏弹”所需的放射性物质，并且超过100多个国家缺乏对这些放射性物质的保护，甚至缺乏发现其被盗所必需的控制和监测程序。IAEA总干事呼吁放射源“终生”要注意防止被盗或被恐怖分子利用。IAEA希望世界上对放射源监管不善的100多个国家积极行动起来，加强对放射源的监管。2014年7月，IAEA发布《国际辐射防护与辐射源安全基本标准》（No. GSR Part3），强调将辐射安全与防护管理纳入许可证持有者的综合管理体系，提出监管部门应对第三方提供的技术服务进行批准或核准，突出了对环境和公众的保护。

1.2.2　主要核大国核技术利用辐射安全管理状况

美国：美国监管当局对放射源安全高度重视，不断地开展深入研究和采取有效的技术管理措施，已建立了较好的放射源安全保障体系，并且在不断地完善和创新。20世纪40年代开始，美国将放射性同位素镭广泛应用于医学领域，但绝大多数用户没有被纳入监督管理范围之内，造成停用后许多放射源丢失、被盗以及闲弃失控，引起了美国政府的高度重视，此后不断制定法规标准，强化这方面的管理。根据美国联邦法律（CFR）第10卷31.5节规定，美国实行许可证管理，由核管会或其授权的州政府负责颁发放射源许可证。许可证持有者对放射源的标识、安全使用、维护、贮存和处置负责，接受发证单位的监督，并及时报告源的转移、失效、损坏、失控等情况。美国还加大了公益研究的力度，政府监管当局、各州以及民间组织逐步建立了放射源数据库。1983 年以来，美国一些钢厂发生熔化放射源的事故 30 余起，钢厂付出了 2300 万美元的事故处理费，造成惨重的经济损失。通过深入研究，现在美国的大多数钢厂都安装了放射性探测器，以避免含有放射性物质的废旧金属混入钢厂。但是失控放射源的潜在危害一直困扰着美国监管当局，1997 年他们开始实施一项对失控放射源的新计划，主要内容包括：对失控的密封型放射源进行核素种类鉴别和活度测量；调查研究放射源管理中存在的问题以及替代原放射源安全控制和处置的体系；与用户发展一种友好和容易维护国家放射源数据库的关系；研究高效低成本处置失控放射源的方案；最广泛地普及识别放射源的知识，摸清现有用户不再需要放射源以及放射源处置选择的情况。另外，美国监管当局不断地扩展和完善已有的放射源数据库，从源头抓起，要求放射源供货商每季度向辐射防护主管部门报告购货人的有关情况，并不断地加强宣传教育与培训。

英国：英国有较为健全的法律、法规。现行与放射源有关的法律、法规有《放射性材料法》《工作健康和安全法》《电离辐射管理办法》等。主要监管机构是环境保护部门，此外健康和安全部门也参与审管。所有放射源用户必须取得环境保护部门的登记许可，环境保护部门组织健康和安全部门定期对放射源设施进行检查。放射源不再使用后，用户必须在 3 个月内对其进行处理。废源处理的方法主要有：返回供应商或制造商、循环使用、在 Drigg 处置场处置（仅限于低活度源）、交给专门收贮废源的专业公司。

西班牙：西班牙于 1964 年颁布了《核能法》。该法要求所有放射源的供应和使用活动都要向工业和能源部或自治区的相应机构申请执照。核安全委员会（CSN）是西班牙唯一的放射源监管单位，直接对议会负责，它有权向工业和能源部以及自治区的相应机构提出强制性的建议。CSN 会定期对放射源设施进行检查，已建立了放射源管理的计算机数据库。西班牙的放射源应用设施分为三类：一类是大型的辐照设施，其余的放射源设施根据活度不同分两类。申请执照时要交纳总设施造价 3.2%的执照费。废源目前的处理方法主要有返回源生产者或者供应商以及交给废物处置公司。

法国：法国所有放射源都是通过市场进行购买。目前所适用的审管法律法规是由多个部门签署的多部法律和法令。国家级审管机构有电离辐射办公室、工业部、健康部和劳工部。根据所使用放射源的强度不同，对放射源的使用和贮存分为 5 个审管等级。法国对放射源的审管要求是：最终用户必须在购买之日起 10 年内，将放射源从仪器或设备中取出，返回供应商；购买价格中，必须包含放射源的处置费；放射源流通环节中的任一环节，必须同意 10 年后收回放射源；放射源的处置由国家放射性废物管理局负责，处置费用由放射源生产厂家每年根据生产的源数所交付的年度费用基金支付。

1.3 我国核技术利用辐射安全管理现状

1.3.1 辐射安全管理体制

我国在辐射安全监管方面积极与国际接轨，承诺执行 IAEA《放射源安全和保安行为准则》及其附属导则《放射源的进口和出口导则》《弃用放射源管理导则》等。《放射源安全和保安行为准则》规定了某一国家监管放射源安全的基本法则，监管部门要有独立第三方监管。根据《放射源安全和保安行为准则》的要求和我国核安全监管方面的实际情况，我国于 2003 年颁布《中华人民共和国放射性污染防治法》，将放射性污染防治和监管工作纳入国家法律层面，并确立了环境保护主管部门在放射性污染防治工作中作为实施统一的防护和安全监管部门的地位。同年 12 月，中央编办下发了《关于放射源安全监管部门职责分工的通知》，理顺和明确了各有关监管部门在辐射安全监管中的职责和任务。2005 年国务院发布《放射性同位素与射线装置安全和防护条例》（国务院第 449 号令，2019 年修改），完善了管理体制，调整了放射源安全监管的职责分工，明确了放射性同位素、射线装置的安全和防护工作由国务院生态环境部主管部门实施统一监督管理。为加强放射性同位素与射线装置的安全和防护管理，实施《放射性同位素与射线装置安全和防护条例》规定的辐射安全许可制度，原环境保护总局颁布了《放射性同位素与射线装置安全许可管理办法》，原环境保护部颁布了《放射性同位素与射线装置安全和防护管理办法》两项部门规章。

1.3.2　应用的基本情况

根据每年的统计结果，2020 年 12 月底，全国生产、销售、使用放射性同位素与射线装置的单位约 8 万家，其中生产、销售、使用放射性同位素的单位约 1 万家，只生产、销售、使用射线装置的单位约 7 万家；在用放射源 14.9 万枚，在用的各类射线装置总数 20.5 万台。

由图 1 可以看出，2016 年年底至 2020 年年底，全国核技术利用单位的数量、在用放射源数量、在用射线装置数量均逐年上涨。

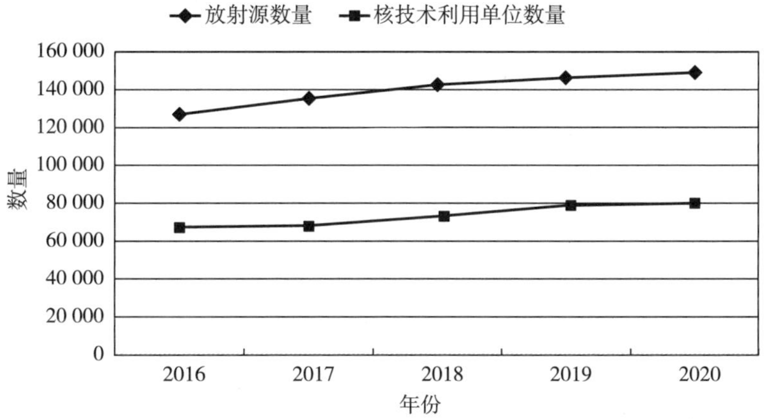

图 1　2016—2020 年全国核技术利用单位、放射源、射线装置数量趋势图

1.3.3　辐射事故概况

放射性同位素与射线装置的广泛应用，对我国国民经济和国防现代化起到了积极的推进作用。但是尽管我国采取了强有力的监督管理和辐射安全防护措施，仍发生了多起辐射事故。

辐射事故发生率。据统计，2016—2020 年期间，我国共发生辐射事故 26 起，平均每年

5起，其中有1起为射线装置应用领域，其余都发生在放射源应用领域。每年年底统计的以在用放射源为基数计算的每年事故发生率，2016年放射源辐射事故发生率下降至0.63起/万枚，2017年放射源辐射事故发生率下降至0.30起/万枚，2018年放射源辐射事故发生率下降至0.21起/万枚。总体来讲，2016—2020年期间，我国放射源事故发生率均在每年1起/万枚以下。

辐射事故的年度分布。辐射事故的发生数量在年度分布上总体呈逐年下降趋势，均降到了每万枚源10起以下，体现了我国核技术利用在逐步规范和辐射安全监管的逐渐加强。

辐射事故类型。辐射事故包括放射源丢失、被盗、失控事故，或者放射性同位素和射线装置失控导致人员受到异常照射的事故。2016—2020年，我国共发生的26起辐射事故中，2016年有1起为Ⅱ类射线装置误照射致人伤害，其余23起放射源事故均为Ⅳ类或Ⅴ类放射源丢失、被盗或失控事故，未造成人员受到异常照射或放射性污染，发生此类事故的单位大多为使用低危险或极低危险放射源的单位或地质测井单位。

辐射事故等级。从辐射事故等级来看，26起事故中特别重大、重大辐射事故0起，较大辐射事故1起、一般辐射事故25起，96%的事故为一般辐射事故，这些事故主要为Ⅳ类或Ⅴ类放射源丢失、被盗或失控类事故。

1.3.4 我国核技术利用辐射安全管理工作进展

完善法规标准和制度建设。为进一步完善放射性同位素和射线装置安全管理，“十三五”期间，我国开展《放射性同位素与射线装置安全和防护条例》修订工作，制定并发布国家环境保护标准《核技术利用建设项目环境影响评价文件的内容和格式》（HJ 10.1—2016）和《电子加速器辐照装置辐射安全和防护》（HJ 979—2018），制定并发布核安全导则《城市放射性废物库安全防范系统要求》（HAD 802/01—2017）；推动尽快出台《核技术利用项目辐射安全许可证申请文件的格式与内容》《核技术利用单位辐射事故应急预案的格式与内容》等标准导则；进一步规范射线装置的监督管理，与原国家卫生和计划生育委员会（现国家卫生健康委员会）联合发布《射线装置分类》，对部分风险较低的射线装置的类别进行了调整。

深入推进简政放权。“十三五”期间，我国开展优化放射性药品审批的工作，发布《关于放射性药品辐射安全管理有关事项的公告》，将放射性药品及原料转让和进出口审批的有效期从6个月延长至1个自然年；修订发布《建设项目环境影响评价分类管理名录》中核技术利用项目有关内容，对于增加不超出已许可活动种类和不高于已许可范围等级的核素或射线装置的已许可场所，免于环境影响评价，将医疗机构使用植入治疗用放射性粒子源项目的环境影响评价等级降低为登记表；优化X射线行李包检查设备辐射安全管理措施，发布《关于公共场所柜式X射线行李包检查设备用户单位豁免管理的公告》［环境保护部（现生态环境部）公告2015年第36号］，对公共场所柜式X射线行李包检查设备的用户单位实行豁免管理；梳理各省批复的放射性同位素与射线装置豁免备案证明文件，发布《关于放射性同位素与射线装置豁免备案证明文件（第一、二、三、四和五批）的公告》，经公告后的活动或活动中的射线装置、放射源或非密封放射性物质，其豁免备案证明文件在全国有效，不再逐一办理豁免备案证明文件；按照《关于进一步发挥地区监督站职能作用的通知》（国核安发〔2018〕1号）的文件精神，将辐射安全许可证延续和辐射工作场所增项的技术审查、核技术利用项目退役前的现场检查交由地区监督站负责；发布《关于规范放射性同位素与射线装置豁免备案管理工作的通知》（环办辐射〔2018〕49 号），进一步规范放射性同位素与射线装置豁免管理工作；发布《关于进一步明确放射性物品航空运输临时存放安全监管有关问题的通知》（环办辐射〔2018〕44 号），明确在民用机场控制区内设立的临时存放航空运输货物中放射性物品的场地或库房，属于民用航空运输安全监管范畴，生态环境部门不再对放射性货包的机场仓储单位发放辐射安全许可证；发布《关于核技术利用辐射安全与防护培训和考核有关事项的公告》（生态环境部公告 2019 年第 57 号），各级生态环境部门不再对从事辐射安全培训的单位进行评估和推荐，不再要求核技术利用单位的辐射工作人员参加辐射安全培训，切实减轻企业负担。

开展全国放射源安全检查专项行动。2016—2017 年，组织动员全国各级辐射监管人员 5.6 万人次，以提升放射源安全水平为核心，完成对 10 750 家放射源生产、销售和使用单位的检查，核实全国放射源应用现状，摸清了放射源底数；集中收贮废旧、闲置放射源 3596 枚，消除辐射安全隐患；规范各级监管部门辐射安全监督检查程序，提升监管水平。

推进城市放射性废物库安保升级。各省（自治区、直辖市）城市放射性废物库均正常运行，完成 31 个省（自治区、直辖市）城市放射性废物库的安保升级改造工作。

基本消除废旧放射源安全隐患。推动闲置、废弃放射源回收或送贮，废旧放射源收贮率（含返回原生产单位）达到 100%。截至 2018 年，全国城市放射性废物库已收贮废旧放射源 58 814 枚，已转运或收贮至国家放射源集中暂存库及由生产单位回收的废旧放射源共143 101 枚。

信息化管理水平大幅提高。2017 年完成“国家核技术利用辐射安全管理系统”的全面升级改造工作；2018 年底，监管系统授权各级生态环境部门用户 3361 个，总访问与操作量达 74.1 万余次，工作日均访问量 2900 余次；申报系统注册用户 12 万余个，总访问与操作量达到 60 万余次，工作日均访问量 2400 余次；实现“国家核技术利用辐射安全管理系统”与部分省份核技术利用系统的数据对接。

持续加强辐射安全防护与执法培训力度。2014 年至 2018 年以来，生态环境部加大对全国各级辐射安全监管人员的培训力度，共组织 17 期辐射安全监管业务培训班，参训人员 2000 余人次，培训对象覆盖省级监管机构人员；8 家经生态环境部评估并推荐的培训机构共组织开展 800 多期辐射安全与防护培训班，培训 9.8 万多人；各省级生态环境部积极组织开展辐射安全防护培训工作，累计培训已超过 20 万人。

事故发生率逐年下降。“十三五”期间，我国放射源辐射事故年发生率以降低并保持在每万枚 1 起以下，较“十二五”期间下降了约 50%。发生较大辐射事故 1 起、一般辐射事故 25 起，未发生重大及以上级别辐射事故，核技术利用装置安全水平不断提高。

1.4　我国核技术利用辐射安全管理面临的问题和形势

1.4.1　我国核技术利用领域面临的问题

“十三五”期间，我国核技术利用辐射安全管理工作取得一定成就，但随着我国国民经济和科学技术的发展以及核能与核技术不断进步的形势，对我国核技术利用辐射安全管理工作提出了严峻的挑战。

辐射安全相关法规、标准体系不完善。我国核技术利用辐射安全相关法规、标准体系逐步建立，但仍存在部分法规不健全，现行法律法规赋予监管部门的权力与现实管理情况不匹配的问题，不能完全适应监督管理的需要，实际工作中的可操作性较差。核技术利用辐射安全标准体系是核与辐射安全监管标准体系的一个重要分支，我国已经制定了一系列核技术利用领域的标准，但覆盖不够全面，分类定位不够准确，仍有许多类核技术项目尚未制定相关标准，缺项较多，有的标准需要修订完善。

辐射安全监管信息化水平有待进一步提升。深化“互联网+政府服务”，充分运用信息化手段解决企业和群众反映强烈的办事难、办事慢、办事繁的问题，是党中央、国务院做出的重大决策部署，辐射安全监管领域在采用信息化手段简化相关业务审批和备案手续方面有很大提升空间。“国家核技术利用辐射安全管理系统”中辐射安全监管信息共享不足，数据质量仍有进一步完善的空间，未能充分发挥管理系统在辐射安全监管工作中的重要作用。“十三五”期间，高风险移动源在线监控国家平台已建成，但各省级监控系统尚未全面建成，放射源数据还未全部接入，还不能彻底实现对全国高风险移动源的在线跟踪监控。

废旧放射源安全整备与安全处置技术亟待研究。“十三五”重点任务中提出要加强废旧放射源辐射安全管理。目前废旧放射源收贮率达 100%，已基本消除废旧放射源安全隐患。但由于废旧放射源的安全整备与安全处置技术不成熟，目前只能集中贮存，缺乏科学的分类管理；同时，已收贮的废旧放射源中包括大量仍具备再利用价值的高活度放射源，现有法规对废旧放射源再利用的法律程序未作详细规定，对废旧放射源再利用过程中的权责利未给出明确的界定，不能实现再利用，造成资源浪费。

大型射线装置辐射防护与安全关键技术研究亟需开展。随着国民经济的发展和科学技术的进步，质子重离子装置、大科学装置等高能加速器发展需求日趋旺盛，这一新兴发展领域的辐射防护与安全标准规范存在很多空白，其辐射防护和安全关键技术研究亟需开展。“十三五”期间已初步实现对大型科研加速器装置、质子重离子医疗装置等射线装置的安全管理，但由于其结构设计和辐射场特征复杂，需进一步开展相关的辐射防护与安全技术研究。

1.4.2 “十四五”核技术利用领域形势分析

核安全是国家安全的重要组成部分，核与辐射安全监管工作在生态环境保护工作和生态文明建设中具有重要的地位。一旦发生辐射事故，无论大小，将会对政治、经济、社会、文化等方方面面产生不同程度的影响。因此“十四五”时期，核技术利用领域辐射安全工作应摆在显著的位置。

随着核技术行业不断发展，辐射安全管理工作任务十分艰巨。“十三五”以来，全国核技术利用单位数量逐年增加，在用放射源和射线装置总数逐年增长，放射源总数从 2014 年的 11.8 万余枚上升到 2020 年的 14.9 万枚，射线装置总数从 2014 年的 12.5 万余台上升到 2020 年的 20.5 万余台，放射源和射线装置在“十三五”期间年均增幅 5%左右。在抗击“新型冠状病毒肺炎”疫情的过程中，核技术发挥了重要作用，可以预见“十四五”期间放射源和射线装置的应用将越来越广泛，放射源和射线装置总数预计将持续呈上升趋势。保守估算，到 2025 年我国放射源将达 16 万枚，射线装置将超过 20 万台，同时每年产生的废旧放射源种类与数量也会越来越多。目前对于废旧放射源的处理方式主要是集中暂存，若管理不当会对人员和环境造成安全隐患，因此，“十四五”期间核技术利用辐射安全管理工作任务十分繁重。

2　规划思路、指导思想和基本原则

2.1　规划思路

“十三五”时期，我国核技术利用辐射安全管理工作成果显著，然而放射性同位素和射线装置量大面广，安全管理任务十分艰巨，这就要求在“十四五”期间，核技术利用领域的辐射安全工作应当继续坚持促进发展和安全规范并重的理念，突出重点，立足于风险防范，以保护人员和环境为目的，坚持“提高认识，转变观念，提升能力，依法行政，强化监管，发现问题，消除隐患，确保安全”的总体工作思路，综合运用法律、科技、管理等措施，做好“源头防控”，重视对风险的控制和防范，严格许可管理，严把准入关口；全过程规范管理，强化事中事后监管；严格监督执法，落实主体责任。

2.2　指导思想

以理性、协调、并进的核安全观为指导，在发展核技术利用事业的同时，秉持发展和安全并重、权利和义务并重、自主和协作并重、治标和治本并重，坚持辐射“安全至上”，坚持促进发展和安全规范并重的理念，按照“严、慎、细、实”的工作要求，围绕辐射安全管理中心工作，以“风险防范”为主线，严格监管，努力消除安全隐患，全面提升我国核技术利用领域辐射安全管理水平，推动核技术利用事业安全、健康、可持续发展。

2.3　基本原则

促进发展，确保安全。坚持促进发展和安全规范并重的理念，确保安全的前提下鼓励核技术利用发展，安全是发展的前提，做到“规范管理，消除隐患、促进发展，确保安全”。

统筹规划，突出重点。核技术利用领域涉及工作较多，任务繁重，许多问题难以在短时间内解决，要统筹谋划，并针对核技术利用辐射安全管理工作重点领域和问题重点突破。

规范管理，消除隐患。完善核技术利用辐射安全法规标准体系，从政策、法规、标准、制度等多方面规范管理；明确企业主体责任，好“源头防控”，注重全过程规范管理，强化事中事后监管，全面排查消除辐射安全风险隐患。

公开透明，培育文化。加强宣传教育，鼓励和引导公众参与核技术利用辐射安全工作，发挥公众在辐射安全工作的监督作用。在全行业范围内培育安全文化，建立质量保证体系，将安全文化深入人心。

3 规划目标指标

到2025年，核技术利用行业健康发展，辐射风险不断降低；完善全过程监管体系，提升精细化管理水平。在“十四五”期间，完善辐射安全法规和标准体系，持续推进辐射安全监管信息化建设，实现高风险移动放射源在线跟踪监控全覆盖，确保放射性同位素与射线装置安全受控，放射源辐射事故发生率低于每万枚1.3起，避免重大及以上级别辐射事故发生。

具体指标测算：

放射源辐射事故年发生率（起/每万枚）

（一）指标内涵

每万枚在用放射源每年发生辐射事故的数量。在用放射源，是指除废旧放射源外的所有放射源。

（二）2016年以来的指标值及相关情况

2016—2020年期间，我国共发生各类辐射事故26起，其中放射源事故25起。放射源辐射事故年发生率总体呈下降趋势，体现了我国核技术利用行业逐步规范，辐射安全监管日益增强。2016—2020年间放射源辐射事故发生情况见表1。

表1 2016—2020年间我国放射源辐射事故发生情况表

	2016年	2017年	2018年	2019年	2020年
放射源事故/起	9	4	3	5	5
在用放射源总数/万枚	12.7	13.5	14.2	14.6	14.9
放射源辐射事故年发生率/（起/每万枚）	0.71	0.30	0.21	0.34	0.34

（三）“十四五”规划目标值及测算依据

“十四五”期间规划目标值：放射源辐射事故年发生率目标为低于每万枚1起。

从表1可以看出，2016—2020年期间放射源辐射事故年发生率整体低于每万枚1起，但由于放射源辐射事故发生受人为因素、技术因素等方面的影响，辐射事故的发生，一定程度上存在不确定性，其年发生率呈现上下波动。考虑到“十四五”期间核技术利用行业不断发展，放射源总数预计总体呈上升趋势；而我国辐射安全法规标准体系逐步健全，监管能力逐步提高，一定程度上有利于控制辐射事故的发生。此外，考虑到核技术利用行业的管理趋于规范、工作人员素质不断提高，未来辐射事故年发生率将不会继续出现大幅度下降的情况，“十四五”期间辐射事故年发生率总体上呈缓慢下降的趋势。综合各方面因素提出放射源辐射事故年发生率低于每万枚1.3起。

4　"十四五"思路与建议

4.1　加强核技术利用辐射安全相关法律法规、标准体系建设

加强核技术利用辐射安全法规、标准体系建设。根据法规条例修订进展，对配套的部门规章及相关规范性文件及时修订更新，确保条例修订前后工作无缝衔接；及时出台相关配套政策和文件，指导地方做好审批权限下放工作；完善核技术利用辐射安全标准体系，编制或修订放射诊断、大型加速器使用、放射性药品生产等领域辐射安全标准，形成覆盖各应用领域的核技术利用辐射安全标准体系。

4.2　按照"互联网+"改革部署，提升监管信息化水平

推进辐射安全监管信息化建设。切实提升"国家核技术利用辐射安全管理系统"数据质量，落实"一网通办"要求，促进信息共享，继续推进"国家核技术利用辐射安全管理系统"与地方政务平台对接；全面推行电子证照，进一步简化辐射安全相关业务的审批和备案手续，推行辐射安全许可证、放射性同位素审批备案事项线上办理；推进各省规范使用省级高风险移动源监控系统，确保高风险移动源全部纳入实时监控；建立国家核技术利用辐射监测数据平台，归集重点单位和行业典型单位工作场所及周围环境监测数据等信息。深化"互联网+政府服务"，依托"国家核技术利用辐射安全管理系统"建立"国家核技术利用监管数据中心"，资源整合核技术利用领域各类数据信息，构建核技术利用单位辐射安全信用管理体系，为提升核技术利用单位辐射安全管理水平，为促进各地区监督站和各级监管部门监督检查能力提供支撑。

4.3　开展放射性同位素行业辐射安全风险评估

对工业和医用放射性同位素单位开展行业辐射安全风险评估。针对不同风险等级的单位调整监督方法和手段，强化针对性监督措施，提升辐射安全监督水平。开展废旧放射源再利用和放射性同位素循环使用技术研发，推进国产高活度^{60}Co放射源回收再利用政策研究，实现资源节约和放射性废物最小化；探索废旧放射源的安全整备、长期贮存和最终处置等领域的政策和技术研究。

4.4　开展不同类别射线装置的辐射安全和管理研究

开展质子重离子装置、大科学装置及高能加速器（Ⅰ类射线装置）辐射防护与安全关键技术研究。进一步完善监管要求，推进高能加速器辐射安全研究和验证能力建设；加强Ⅱ类和Ⅲ类射线装置的源头管理，重点开展生产销售单位和进口代理单位销售台账监督检查；

研究部分低风险危害Ⅲ类射线装置豁免管理要求。

4.5 加强培训，培育和发展核安全文化

强化核技术利用领域安全文化建设。强化核技术利用相关企业的安全主体责任，推动建立和完善单位辐射安全自我评估机制；建立辐射安全质量保证体系；加大投入，强化辐射安全培训工作，加强省、市级监管和监测人员及重点核技术利用单位从业人员的辐射安全培训，提高专业知识水平和核安全文化素养，使核安全文化深入人心。

五、电磁辐射“十四五”规划思路研究

随着工业、国防、通信领域技术的飞速发展和人类物质文化水平的日益提高，21 世纪人类社会已全面进入信息时代，信息产业日益成为国家重要支柱产业。近年来，在以习近平同志为核心的党中央坚强领导下，我国在能源、通信、国防、航天、医疗、交通等领域持续加大资金投入，不断研发新技术、新设备，科技创新已然成为提高综合国力的关键支撑。

中国的发展离不开科学技术的进步，科学技术的进步又有赖于技术水平的突破。当今，随着科技水平的发展，各种频率的电磁辐射设施、设备被广泛应用于生产、生活的各个领域，彻底改变了人们的工作方式和生活方式，为社会和公众带来了新的便利。与此同时，空间电磁辐射环境水平和分布也在逐年发生着变化，公众也越来越关心所处环境的电磁辐射水平及其对人体健康的影响。

近几年来，电力、广电、通信等传统电磁应用领域稳步发展：

（1）电力行业

《2018 年全国电力工业统计快报一览表》显示，2018 年全国电力工业发电量 69 940 亿 kW · h，同比增长 8.4%；全社会用电量 68 449 亿 kW · h，同比增长 8.5%。220 kV 及以上输电线路回路长度 733 393 km；新增 220 kV 及以上输电线路回路长度 41 035 km；全国新增直流换流容量 3200 万 kW；新增 220 kV 及以上变电设备容量 22 082 万 kV · A。电力工程建设投资完成 8094 亿元，其中电网工程建设投资完成 5373 亿元，同比增长 0.6%。

（2）广电行业

《2018 年全国广播电视行业统计公报》显示，2018 年全国公共广播节目播出时间 1526.74 万小时，同比增长 2.34%；全国公共电视节目播出时间 1925.03 万小时，同比增长 2.34%；截至 2018 年底，全国广播综合人口覆盖率 98.94%，电视综合人口覆盖率 99.25%，比 2017 年分别提高了 0.23 和 0.18 个百分点。

（3）通信行业

工业和信息化部 2019 年上半年通信行业统计数据显示，全国通信基站 732 万个，比 2018 年末净增 84 万个；全国移动电话普及率 113.6 部/百人，截至 6 月底，三家基础电信企业的移动电话用户总数达 15.9 亿户，同比增长 5%，其中 4G 用户规模为 12.3 亿户，占移动电话用户的 77.6%，较上年末提高 3.2 个百分点。

另外，无线充电、自动驾驶、太赫兹安检系统、智能天线、磁悬浮列车等新兴电磁应用领域也在快速发展。随着科学技术的深入研究和应用，未来电磁相关产业发展也将随之发生巨大变革。

据统计，空间电磁能量平均每年增长 7%～14%，在有限的空间和频谱资源条件下，各种电磁辐射设施、设备的数量与日俱增，这使得电磁辐射环境越来越复杂，因此，电磁领域辐射环境影响不容忽视。对电磁辐射设施、设备的环境影响既不能忽视，也不能夸大，科学、合理、准确地开展环境影响评价，全面、适度、有效地开展电磁辐射环境监管，对保障电磁领域辐射环境质量和公众健康具有重要意义。

1 我国电磁辐射环境监管现状与问题

我国电磁辐射环境监管工作始于20世纪80年代。1988年3月11日，国家环境保护局发布了《电磁辐射防护规定》（GB 8702—1988），对100 kHz~300 GHz频率范围内的电磁场提出了职业照射和公众照射的防护限值，这也标志着我国电磁辐射环境管理工作开始起步。1997年3月25日，国家环境保护局以局第18号令的形式正式发布了《电磁辐射环境保护管理办法》，这也是目前电磁辐射环境管理方面颁布过的唯一一项专项部门规章。但该办法制订于20世纪90年代，至今已有二十年没有修订，许多条款与其他现行法规及程序之间存在着很多不一致，已于2019年8月22日，《生态环境部关于废止、修改部分规章的决定》已将该规章废止。同时，随着公众环境保护及自身维权意识的提高，针对电磁辐射环境的信访与投诉也急剧增加，现行法规已不能满足实际监管工作需求。目前，生态环境部正组织开展《电磁辐射环境保护管理条例》的编制工作。

目前，全国4个直辖市和27个省会城市均开展了电磁辐射监测。《2018年全国辐射环境质量报告》显示：“2018年，全国辐射环境质量总体良好。其中环境电磁辐射水平低于国家规定的电磁辐射环境控制限值。”

1.1 监管部门缺抓手

生态环境部门对电磁类建设项目、设施、设备的建设情况没有全面掌握，目前行业环境管理仅局限于输变电、广电、雷达、地球站等传统电磁辐射应用领域，一些新技术、新设备的电磁辐射环境影响到底如何，科学技术研究的力量还明显不足。这就造成电磁辐射环境监管既不全面、又管理脱节，还总处于被动状态，也不能有效地防治电磁辐射对环境的影响。

另外，电磁辐射环境监管缺乏上位法支撑，电磁辐射环境质量标准体系、评价体系不完善，环境质量保护目标不清晰、保护要求不明确、监测规范不健全等问题也制约着电磁辐射环境监管工作的开展。

电磁作为一种资源，应鼓励对其的开发和利用，但电磁波作为能量流，当其强度超过一定限制时，又可能对环境造成污染。然而电磁类建设项目存在有用信号与环境污染共生、污染剂量不随时间累加等自身的特点，与大气、水等污染源形成机理又有所不同，因此不能单纯采取“一刀切”的管理方式，而是根据不同频率电场、磁场、电磁场对人体、周围环境产生的影响程度不同，采取不同的防治措施和管理模式。

1.2 环保措施受制约

很多大型电磁类发射设施，其产生的电磁辐射随距离增加衰减较慢，在较大范围内电磁场强度都很高，在环评阶段往往会提出划定电磁防护区来控制电磁辐射环境影响，然而建设单位所能控制的用地范围是有限的，这就需要土地规划部门配合划定电磁防护区，在防护区内严禁新建住宅、学校、医院、办公楼、工厂等有公众居住、工作或学习的建筑物。然而，因为需要别的部门配合落实环境保护措施，而实际操作中又缺少上位法支持，因此环保措施要求很难落到实处。

由于城市规划缺少对大型电磁类发射设施布局的长远考虑，也缺少与环保部门的沟通、配合，致使城市建设的有形发展和电磁辐射环境的无形保护产生较多矛盾，也引起很多公众意见。另外，大型电磁类发射设施的主管部门、建设单位多为政府部门、国企、事业单位等，而其本身又是国家重点工程，缺乏履行环保手续的积极性，大型电磁类发射设施的环境管理有待进一步加强。

1.3　监管范围有待明确

《电磁辐射环境保护管理办法》第二条明确："本办法所称电磁辐射是指以电磁波形式通过空间传播的能量流，且限于非电离辐射，包括信息传递中的电磁波发射，工业、科学、医疗应用中的电磁辐射，高压送变电中产生的电磁辐射"。而《建设项目环境影响评价分类管理名录》已对电磁辐射建设项目的范围予以明确，不包括工业、科学、医疗应用中的电磁辐射设备。

从环境保护的角度来看，工业、科学、医疗应用中的电磁辐射设备对使用区域外的电磁辐射环境影响还是小的，老百姓投诉的也少，而使用区域内的电磁辐射影响属于职业照射或设备本身的电磁兼容问题，应由卫生部门或安监部门监管，不属于环保部门保护公众的职责。

目前，绝大部分环保部门未对工业、科学、医疗应用中的电磁辐射设备开展监督管理工作。少部分环保部门依据建设单位申请，办理过一些工、科、医电磁辐射设备的环评审批、竣工环保验收和监测工作，但由于缺乏相关环境保护技术导则、监测标准等，也未纳入电磁辐射环境的日常监督管理工作中去。

1.4　建设单位主体责任意识不强、邻避问题突出

目前，由于监管制度不够完善，使得建设单位主体责任和环保部门监管责任往往交织在一起。先是建设单位主导工程设计，然后交给环保部门完成环评审批，再把验收、运维责任交回建设单位。而环保部门如果在事中、事后的监督管理中有缺位，就可能造成环境保护设施、措施不落实、落实效果未达预期目标等现象。从正在开展的《通信基站环境保护工作备忘录》实施情况抽查核实工作中可以看出，部分企业仍存在环境问题主体责任意识不清、环保措施落实不到位、责任落实不够、质控把关不严、公众宣传力度不够等问题。

另一方面，由于公众对电磁场的健康影响存在担忧，与电磁类建设项目有关的信访、投诉量也随着公众的关注度程度提高而逐年增加。很多电磁类建设项目是关系国计民生的基础设施，为人民群众提供基础设施服务，选址选线势必与居民工作生活场所保持较近距离。由于电磁建设项目产生的电磁场具有有用性与污染性伴生共存、不能单独治理特点，势必导致基础设施建设与公众健康担忧的矛盾，且距离居民越近、涉及居民越多，邻避效应问题越突出。

2 国外电磁辐射环境监管概况

2.1 美国

美国电磁辐射环境监管模式主要分为工频电磁环境管理和射频电磁辐射环境管理两类。基于输变电工程的工频电磁环境管理，美国没有制定相关联邦法规，各州根据实际管理需求制定相应的法律法规。一些州（如科罗拉多、康涅狄格、夏威夷、马里兰、俄亥俄、加利福尼亚等）采取了“谨慎避免”的方法，必须以合理的代价来限制 60 Hz 电磁场的公众照射。其他州则对输电线路的电场或磁场规定了固定的限值，该限值为欧盟建议的参考水平的 20%~240%不等（如佛罗里达、明尼苏达、蒙大拿、新泽西、纽约、俄勒冈州）。

输变电工程的建设及运营维护主要由各州公用事务委员会管辖。公共事务委员会在履行行政职能过程中，分别根据州环境质量法和公用事业法相关规定进行建设项目环境影响的审查以及公共便利和必要性证明或施工许可证的审查。各州卫生服务部负责调查工频电力设施的电磁环境影响及监测，同时向当地政府、其他州机构和公众提供关于电磁辐射环境影响的独立监测信息。

目前，现行科学研究无法确定工频电磁暴露与不良健康后果之间是否存在重大的科学可验证关系。大部分州采取谨慎避免的原则确定选址选线方案，该政策以各州公共事业委员会认可的、工频电磁磁场与不良健康效应间的科学证据为基础，倡导使用有效的、无代价或低代价的技术和管理技术来减少电磁场对公众的暴露。

美国联邦通信委员会（FCC）负责其国内射频发射设施、设备、天线和设备的授权和许可（由联邦政府直接管理的除外），负责所有无线电业务的管理。在履行行政职能过程中，受国家环境政策法（NEPA）的约束，要对射频发射设施（包括移动基站、广播、卫星地球站、雷达等）的公众照射和职业照射进行评价。国家远程通信和信息管理局负责联邦政府机构无线电利用的许可和授权，与联邦通信委员会（FCC）类似，该机构按照国家环境政策法（NEPA）的要求，对联邦政府拥有的发射设施（如雷达和军事设施）的射频照射进行评价。

地方政府规划部门负责有关发射设施站址规划和建设许可的审查，其对发射设施有明确的选址和运行管理要求。一些地方政府根据国家环境政策法的规定，要求建设单位在提交选址申请时，对发射设施的环境影响进行评价。很多地方法规要求建设运行单位每年监测一次。对于运行期间发射条件发生改变的，也有履行相应的评价、监测和报备的规定。

2.2 加拿大

加拿大电磁辐射环境由加拿大卫生部、工业部以及加拿大环境评价局等管理机构共同管理。加拿大工业部作为联邦政府最大的部门，是负责该国无线电管理的主要机构。工业部有权建立监管的标准、规则、政策和程序。以保护公众免受射频超量暴露为目的，工业部采用了卫生部制定的有关暴露限值的导则，所有的装置和设备必须符合加拿大工业部的监管限值。卫生部的职责包括对电磁场潜在的健康影响开展实验室研究、监测，并对外部研究进行评价；就电磁辐射有关健康问题，向政府部门、机构和公众提出建议；根据《辐射发射设备法》管理辐射发射设备等。加拿大负责环境评价的管理部门包括：环境评价局、核安全委员会、国家能源委员会以及其他联邦机构。其中，核安全委员会负责有关核工程的环境评价；国家能源委员会负责国际、跨省管线和输电线路的环境影响评价；环境评价局负责其他所有指定工程的环境影响评价。

加拿大电磁辐射管理的法律法规包括《环境保护法》《电信法》《广播法》《无线电通信法》《环境评价法》等。加拿大《环境保护法》是关于污染预防、保护环境和公民健康的法律，该法将污染预防作为达到保护环境的优先途径，以实现可持续发展。《无线电通信法》是涉及电磁频谱资源管理最重要的法案，该法案主要涉及电磁频谱资源在分配、许可、使用和干扰管理方面的规定，并明确规定了加拿大无线电管理主体为加拿大工业部。《电信法》规定了运营商从事电信运营的条件、提供的电信服务、铺设的网络设施、频谱占用的收费标准，以及违法责任和违法监督等。《广播法》是关于广播的法案，主要涉及广播业务管理等内容。加拿大无线电广播电视和电信委员会是加拿大议会根据加拿大无线电广播电视和电信委员会有关法案建立的公共独立管制机构，对所有加拿大广播电视系统进行有效的管理和监督，其决定可交联邦法院强制执行。《环境评价法》详细规定了环境评价适用的条件、评价程序、评价方式、公众参与方式等方面的内容。该法规定了独立的环境影响评价程序。环境影响评价程序主要分为项目审查、项目调查和编写报告、公布和批准三个阶段，其中主要有自我指导评价和独立评价两种形式。

2.3　英国

英国对于电磁设施的监管较为全面，尤其输变电设施监管制度很完善。涉及电磁设施监管的部门有能源和环境变化部、健康部、公共地方政府部、通信管理局和地方政府。各部门职责分工明确。英国主要采用发展许可制度、环境影响评价制度、规划站址制度、许可豁免管理、监测、信息公开、纠纷处理机制等制度开展监管工作；另一方面还有一些技术要求，如限值符合性分析、相序管理等，确保电磁辐射环境尽可能低。

2.3.1　管理部门

（1）能源和环境变化部（DECC）

提供能源工业和基础设施建设的法规和许可；牵头发布输变电建设的实施规范。2016年7月，能源和气候变化部成为商业、能源和工业战略部的一部分。

（2）健康部（下设健康安全局）

执行电磁场暴露标准；设置皇家检查员，负责例行检查工作，处理电磁投诉和案件调查；健康防护知识的研究发布（如手机的影响）；电磁场知识宣传；与世卫组织及欧洲组织的联系。负责管理导致或可能导致工人或公众接触电磁场的工作，并公布有关移动电话技术的信息。

（3）公共和地方政府部

国家基础设施规划，负责变电站和电力传输线以及海港建设的规划。设置规划检查员，负责处理国家基础设施规划申请等规划事务，检查地方规划工作及与规划相关的工作生活环境调查。负责制定移动通信网络发展政策、导则；发布移动电话基站方面关于无线电波和健康建议。

（4）通信管理局

英国通信产业的独立调整机构和市场管理当局，负责广播、电视、电信和无线通信服务。管理移动网络的操作与使用的无线电频率，但没有任何为电磁场排放建议相关职责。未设置排放安全级别，不参与有关生物或健康研究的职权范围。

（5）地方政府（主要是规划部门，LPA）

具体负责当地电磁设施建设的规划许可等工作。LPA 实际上在输变电设施的前期阶段非常重要，英国非常重视输变电工程的规划。大的由能源部发许可证的项目，需要征求 LPA 的意见；小的局部电网项目直接由当地的 LPA 负责。

2.3.2 管理制度

（1）发展许可证制度

在英国，高压输变电设施的管理严格执行许可证制度。电压等级在 132 kV 及以上的架空线路和变压能力在 50 MW 以上的变电站均属于“国家重点基础设施项目”，根据英国的规划法 2008，此类项目新建及扩建需获得发展许可证。

（2）环境影响评价制度

要求对可能产生足够环境影响的架空线路进行环境影响评价，环境影响评价的项目范围包括两部分，一是必须进行环境影响评价的，包括：建设 220 kV 及以上电压等级的 15 km 以上架空线路，建设 300 MW 及以上电站；任何的核电厂；二是根据一事一议原则决定是否进行环境影响评价的，包括：建设 132 kV 及以上架空线路；其他穿越敏感区域的线路；建设 300 MW 以下电站；电站的扩建，这部分由能源和环境变化部决定是否需要进行环境影响评价。工程出现大的变化，如更换站址，改变路径时，需重新进行环境影响评价。

（3）规划站址制度

英国移动通信基站的管理主要在于站址的规划，公共和地方政府部曾制定过移动网络操作方面的导则，规定中央政府的职责。政府认为，为了移动通信网络建设更高效，必须交由其产业、地方政府及有关各方来管理和发展。各地方政府制定各地规划政策。

（4）移动电话许可豁免管理

在英国的任何无线电发射装置的使用要求是许可或特别豁免，禁止无牌照的系统运行。除按照许可证（或豁免）使用外，无线电设备的使用是非法的。运营商可以建立安装在英国任何地方使用无线电设备，按照他们的无线电报的行为发出牌照。获得有关无线电设备的物理结构的规划许可，由当地有关规划主管部门处理。根据地点和大小，并非所有的基站都必须需要规划许可。许可管理通过颁发无线电报牌照实现。

（5）监测

重点关注移动基站附近电磁场值，尤其对学校和医院的影响。鼓励由国家组织或者有专门的监测机构进行监测，并公开发布监测报告。建议对学校和医院的监测评估报告可以免费。

（6）信息公开

运营商应确保移动电话网络发展进步的透明，公众及其代表适当的介入及了解情况，交流和协商是至关重要的。

确保基站地址位置同当地政府一致，在英国基站选址上给出公众可见的信息。

（7）纠纷处理机制

每个运营商有一个处理投诉程序和公众及其他利益相关方关于基站数量的查询方式。

每个运营商应做到：以专业的方式处理投诉；以合适的方式为投诉中的组织提供较高水平的技术指导；接收或回绝投诉时写明处理的原因，并做到公开透明；以积极及时的方式处理投诉，并提供全面的资源；记录投诉的数量、时间和结果。

2.3.3　技术措施

（1）限值符合性论证

限值符合性论证是指根据电力线标准限值的符合性论证规定，对电力线路所产生的工频电磁场符合 1998 国际非电离辐射防护委员会（ICNIRP）导则相应限值情况做出论证。电力工业部门应遵守电磁场限值标准，提供其建设项目产生的电磁场符合 ICNIRP 导则的证明材料，政府应对证明材料进行核实。

（2）相序管理

规定两条回路应进行相对的相位关系调整（或者说每一回线路三个相位的顺序），最大程度地抵消两条回路产生的磁场，使总的磁场水平降至最低。

2.4　澳大利亚

澳大利亚是联邦制国家，法律属于英美法系，法律体系采用三层架构。第一层：法律，级别最高，是由联邦、州和地区议会颁布的；第二层，细化的法规，是在法律指导下形成的；第三层，更为详细的操作规程。法律和法规在各自管辖范围内具有法律效力，需强制执行。操作规程具有法律效力，但不同于法律和法规的法律效力，不能因为未遵守操作规程而被起诉，但是可以作为法庭诉讼中的证据。

从层级上看，有联邦环境法和州环境法。从成文法即立法的角度看，联邦和州都有各自的环境立法。澳大利亚通过实施统一的示范法，建立了全国统一的示范法律体系，各州依照统一示范法律制定自己的法律，州议会负责批准颁布，州政府责任执行。其中，州环境法因其数量多而成为环境法的"主角"，各种环境保护工作基本上由各州负责。联邦政府只对有限范围内的环境保护活动负责，其环境法也因数量少而处于"配角"地位。澳大利亚联邦层面环境保护措施旨在实现全国的一致性，而各州的环境保护措施保留了较大的自主权。澳大利亚的环境法实施手段体现了联邦和州政府对于环境管理的协调。

联邦制定的环境保护政策对于对环境实行联邦层级的保护十分重要，体现了联邦和州政府对于环境管理的协调。国家环境保护措施包括：大气环境质量（审查臭氧标准和二氧化硫标准）、国家污染物名录、受控废物的移动、使用过的包装材料、污染场所的评估、空气毒物。

澳大利亚辐射防护和核安全机构（署）（Australian Radiation Protection and Nuclear Safety Agency）是澳大利亚政府辐射防护和核安全领域主要权威机构。它成立于 1999 年 2 月 5 日，是将澳大利亚辐射研究所（ARL）和国家核安全局（NSA）两个机构合并后成立的新机构，比原来两个机构的研究内容更广泛、功能更齐全。ARPANSA 管理联邦实体使用辐射，目的是保护人民和环境免受辐射的有害影响。ARPANSA 下设非电离辐射部（NIR），该部门遵照标准和安全实践对医药学、科学研究、工业方面所有形式的非电离辐射提供其潜在危害的技术咨询服务，包括：个人所受的太阳紫外线照射量，伴随通信设备的射频辐射照射对人体健康的影响，伴随电子功率发射产生的超低频电子和磁场辐射照射对人体健康的影响，伴随激光和光学辐射照射对人体健康的影响，不同非电离辐射照射和产品标准，监测设备的标定，非电离辐射产品的危害评价，不同装置的抗辐射评价。

澳大利亚除了依据 ICNIRP、国际电气电子工程师学会（IEEE）推荐的电磁场标准制定本国电磁辐射环境标准外，同时还要求运营商针对某些特定区域和特定电磁设施，执行更为严格的限值，以突出对敏感人群（例如幼儿园、中小学）的保护。

另外，针对电磁辐射设备，澳大利亚辐射防护和核安全机构（署）负责其监督管理。《辐射防护和核安全法 1998》（2016 版）第二部分第 13 条、《辐射防护和核安全法规 2018》规定，“受控设备”（controlled apparatus）分三类管理。其中，电磁辐射设备属第一类（GROUP1），同属此类的还有活度小于 400 MBq 的密封刻度源、血液辐照用密封源等。按照《辐射防护和核安全法 1998》（2016 版）第五部分第 31 条规定，持有受控物质或受控设备应当取得源许可证（Source license），与我国放射性同位素监管要求类似。

3 “十四五”指导思想、原则和目标

3.1 指导思想

以习近平生态文明思想为指导，深入贯彻落实科学发展新理念，平衡处理好发展与环境保护的关系，推动形成绿色发展方式。以改善电磁辐射环境质量、保障公众健康为目标，积极推动环境监管体制、机制改革，加强基础科研能力建设，进一步完善电磁辐射环境法规标准体系配套，强化环境保护事中事后监督管理，积极引导社会组织、公众共同参与环境监督和治理，确保电磁类建设项目、设备、设施等有序、健康、可持续发展。

3.2 基本原则

立足需求，突出重点。电磁辐射环境监管涉及的行业领域广，电磁辐射设备、设施种类繁杂，面临的环境问题各有特点。因此，要以实际需求为导向，将工作重心放在长期以来公众关心的环境问题上来。

预防为主，统筹规划。要合理规划、部署电磁辐射环境监管工作，加强制度顶层设计，统筹考虑长远发展目标和近期面临问题，兼顾人员、技术发展水平，鼓励各方积极采取有效措施，从“源头”预防和治理电磁辐射环境问题。

科学评价，严格监管。加强电磁辐射领域科技研发和技术创新，深入开展电磁新技术研究，不断完善电磁类建设项目、设备、设施等环境影响评价体系，提升独立校核和验证能力。强化人才队伍建设，进一步优化科技人才结构，培养一批创新型科技人才。明确建设单位、监管部门职责，加大全行业电磁辐射环境管理力度，规范行政审批制度，进一步提升监管水平和效率。

公开透明，强化参与。做好环境信息公开指引，积极回应公众关切，提升外部监督质效。搭建政府、企业、公众沟通平台，促进工作机制不断完善。鼓励和引导公众参与到电磁辐射环境管理工作中去，加强科普宣传工作，完善公众参与机制。

3.3　规划目标

完善电磁辐射环境监管体系，逐步建立信息化电磁辐射环境监管数据平台，构建国家电磁辐射环境监测网络，加强监管部门的独立校核计算和验证能力，建立健全环境信息公开、公众参与导向机制，全面提升电磁辐射环境安全监管能力。

4　重点任务和建议

4.1　重点工作

4.1.1　完善电磁辐射环境法规标准体系建设

（1）加强顶层设计

加快推进《电磁辐射环境保护管理条例》（以下简称《条例》）的出台，提高电磁辐射环境管理法律法规层次，着力解决现行电磁辐射环境管理法规零散、不系统、不全面的问题，弥补电磁辐射环境专项法规的缺失。同时，为加强《条例》的贯彻落实，还应在电磁辐射环境质量、区域环境控制、设备（活动）分类管理、重点行业监管、排污许可实施等方面配套制定相关部门规章和规范性文件，构建以环境质量为核心、以评价体系为手段、以法律法规为保障的电磁辐射环境监管体系，进一步将电磁辐射环境保护纳入法制化轨道中去，保障公众健康，保障人民群众环境权益，促进电磁类建设项目可持续发展。

以制定条例为首要任务，加快推进电磁辐射环境领域监管制度建设。在深入开展《条例》前期研究研究工作的基础上，组织开展国内外调研和专题研究工作，召开专家研讨会，为立法提供制度和技术支撑，积极推动《条例》的编制与立项等工作，为十四五期间《条例》的正式出台、确保多行业领域重要制度得到高位阶法的承认、填补电磁辐射环境法律法规体系空白，提供强有力的后盾。

以制定配套文件为重要工作，为推动《条例》出台，计划完成电磁辐射环境质量、厂界排放标准、城市区域电磁辐射环境评估、运行许可分类、重点监管电磁辐射建设项目名录、电磁辐射设备（活动）名录等方面制度论证和相关配套文件编制工作。

积极推动地方立法工作开展。2019 年 8 月，《电磁辐射环境保护管理办法》（国家环境保护局令第 18 号，以下简称《办法》）废止，地方已出台电磁辐射环境相关法规均依据《办法》而制定，随着《办法》废止，地方法规的修制订工作也应提上日程。应积极推动地方立法工作开展，形成电磁辐射环境监管整体合力、增强整体实效，注重加强同地方生态环境部门的工作联系，加强工作指导与支持，拓展工作协同与交流，共同推动电磁辐射环境监管工作完善发展。

（2）强化体系支持

加强电磁辐射环境监管领域标准体系建设，科学开展电磁辐射环境影响评价工作。

1）配套建立电磁辐射环境影响评价标准及规范性文件

依据《中华人民共和国环境影响评价法》《建设项目环境影响评价分类管理名录》相关要求，加快制定卫星地球上行站、雷达等行业专项评价技术导则。按照新环评总纲要求，完善已有行业专项环境影响评价技术导则、规范性文件的修订，加强对建设单位自主验收工作的指导。

2）配套建立电磁辐射环境监测技术规范

完善现有电磁辐射环境监测技术要求，掌握典型电磁辐射建设项目和伴生电磁辐射效应建设项目的电磁辐射环境影响特征，建立满足电磁辐射环境监管实际需求的监测技术规范和监测方法。

3）探讨建立电磁辐射环境质量评估体系

根据《条例》的制定情况，探索建立电磁辐射环境质量评估、区域电磁辐射环境质量评价指标体系，推动电磁辐射环境质量持续改善。

4）完善监督执法标准

细化电磁辐射环境管理要求，规范监督检查技术程序，加大监督检查力度，实施科学化、精细化管理。加强电磁类建设项目事中事后监管工作，夯实各级生态环境部门监管责任，完善监管手段。持续推进对电磁类建设项目环境影响报告书（表）编制工作的监督管理和质量考核。

标准建设是完善电磁辐射环境领域监管工作的重要基础和依据，是推进监管体系和监管能力现代化的重要元素，积极推动标准体系建设必然会促进电磁辐射环境领域相关技术的发展，对于提高我国电磁辐射环境监管水平具有重要意义。

4.1.2 建立我国电磁辐射环境信息平台

（1）构建系统化技术支持平台

为实现全国范围内电磁类建设项目、设备、设施的动态环境监管，逐步形成我国电磁辐射环境基础数据库，需建立国家电磁辐射环境监管数据平台。该平台将把电力、广电、通信等行业电磁辐射环境影响信息和伴生电磁辐射环境影响的其他设备、设施的相关环境信息纳入数据平台，形成覆盖全国主要城市的电磁辐射环境水平分布图，实现对电磁辐射环境监测工作的宏观管控，以信息化手段提升监管效率和效力。平台还将通过电磁辐射相关数据收集，逐步建立国家电磁辐射环境基础数据库，为下一步研究电磁辐射环境影响指数、发布电磁辐射环境信息奠定基础。

1）实现环境质量动态监管

在开展主要城市主要区域电磁辐射环境质量本底监测的基础上，将电磁辐射源基础信息和监测信息上传至国家电磁辐射环境监管数据平台，利用平台数据库运算速度快、信息共享、便于操作和扩展等特点，对海量数据进行整合、梳理，并可根据实际监管需求抓取可靠数据进行统计分析，开展区域电磁辐射环境质量评估，建立城市电磁辐射场强分布模型，对城市电磁辐射环境未来发展趋势进行研判，为进一步摸清我国电磁辐射环境本底状况、出台国家电磁辐射环境监管政策、科学制定区域空间电磁辐射环境规划和环境保护要求提供数据支撑。

2）提高行政审批、监督检查效率

国家电磁辐射环境监管数据平台将收集项目基本概况、审批手续、监测数据、信访投诉、监督检查、备案等信息，具备查询、比较、筛选、信息公开、综合分析等功能，将监管部门、建设单位、环评/验收机构、监测机构、公众等有机结合起来，理顺各方沟通协调机制，为加强电磁辐射环境监管能力、创新监管方式、提高监管效率奠定基础。

3）建立公众沟通一体化模式

国家电磁辐射环境监管数据平台对外可发布电磁辐射环境信息、环评/验收公示信息、投诉信访处理信息、科普宣传材料等，便于公众了解电磁辐射环境现状、降低公众对电磁辐射的误解、化解潜在环境群体性风险事件、把握正确舆论导向、保障公众环境权益。

（2）建立自动化环境监测网络

统筹规划，建立布局合理、功能完善的电磁辐射环境监测网络。

1）建全电磁辐射环境质量监测网络

在全国辐射环境监测网络的基础上，推进电磁辐射环境自动监测站的建设，统筹规划，逐步建立布局合理、功能完善的覆盖环境敏感区域的自动监测网络。开展自动监测站安放位置、数量等问题研究，力求全面、有效地表征自动监测站站址区域电磁辐射环境质量。制定全国电磁辐射环境监测方案，加大专项资金、人力投入。利用无人机、遥感、物联网等新设备、新技术，建立电磁辐射环境自动监控系统，进一步提升电磁辐射环境监测能力。

2）建立重点行业、重点电磁辐射源预警监测网络

参考国外自动站建设、管理的先进经验，试点建立我国电力、广电、通信等行业电磁辐射环境影响自动监测、实时显示系统。在此基础上，出台重点行业、重点电磁辐射源名录，配套建设电磁辐射环境监测网络体系和预警平台，定期对重点区域电磁辐射环境开展监测、评估与预警，加强事中、事后监管能力。探索建立针对重大活动的电磁辐射环境监督管理机制，并配套建立监测、预警平台，对可能发生的电磁辐射环境污染事件进行科学评估与管控，提高环境风险防控和应急能力。

4.1.3　全面提升电磁辐射环境领域科研能力

（1）建立校核计算系统和独立验证实验平台

目前，电磁类建设项目主要涉及输变电、发射设施两大领域。其中，输变电工程电磁环境影响主要受电压等级、杆塔对地高度、天气状况、导线表面状况等多种复杂因素影响，而发射设施天线系统种类多样、组合形式复杂多变，电磁辐射环境影响也千差万别。因此，在进行建设项目环评审评、审批时，有必要对其环境影响进行技术复核和独立验证而不仅仅依赖于环评机构预测分析结果。

利用国家核与辐射安全监管技术研发基地实验室软件、硬件条件，建立电磁辐射环境校核计算系统和独立验证实验平台，分类实现对电磁类建设项目电磁辐射环境影响预测模式结果的独立校核，以解决经典电磁理论对于复杂电磁问题的求解困难。对于其中关键技术参数和预测结果开展现场验证试验，以复核数值计算结果，并不断修正和完善电磁辐射环境校核

计算系统预测模型。

利用平台成果，科学、合理地评价电磁类建设项目、设施、设备环境影响，不断完善电磁类建设项目相关标准、技术规范、管理规定等监管要求，推动行业技术改进和创新，协同推进行业发展和环境保护的双赢局面。

（2）开展电磁领域新技术跟踪调研

自电磁感应现象被发现以来，电磁技术已广泛应用于通信、制造、医药、科研、农业、军事、节能等多个领域，且应用范围不断扩大。作为一种新技术、新资源，电磁技术极大地推动了人类社会诸多领域的革新与发展，但随之而来的电磁辐射影响也受到公众广泛关注。随着经济的快速发展和人民生活水平的提高，伴生电磁辐射的设备数量也在快速增加，“万物互联”的时代也已经开启，人类社会的运行模式将会发生翻天覆地的变化，如何科学、有效地对电磁类建设项目、设备、设施开展环境监管任重道远。

目前，电磁辐射环境主要针对建设项目开展监管工作，且主要集中于广电、输变电、雷达、卫星地球站、无线通信等传统行业领域，而电磁辐射技术却在不断发展和革新，无线充电、包含5G技术在内的智能天线移动通信、磁悬浮列车、核磁共振成像、太赫兹安检设备、无人机、新能源电动汽车等新技术、新设备不断涌现并普及应用。目前，生态环境部门对电磁辐射新技术及其环境影响情况掌握不充分，因此，一些可能造成电磁辐射超标的新技术、新设备并未纳入监管范围。

“十四五”期间，监管部门应针对典型电磁辐射新技术、新设备开展研究，了解其工作原理、电磁辐射环境影响特性及电磁辐射水平，将未列入《建设项目环境影响评价分类管理名录》，但环境影响大、所处环境敏感性高的电磁类建设项目、设施、设备逐步纳入电磁辐射环境监管范围，不断开拓电磁辐射监管新思路、新模式，弥补监管空白。

4.1.4 加强信息公开和公众沟通工作

（1）强化环境信息公开力度

近年来，随着社会需求的增加和电磁技术的进步，移动通信基站、广播电视工程、高压输变电工程等电磁设施、设备的建设快速增加，5G基站、新能源汽车、磁悬浮列车等电磁新技术设施、设备的应用越来越普遍，引发了公众对电磁辐射环境越来越多的关注。虽然这些设施、设备产生的电磁辐射影响满足国家标准要求，但其距离公众较近，公众接受程度较低，易引发社会关注。随着公众环境权益意识增强，信息公开要求的提高，不断增加的电磁设施、设备与公众日益增长的环境权益意识之间的矛盾仍是当前的突出问题。近年来，公众对电磁设施、设备的投诉一直居高不下。因此加强电磁辐射环境信息公开，用数据说话、化解矛盾、消解公众疑虑，应是“十四五”期间的重要工作。

应充分认识新时期电磁辐射环境信息公开的重要意义，严格落实《中华人民共和国环境保护法》《环境信息公开办法（试行）》《关于进一步加强环境保护信息公开工作的通知》《关于印发〈建设项目环境影响评价政府信息公开指南（试行）〉的通知》等要求，全面推进并加强电磁辐射环境信息公开。及时公开电磁辐射环境质量状况、重要政策措施、企事业环境信息、企事业环境风险及相关应急预案信息、突发环境事件信息等，保障公众环境知情权，加强社会监督，健全反馈机制。

督促建设单位主动向社会公开建设项目环境影响评价文件、施工期环保措施落实情况、施工期环境监测报告、建设项目竣工环境保护验收调查报告、运行期电磁辐射污染防治设施、措施运行情况、电磁辐射环境影响应急预案等环境信息。对于重点电磁辐射设施、设备和公众普遍关注的电磁辐射设施、设备，及时公布其周围电磁辐射监测数据。各级生态环境部门应及时公开建设项目环评批复文件、监督管理信息、违法处罚信息等，接受全社会监督。畅通社会参与和监督渠道，保障公众的环境保护知情权、参与权和监督权。

进一步规范电磁辐射环境信息公开机构建设，完善环境信息公开培训工作，提高电磁辐射环境信息公开力度，提升公开机构公信力。推进5G、电子政务、物联网等先进技术的应用，积极探索电磁辐射环境信息公开的有效方式。加强各级机构官方网站建设，充分发挥网站作为电磁辐射环境信息发布重要平台的作用，在政府公报、报刊、广播、电视等传统主流媒体的基础上进一步发掘微信、微博、贴吧、知乎等新媒体宣传力量，多渠道发布电磁辐射环境信息，借助社会和公众力量的介入和支持，进一步提升电磁辐射环境保护工作的透明度，并以此作为环境保护监督管理工作的有益补充。

（2）推动公众参与机制改革

《环境保护公众参与办法》《环境影响评价公众参与办法》和相关环境保护管理规定中对公众参与都有要求，但内容零散、要求宏观、操作性和针对性不强。因此，需进一步完善电磁辐射环境公众参与工作有法可依，有具体要求可以落实。同时，严格按照现有法律法规要求开展公众参与工作，切实推进电磁辐射环境监管公众参与法治化进程。

强化制度建设，全面指导和推进电磁辐射环境保护公众参与工作。监管部门、建设单位均应将公众参与工作纳入管理规章制度中去。监管部门在开展工作时应确保程序合法，严格执行公众参与管理要求，接受社会和公众监督；建设单位要积极落实公众参与工作，并接受监管部门的指导和检查，不断总结经验，加强与公众的沟通联系，提高公众的可接受度。

开展形式多样的宣传教育，拓宽公众参与渠道。积极利用传统媒体和新媒体发布平台，向全社会宣传电磁辐射环境相关法律法规、标准、管理要求和环境保护工作最新进展情况。推进政府与社会共治，完善社会和公众监督机制，畅通沟通交流渠道，积极组织广大群众有序参与和监督电磁辐射环境保护工作。建立公参意见反馈机制，将公参意见作为完善和强化建设项目环境保护工作的重要手段，加大公参弄虚作假惩处力度。

建立舆情应对机制，按照生态环境部（国家核安全局）确定的“及时准确、公开透明、有序开放、有效管理、正确引导”的基本原则，提高相关部门舆情应对能力，营造良好舆论氛围，化解电磁辐射环境社会风险。增强政府公信力，正确引导舆论，维护环境信息发布权威，营造良好社会氛围，防范和化解“邻避效应”问题。

4.2　保障措施

4.2.1　加强组织落实

近年来，电磁产业持续快速发展，对我们监管队伍要求不断提高，监管机构队伍不仅需要保持稳定，还需要加以充实和提高。在核与辐射安全监管体系中，中央本级以辐射源安全监管司电磁矿冶处作为电磁辐射综合监管业务处，其技术支撑单位包括核与辐射安全中心和辐射环境监测技术中心，相比于电磁监管行业领域持续增加和监管对象不断增长，监管和技术人员是非常短缺的。全国31个省中只有8个省设置了两处一站或者一处两站管理模式，其余23个省则是一处一站或仅有一处的模式。全国31个省级核与辐射安全监管队伍总编制为1500人、实有人数1800多人，240个地市级设置了独立核与辐射安全监管机构的，实有人数2800多人，但这其中电磁辐射监管相关人员所占比例很低，专业技术人员也十分短缺。

（1）加强监管机构队伍建设

根据目前形势，加强电磁辐射环境监管机构队伍建设是十分必要的。在现行管理体制内，稳定现有队伍，增加电磁辐射环境监管和技术研发队伍编制，保障电磁辐射监管、科研等工作的顺利开展，全面提升监管能力。配齐用好电磁辐射监测仪器设备，以满足现场执法、监督检查和环境监测工作需求。统筹考虑电磁辐射监管的特殊性，继续保持监管工作的相对独立。

（2）完善协调、考核机制

积极推进电磁领域跨部门沟通协调，推动形成生态环境部门统一环境监管、相关部门分工合作、积极协调联动的监管工作新机制，完善沟通渠道，加强信息通报，坚持会商研讨，定期开展联合执法。及时总结和推广实践经验，建立电磁辐射监管绩效考核机制，全面落实企业环境保护主体责任和行政部门监管责任。

（3）加大资金投入

增加电磁辐射环境专项研究资金投入，保障资金来源。积极开展地方调研，强化相关行业合作深度，确保电磁辐射环境保护监管工作覆盖范围全面，逐步解决监管政策不接地气、覆盖面窄等问题。

4.2.2 健全技术支撑

构建“以环境质量为核心、以评价体系为手段、以法律法规为保障”的电磁辐射环境监管体系，保障公众健康和人民群众环境权益，促进电磁产业的可持续发展的目标，强化技术支撑能力。

（1）健全法规标准体系

加强电磁辐射环境领域法规标准顶层设计和职责划分，加快推进法规、标准、管理规章等政策文件的出台，深化行业领域电磁辐射环境影响基础性课题研究，提升电磁辐射环境评估、监测、校核、验证等技术水平，推动开展标准化、规范化环境监管。

（2）强化监管保障体系

建立和完善电磁辐射监管信息化系统，加大系统平台研发和运维投入，为全国电磁辐射环境监管提供安全可靠的数据支撑；加强系统平台的管理与科学使用，推动其在电磁辐射环境规划、监管、执法等方面发挥积极作用。

（3）增强科学研究体系

坚持以实际需求为导向，加强电磁辐射环境质量综合评价指标、评估程序、监测方法、校核验证等方面的研究，为环境监管提供技术助力；同时加强电磁领域环境保护科学体系建设，开展电磁辐射生物效应、健康风险评估、流行病学研究等一系列跨领域、跨学科的前沿课题研究，推动电磁辐射环境研究体系建设，促进电磁辐射环境监管工作的科学发展。

重视科研成果转化，将研究结论融入法规、标准、管理政策中去，为后续完善和革新电磁辐射环境监管工作提供技术储备。

4.2.3 强化人才培养

（1）健全人才培养机制

统筹规划电磁辐射环境领域人才队伍建设，全面提高从业人员素质。注重高素质专业管理、技术人才吸纳。积极开展系统内、行业间管理、科研、技术等方面活动，搭建国际交流、合作、培养平台，不断提升各级电磁辐射环境监管人员综合能力，建立一支结构合理、经验丰富、技术过硬的电磁辐射环境管理专业人才队伍。

加大电磁辐射环境领域人才培养的资金投入，加强中央本级及地方电磁辐射安全监管人员、从业单位和人员的业务培训，规范执法、守法行为。

（2）提高人才培养能力

以提高专业水平和创新能力为核心，加强管理、技术人才培训；以提升职业素质和职业技能为目的，重视基层部门人才培养。切实加强在职、在岗培训，完善职称、岗位设置，积极推动电磁辐射环境领域职业技能鉴定，落实政策、待遇留人，为电磁辐射环境监管事业打造一支高素质、能稳定的人才队伍。

第三篇

加快放射性污染防治

一、早期核设施退役及放射性废物治理领域“十四五”规划思路研究

早期核设施的安全退役和放射性废物的安全处理与处置，不仅关系到早期核设施的妥善处理，也是核工业持续和健康发展，并为公众所接受的重要基础之一。我国一直高度重视早期核设施退役及放射性废物治理工作。早在20世纪80年代初期，就开始安排对早期遗留核设施退役和放射性废物的治理工作，1990年5月，国家启动了对早期核设施退役及历史遗留的放射性废物的治理。党和国家领导人多次对放射性废物处置问题作出重要批示，要求高度重视，高标准严要求，加快提高废物处置能力，消除安全隐患，确保万无一失。《中华人民共和国放射性污染防治法》《中华人民共和国核安全法》当中，也均对早期核设施退役及放射性废物治理提出了要求。

在规划方面，国家核安全局发布了《核安全与放射性污染防治“十三五”规划及2025年远景目标》（以下简称核安全“十三五”规划），其中2020年的目标中提到“在放射性污染防治水平提高方面，早期核设施退役取得明显成效，基本消除历史遗留中低放废物安全风险，形成与我国核工业发展相适应的放射性废物处理处置能力。”2025年的远景目标中提到“早期核设施退役取得重大进展，放射性废物及时得到安全处理处置”，要求“加快早期核设施退役和废物治理；推动核电放射性固体废物处理处置；加快高放废物处置研究”。《中华人民共和国国民经济和社会发展第十三个五年规划纲要》也明确在“十三五”期间国家要开工建设5座中低放射性废物处置场和1个高放射性废物处置地下实验室。

但是，我国核工业发展中一些早期建设的核设施至今仍然留存，形成了一定的安全隐患。与此同时，随着核工业的快速发展，放射性废物产生量不断增长，部分临近寿期的核设施也面临着退役的选择，核设施退役和放射性废物治理科研能力与实际工程需求的矛盾日渐明显，因此有必要开展早期核设施退役及放射性废物治理“十四五”规划研究，以进一步推动我国核设施退役及放射性废物治理工作的开展。

本项目总结了早期核设施退役及放射性废物治理“十三五”规划落实的经验和教训，分析了目前面临的形势、挑战及存在的主要问题，在此基础上，提出了早期核设施退役及放射性废物治理“十四五”规划思路，为进一步推进我国核设施退役及放射性废物治理工作的有效开展提供技术支持。

1　“十三五”规划落实的经验和教训

“十三五”期间，我国核设施退役及放射性废物治理工作以“十三五”规划为总纲领，在早期核设施的退役及历史遗留放射性废物的处理和处置方面取得了一定的成就。2018年

对核安全“十三五”规划进行的中期评估结果表明，各项目标满足进度要求，重点任务和重点工程如期完成，核安全“十三五”规划的实施总体进展良好。但在早期核设施的退役及历史遗留的放射性废物的处理和处置方面，由于种种原因，相关工作的进展一直比较缓慢，其中有政策层面和法规标准方面的问题，还有技术方法和工程科研的问题等，这些问题均制约了核设施和放射性废物治理项目的实施。

1.1 取得的进展

经过“十三五”的发展，我国核设施退役及放射性污染治理取得了一定成绩。国家层面，我国已形成较为完善的法律法规和管理体系，对早期核设施的退役及其废物处理处置有专项的经费支持和工作规划。另外，国家不断加大退役治理力度，早期核设施退役稳步推进，废物处理处置设施逐步建设投运，处理处置了大量历史遗留废物，完成了一批铀矿地质勘探和矿冶设施的退役及环境整治。为推进退役治理工作，开展了大量科研攻关，解决了很多技术问题。

1.1.1 法规标准制修订有序推进

《中华人民共和国核安全法》（以下简称《核安全法》）于 2018 年 1 月 1 日起正式实施；《中华人民共和国固体废物污染环境防治法》也于 2016 年 11 月 7 日完成第三次修订。此外，全面梳理了国际原子能机构（IAEA）和我国在核设施退役和放射性废物治理方面的法规标准体系，借鉴国际先进经验，结合我国实际，推动了一批核设施退役和放射性废物治理的法规标准制修订。

1.1.2 部分重要的核设施和放射性废物的治理工作已经进入实质性阶段

“十三五”期间，国家核安全监管部门“三位一体”，对核设施退役等环节实施全过程监督执法，核设施退役和废物治理取得进展。目前，已固化处理了一批历史遗留中放废液，处理和处置一批历史遗留中、低放固体废物。完成 9 项核设施退役项目，全国核设施、核基地放射性污染现状调查与评价全面铺开。

1.1.3 配套的废物处理与处置设施的建设持续推进

废物处置场建设取得进展，形成了西北、西南、华南区域低放射性废物处置格局，放射性废物处理能力初步形成。目前，已经建成 2 座低放废物处置场。

1.1.4 重点科研项目攻关取得重大成就

对于一些重要的早期核设施退役及废物治理项目，国家组织联合科技攻关，为推进早期核设施退役和放射性废物治理工作提供了技术保障。

1.2 存在的问题

由于政策、法规标准、技术方法和工程科研等种种原因的制约，核设施退役和放射性废物治理项目实施相关工作的进展一直比较缓慢。

1.2.1　退役治理工程进展缓慢

核设施退役治理是一项涉及多学科、多技术、多环节的复杂系统工程，本身具有长期性的客观因素。尤其在早期核设施退役过程中，常常会出现暂时无法攻克的技术难点，从而延误整个退役工程的实施。西方核强国在推进早期核设施退役治理工作过程中，同样存在很多难点问题，导致总体进程缓慢。

1.2.2　工程科研投入不足，基础薄弱

对于核设施退役治理的投入仍然不足，使得某些工程科学未能提前开展，致使退役治理中遇到的难题无法解决，加之某些科研与实践结合较差，无法满足工程实施的要求。另外，应客观认识到，20 世纪 80 年代我国经济基础薄弱，早期建成的核设施配套基础设施薄弱，加之历史资料缺乏管理等原因，加剧了退役治理的复杂性和探索性。

1.2.3　缺少专门的管理机构

到目前为止，我国没有专门机构对核设施退役与废物治理进行组织协调与管理，而仅仅依赖企业自身去推动，而某些时候，企业对于设施退役工作存在动力不足或其他的一些考虑，也严重影响了早期核设施退役工作的推进。

1.2.4　某些早期核设施退役技术路线有待进行认证

20 世纪 90 年代，我国对于一些早期核设施曾做过中长期规划，但随着科学技术的发展，某些技术或退役策略已明显落后，如早期就地填埋的退役策略，如今已不再作为退役策略，而是在一种事故或特殊情况下不得已而采用的处理手段。因此，早期形成的一些退役技术路线有待进行重新论证。

2　国内外治理经验及现状分析

随着我国建设美丽中国战略深入实施，对核事业发展的生态要求将更加严格，退役治理任务任重道远。新发展阶段退役治理形势严峻，既要客观认识退役治理的客观因素，更要坚持问题导向，切实采取措施，加快退役治理进程。

2.1　国外核设施退役治理经验

核设施退役及废物治理是核能健康可持续发展的关键，是事关核能安全和环保的重大问题，与公众健康、环境安全、社会稳定息息相关。国外一些有核国家在核设施退役及废物治理方面积累了大量的经验。

2.1.1 完善的核设施退役及放射性废物治理法规标准体系

放射性废物从产生、处理、贮存、处置及处置后的长期监护，涉及环节多、周期长、管理层级繁杂、系统性强，需要全面的立法统筹设计和解决，以及配套的标准体系对核设施退役及放射性废物治理予以全面管理。美国、法国等有核国家都对核设施退役及放射性废物治理有较全的法规体系，涉及退役资金、处置收费、处置设施建设、运行资金、关闭后长期监护和环境补偿机制，以及公众参与制度等。

在标准层面，国际上相关理念和技术要求有了较大发展，应持续跟踪国际上核设施退役及放射性废物治理最新进展及相关标准，完善我国的核设施退役及放射性废物治理工作的各个环节，为稳步推进我国核设施退役工作提供保障。

2.1.2 设立核设施退役及放射性废物治理的专门组织机构

美国、法国、俄罗斯、英国、德国等有核国家，均设立专门的核设施退役及放射性废物治理组织机构或部门，承担国家在核设施退役及放射性废物治理方面的责任，制定和组织实施核设施退役及放射性废物治理相关政策和规划，稳步、有序推进处置工作。

2.1.3 实施核设施退役及放射性废物治理的全面管理

由于核设施退役及放射性废物治理技术难度大、时间周期长、公众接受困难、耗资大，且涉及环节较多，大多数有核国家都会提前做好核设施退役及放射性废物治理规划，兼顾早期遗留的设施及废物，对核设施退役及放射性废物治理各个环节实施全面管理。

2.1.4 推进核设施退役及放射性废物治理科研成果的工程化应用

对核设施退役及放射性废物治理的前期工程科研是必不可少的，世界各国针对核设施退役及放射性废物治理开展了大量的科研工作，并将之推广于工程应用，为核设施退役及放射性废物治理工作的顺利推进奠定了良好的基础。

2.2 我国核设施退役及放射性废物治理的现状

2.2.1 法规体系及组织机构

我国一直重视核设施退役及放射性废物治理法规体系和组织机构建设。早在 20 世纪 50 年代，原第二机械工业部成立全国放射性废物治理专业研究小组和设计小组。经过半个多世纪的发展，目前已形成由规划、行业主管和安全监管等部门构成的组织机构体系，同时《放射性污染防治法》和《核安全法》对核设施退役及放射性废物治理设立专章进行规定。

（1）现状

我国核领域的两部法律《放射性污染防治法》《核安全法》，均对放射性废物治理设立专章进行规定。《放射性污染防治法》第六章专门针对放射性废物治理，规定了废物最小化、废气废液排放、分类处置、放射性固体废物处置场所选址规划、处置收费、贮存与处置许可等方面的要求。与《放射性污染防治法》相比，《核安全法》结合近几年国内需求和国际发展，对相关规定进行了完善，主要包括：在分类处置方面，增加了中等深度处置路线，规定高放废物地质处置由国务院指定的单位专营；区分低中放废物和高放废物处置场所选址规划，要求省、自治区、直辖市人民政府参与编制低中放废物处置场所选址规划。同时要求放射性废物处置场所建设应当与核能发展的要求相适应；增加放射性废物处理许可；增加放射性废物处置设施关闭制度和关闭后安全监护计划的相关要求。

我国依照放射性污染防治法制定了《放射性废物安全管理条例》。条例对放射性污染防治法中提出的放射性贮存、处置许可制度进行了细化，详细规定了放射性废物贮存、处置许可的程序、条件，以及放射性废物分类管理、处置场所选址规划、处置场的运行管理和关闭等方面的要求。此外，在部门规章、国家标准、行业标准、核安全导则等不同层级法规标准体系中制定了一系列有关放射性废物治理与技术要求的文件。

“十三五”期间，国家核安全局重新研究编制放射性废物治理法规标准建设五年计划，将 IAEA 有关放射性废物治理的安全标准完全纳入我国核与辐射安全法规标准建设计划中。目前，部分法规标准已发布，如 2017 年发布的《放射性废物分类》和 2018 年发布的 GB 9132《低中放废物近地表处置安全规定》等。

（2）存在的问题

我国放射性废物治理严重滞后于核能发展，早期遗留放射性废物风险未消除，长寿命中高放废物处理处置政策亟需完善，法律法规和组织机构体系的不完善是关键成因之一。

一是缺少核设施退役及放射性废物治理的专门法律。我国已制定《放射性污染防治法》和《核安全法》，核设施退役及放射性废物治理相关要求分散其中。受限于各自法律定位，上述两部法律无法解决责任划分、顶层规划设计等系统性、整体性问题，致使责任落实不力、研发力量分散、技术路线落地困难，废物处置整体工作进展缓慢。放射性废物潜在危害持续时间可长达上万年，代际公平问题突出，长期责任的划分与落实是一个难题。同时，放射性废物从产生、处理、贮存、排放、运输，到处置及处置后的长期监护，涉及环节多、周期长、管理层级繁杂、系统性强，相关研发与工程建设需要统筹规划与设计。

二是现行法规标准多数陈旧、缺项较多。我国核设施退役及放射性废物治理的现行标准大多数都在 20 世纪 80、90 年代编制或修订，已实施近三十年，其总体内容或部分内容已不适用于当前核设施退役及放射性废物治理的要求。且核设施退役及放射性废物治理标准仍有缺项，如废物包和废物体特性鉴定和测量标准中活度测量等要求不充分，高放废物和中放废物处置标准尚处空白，废放射源、NORM 放射性废物等特定放射性废物的标准或导则尚属空白或不全面，亟待补充和完善。

三是国家政府部门相关管理人员不足。根据《放射性污染防治法》《放射性废物安全管理条例》的要求，国务院核工业行业主管部门依照其职责负责放射性废物的管理工作，国务院环境保护主管部门负责全国放射性废物的安全监督管理工作。上述两个部门中主要承担放射性废物治理职能的部门均为处级机构，人员只有 3~4 人，层级低、人员力量严重不足。

四是国家放射性废物治理执行机构缺失。我国高放废物地质处置研发工作已开展三十多年，至今尚未明确执行机构，相关工作缺少系统性和方向性，进展缓慢。中放废物处置技术路线刚刚明确，尚未设立执行机构，选址与相关研发工作均处于起步阶段。现有的低放废物处置执行机构为核电集团下属企业，层级低、人员力量分散，选址工作推进困难。

五是省级地方政府放射性废物处置责任未落实。《放射性污染防治法》规定，有关省级地方人民政府应当根据放射性固体废物处置场所选址规划，提供放射性固体废物处置场所的建设用地，并采取有效措施支持放射性固体废物的处置。《核安全法》进一步明确了地方政府的相关责任。但是，由于有关省级地方政府认识不足，致使低放废物处置场选址艰难，与当地核能发展不相适应。

2.2.2 放射性废物的源项

我国具有完整的核工业体系，放射性废物来源众多、特性复杂、分布广泛。

（1）现状

我国放射性废物来自铀矿冶、铀纯化转化、浓缩、元件制造、反应堆运行和乏燃料后处理等核燃料循环体系，以及核能研究与开发、放射性同位素的生产和应用。根据不同的目的，具有不同的废物分类方法。2017 年 11 月底，原环境保护部、工业和信息化部、国家国防科技工业局联合发布，2018 年正式实施的《放射性废物分类》提出了基于处置长期安全的分类体系，将放射性废物分为极短寿命废物、极低放废物、低放废物、中放废物和高放废物，分别对应于暂存衰变、填埋、近地表处置、中等深度处置和深地质处置等处置方式。

截至 2019 年底，我国 16 个核电厂营运单位共配套建设了 60 个放射性废物处理和贮存设施，3 个研究堆营运单位共配套建设了 10 个放射性废物处理和贮存设施，4 个核燃料循环设施营运单位共配套建设了 13 个放射性废物处理和贮存设施。此外，建成并运行 31 座核技术利用放射性废物暂存库和 1 个国家废放射源集中贮存库，2 座低放废物处置场投入运行。

截至 2017 年 12 月 31 日，核电厂营运单位放射性废物贮存设施中贮存的已整备放射性废物约 13 000 万 m^3，研究堆营运单位放射性废物贮存设施中贮存的已整备放射性废物约 3000 m^3，核燃料循环设施中贮存的已整备放射性废物约 500 m^3。31 个核技术利用放射性废物暂存库、国家废放射源集中贮存库贮存废旧密封源约 20 万枚。

早期遗留核设施产生的低放固体废物暂存量较大，此类设施的陆续退役还将产生更大量的放射性废物。

（2）存在的问题

一是历史遗留废物源项不清，数量还将持续增加。大量早期设施处于退役阶段，且存在一定程度的环境污染。目前，对历史遗留核设施放射性污染情况的认识仍然不够，对废物产生量的估计尚显不足。随着对历史遗留核设施污染现状的更深入调查和核设施退役的进展，预期历史遗留废物的数量还将持续增加。环境风险需要高度关注。此外，属地化关停铀矿山放射性废物现状需进一步摸清。

二是放射性废物信息管理不统一。《放射性废物安全管理条例》第八条规定，国务院环境保护主管部门会同国务院核工业行业主管部门和其他有关部门建立全国放射性废物治理信息系统，实现信息共享。但是，放射性废物治理信息系统至今尚未建立。多数核电厂营运单位和处置场营运单位根据管理需要建立了自己的废物信息系统。由于缺少统一要求，测量分析能力不足，收集和记录的信息类型和详细程度各不相同，信息的充分性、完备性和可追溯性不足，给后续管理带来困难。

三是放射性废物测量能力不足。放射性废物中所含主要核素的活度浓度是放射性废物源项的基本信息，更是对放射性废物实施分类和是否可被处置场接收的关键信息。放射性废物中主要核素的活度浓度，应该根据废物流的具体情况，综合利用取样监测、桶外监测和比例因子法等方法获得。许多核电厂和处置场过分依赖于桶外 γ 核素测量装置进行直接测量，但该方法的准确性取决于对废物体物理化学特性的了解，尤其是不能测量 α 核素和 β 核素的活度浓度。对于早期设施和后处理设施，超铀等 α 核素的测量方法尚需研发。

2.2.3 放射性废物的处理

（1）现状

目前，我国一些必要的放射性废物处理技术存在明显问题，科研进度较为缓慢，如玻璃固化技术、TBP 处理技术、废石墨处理技术等。

我国玻璃固化技术已有 40 多年的发展历程，但科研整体落后于工程要求。1971 年开始罐式法的研究；1986 年确定改用陶瓷电熔炉技术，与德方经历了二十多年的交流和谈判之后，于 2009 年签署合同引进陶瓷电熔炉及主要设备，用于满足我国当前工程需求；同时，正在开展先进的冷坩埚玻璃固化技术研究，我国已初步掌握冷坩埚玻璃固化技术。

我国对于 TBP 处理技术的研究始于 20 世纪 70 年代末，开展了热解燃烧处理 TBP/煤油的实验和台架试验装置研究，我国核工业首个有机废液热解焚烧设施，采用德国 NUKEM 公司的热解焚烧技术。此外，当前国际上在积极开展超临界水氧化、蒸汽重整等新技术的研究。

放射性污染石墨的处理技术是制约石墨堆退役工程进度的关键技术之一，国内外均积存了大量废石墨待处理处置，开展了废石墨的固定技术、焚烧技术和自蔓延技术等多种处理技术研究。我国近期也在开展石墨自蔓延处理技术科研项目，建议尽快开展源项调查，掌握放射性污染分布情况，以便于根据受到污染的程度进行分类处理。

（2）存在的问题

以下主要以玻璃固化技术为例，分析我国废物处理特别是技术研发过程中存在的问题。

一是技术路线不明确，引进和研发进度缓慢。我国自 1971 年开始玻璃固化工艺研究以来，先后开展了罐式法、陶瓷电熔炉和冷坩埚 3 种工艺的研究。引进陶瓷电熔炉技术后将大部分精力放在工程建设中，没有对玻璃固化技术开展引进消化吸收，因此在核心技术和关键设备设计、制造方面有很大不足。

二是研发基础薄弱，难以实现工程应用。陶瓷电熔炉和两步法感应金属熔炉都是国际上比较成熟的技术，冷坩埚比较先进，也已在法国成功实现工业化应用，但在我国，这三种技术距离工程应用均相距甚远。

三是研发投入不足。我国对玻璃固化技术的研发投入不足，无论是陶瓷电熔炉还是冷坩埚，都还没有建成一个完整的系统，运行经验更无从说起。没有深入系统的开展研究，未掌握关键技术，在引进国外玻璃固化技术路线的选择上就没有实践经验作为基础，很难做出客观选择。

四是装备制造能力弱，“研、产、用”脱节。虽然我国核工业有完整的体系，但在废物处理方面的制造能力薄弱，加之缺乏工程研究验证平台、技术的工程化研究不够，使得在废物处理工程方面的关键技术须从国外引进。我国核电厂建设过程中引进国外数十套废物处理设备，但未像引进核电技术那样组织消化吸收，再创新更无从谈起。由于技术路线之争，研究单位的成果设计院不认可，设计院的图纸工厂能力所限难以实现，“研、产、用”脱节现象突出。

2.2.4 放射性废物的处置

（1）现状

放射性固体废物的处置策略在《放射性废物分类》中明确，即低放废物实行近地表处置、中放废物实行中等深度地质处置及高放废物实行深地质处置。

从 20 世纪 80 年代起，我国启动有关放射性废物处置工作，已建成一些近地表处置设施，还有一批处置场处于规划中。我国已有一定量的长寿命中放废物、反应堆活化产物、α 废物等处于暂存状态，需要实行中等深度地质处置，目前中等深度处置工作的规划正在制订中。对于高放废物的深地质处置设施，将研究和处置设施的工程建设分为三个阶段：试验室研究开发与处置设施选址阶段（2006—2020 年）、地下试验阶段（2021—2040 年）、原型处置设施验证与处置设施建设阶段（2041—2050 年）。

（2）存在的问题

一是低放废物现有处置能力不足。我国正在运行的近地表处置场有 3 个，处置能力严重不足，远不能满足低放废物尤其是日益增加的核电废物的处置需求。

二是中等深度处置设施规划尚不明确。当前，我国早期核设施已经积存了大量含长寿命核素的中放废物，存在辐射安全隐患，未来其他核设施也将产生大量中放废物，但我国目前尚无中等深度处置库。

三是高放废物地质处置概念需尽早确立。处置概念即多重屏障系统概念，多重屏障系统由天然屏障（围岩）和工程屏障组成，工程屏障包括固体废物（玻璃固化体和包装容器、乏燃料等）、处置容器、缓冲回填材料。为了保证高放废物地质处置的长期安全，应确立合理有效的处置概念，遵循纵深防御的原则，保证处置系统整体性及其各组成部分的坚稳性，充分发挥场址和设施的被动安全功能，实现包容放射性和隔离放射性废物。

四是未开展深地质处置源项评估。深地质处置源项是处置库的研究和设计基础。按照核燃料开路和闭合两种循环方式考虑，我国需要进行深地质处置的源项包括玻璃固化体、高放固体废物、压水堆乏燃料、MOX 乏燃料、重水堆乏燃料、高温气冷堆乏燃料、其他类型乏燃料共 7 种类型。在处置库设计过程中，源项的类型、规格、释热量和体积会直接影响处置库的布置和库容，进而影响处置库的造价。

五是废物可回取政策及相关考虑不足。放射性废物的可回取是指将已经放置在放射性废物处置库中的废物包装从处置库中完整地回取出来的能力，我国无法律法规层面的相关要求，而且没有开展相关研究工作。

六是地下实验室科研计划有待完善。地下实验室科研计划是地下实验室工程建设及后期扩建方案设计的关键输入，也是后续地下实验室科研活动的重要指导性文件。因此，在地下实验室建设前，提出我国地下实验室科研计划是非常必要的。

3　"十四五"对策与建议

3.1　加强法律法规建设和科学规划，做好顶层设计

目前，我国退役治理法律法规体系尚不清晰，内容也不全面，特别是《原子能法》立法工作滞后，导致核领域众多基本问题得不到系统解决。相反，其他核大国拥有较为完备的法律法规体系，多数国家制定了《原子能法》，并均制定了《核废物管理法》。我国应该正确认识退役治理工作的本质与特点，加快完善法律法规标准，规范对退役治理各项工作的管理，重点推进核领域核废物管理法、原子能法、《放射性废物安全管理条例》等制修订工作。同时，应做好顶层设计，开展核设施退役及废物治理政策和规划研究，切实推进相关工作，尽快完善核设施退役与放射性废物治理的法规标准体系。尤其针对早期遗留的核设施，应考虑组织业内专家团队，特别是具有工程实施经验的专家和一线人员，结合监管要求，成立早期核设施临时专家委员会和标准编制小组，加快专项标准的编制。

3.2　注重"三基"工作

"三基"工作，即基础科研、基本能力和基础人才。注重基础科研，应加大核设施退役及废物治理科研工作的投入，为核设施退役及废物治理工程实施提供技术支持。增强基本能力是加强核设施退役及废物治理基础配套设施的建设和投入，为核设施退役及废物治理工作提供保障。加强基础人才是将人才队伍建设作为长期的一项工作来抓。

3.3　加快对早期核设施及遗留废物的现状调查

针对早期核设施及废物，尽快开展 α 污染现状调查，查清含 α 核素废物的现状，包括分布、预期产生量、活度水平、治理方案以及来源情况等。在现有污染调查的基础上，进一步查明主要含 β、γ 核素的废物数量、分布、来源，以及治理方案等信息。查清废物源项，为加快早期核设施退役治理、规划放射性废物处置设施建设提供有力支撑。

3.4　采取区别对待、分类管理、适度宽松的政策

根据环境条件、风险大小、成本和社会效益等，区别对待早期核设施退役和环境整治。根据设施类型、环境风险等制定分类（分级）管理方法。根据国家资金规模和退役与治理成本和代价，结合自然环境条件，适度放宽管理限值和条件。

3.5　加快重点、难点放射性废物处理技术攻关

与国外相比，我国目前还存在技术研发缺乏系统性，工程应用效果不理想、退役治理技

术瓶颈尚未突破，技术储备不足、技术研发条件不足，缺乏验证平台等问题。特别是近年来，我国退役治理工程项目密集开工，工程科研需求骤然上升，应尽快制定发布退役治理长期科研规划，做好科研技术储备，并制定好退役治理自主技术品牌发展战略；加强退役治理战略及整体技术方案研究，重点是技术复杂、难度大的项目的退役技术方案研究；进一步加大投入，全面提升我国退役治理科研设计能力，形成满足专项工作的科研支撑体系，重点突破一批制约我国退役治理的关键核心技术；强化退役治理基础科研和预先研究，为工程科技创新奠定基础；强化工程科研与工程需求对接，提升应用科研对工程的精准支撑服务能力。

建议跟踪国际先进技术，结合国内多年的废物处理科研成果和基础，建立研发验证平台，加快科研成果的转化，使新的科研成果尽快应用于工程，解决工程的实际需求；加强协作，实现“研、产、用”紧密结合。

3.6 注重退役、治理过程放射性废物最小化

建议从国家监管部门、废物产生单位到废物管理单位，深入贯彻和广泛传播废物最小化理念，鼓励相关的经验交流和信息反馈；建议对我国放射性废物产生单位开展广泛的废物最小化管理情况调查，分析存在的不足之处，推广成功经验；鼓励再循环再利用。

3.7 设立专门执行机构消除重大安全隐患

建议由核工业监管部门、核安全监管部门、财政部门及营运单位等单位相关人员组成的专门执行机构，就早期核设施退役相关事项和责任进行促进和监督，以加快退役实施消除重大安全隐患。

3.8 优化核设施退役及废物治理实施模式

优化核设施退役及废物治理实施模式，通过政策引导，形成核设施退役及废物治理产业，并充分利用市场机制推动产业持续发展。可借鉴国外先进管理模式，通过适度引入市场化机制，提高退役治理工作的效率。

第四篇

提升核安全保障能力

一、核安保监管“十四五”规划思路研究

1　我国“十三五”核安保监管情况

“十三五”期间，我国的核电和核技术产业快速发展，核材料、核技术的应用更加广泛，随之带来核材料流失和扩散的风险也逐步加大，尤其是随着威胁形势的日益严峻，在核材料的生产、使用、储存、运输、处理等全过程中，核安保监督管理工作越发重要。

核安保的主要作用是保护生产、使用、储存及运输中的核材料、其他放射性物质、相关固定设施及敏感信息等，防止偷窃、非法转让、未经授权的接触核材料或其他放射性物质，防止导致放射性释放的蓄意破坏。核安保主要采取实物保护、核材料衡算与控制等技术措施确保核材料和核设施的安全。

从 20 世纪 50 年代我国即开始开展核材料管制工作，对核材料进行严格的管制监督。核材料管制是我国核行业的专有名词，从概念、所属领域及内涵分析，核材料管制与核安保较近似，略有不同的是核安保的保护对象比我国的核材料管制范围较广，核安保的保护对象不仅包括核材料及其相关设施还包括放射性物质，而在采取的措施等方面我国的核材料管制与核安保基本保持一致。

现阶段我国已经形成了比较完整的核安保体系，下面分别从法规标准、技术体系、建设与运维、监督检查以及人员情况等六个方面总结我国“十三五”期间的核安保监管情况。

1.1　法规标准体系现状

为了规范核安保相关工作，做到各个工作环节有法可依，保证核安保工作的规范性、科学性、有效性，我国从 20 世纪 80 年代开始核安保相关法规标准体系建设，目前已初步形成了国家法律、部门规章、标准等组成的比较完善的核安保法规标准体系。

1.1.1　法律法规

我国核安保法律由国家法律与行政法规组成，其中国家法律由全国人民代表大会和全国人大常务委员会制定，行政法规是由国务院根据宪法和法律制定的规范性文件。目前我国已颁布的核领域的国家法律有 2003 年 10 月 1 日开始实施的《中华人民共和国放射性污染防治法》以及 2018 年 1 月 1 日起开始实施的《中华人民共和国核安全法》（以下简称《核安全

法》)。原子能法作为我国原子能领域基本法，早在1984年由国家科委牵头起草工作，但是由于种种原因目前仍然处于编制过程中。

在1987年6月15日由国务院发布的《中华人民共和国核材料管制条例》(以下简称《管制条例》)，目前仍然是我国与核安保相关的第一层次法规。此外，国务院颁布一系列行政法规，包括《放射性同位素与射线装置安全和防护条例》(国务院449号令)、《中华人民共和国核出口管制条例》(国务院480号令)、《中华人民共和国放射性物品运输安全管理条例》(国务院562号令)、《放射性废物安全管理条例》(国务院612号令)，用于核材料出口、运输以及放射性废物管制。表2列出了当前我国核安保相关的法律法规。

表2　当前我国核安保相关的法律法规

序号	名称	编号	发布单位
1	中华人民共和国原子能法		(起草阶段)
2	中华人民共和国放射性污染防治法		全国人民代表大会常务委员会
3	中华人民共和国核安全法		全国人民代表大会常务委员会
4	中华人民共和国核材料管制条例	HAF 501—1987	国务院
5	放射性同位素与射线装置安全和防护条例	国务院449号令	国务院
6	中华人民共和国核出口管制条例	国务院480号令	国务院
7	中华人民共和国放射性物品运输安全管理条例	国务院562号令	国务院
8	放射性废物安全管理条例	国务院612号令	国务院

1.1.2　部门规章

部门规章是国务院各部门根据法律、行政法规等制定的规定、办法、实施细则、规则等规范性文件。《管制条例》作为我国当前与核安保相关的第一层次法规，由国家核安全局、能源部、国防科学技术工业委员会共同发布其实施细则，用于全国核材料的衡算管理和实物保护等具体工作。

国家核安全局与核安保相关的部门规章由核材料管制系列导则组成，该系列导则覆盖核设施实物保护、运输实物保护、核材料衡算、城市放射性废物库安全防范系统等组成，目前缺少核材料管制系列的规范性文件。表3列出了当前我国核安保相关的部门规章。

表3　当前我国核安保相关的部门规章

序号	名称	编号	发布单位
1	中华人民共和国核材料管制条例实施细则	HAF 501/01—1990	国家核安全局、能源部、国防科学技术工业委员会发布
2	低浓铀转化及元件制造厂核材料衡算	HAD 501/01—2008	国家核安全局
3	核设施实物保护	HAD 501/02—2018	国家核安全局

续表

序号	名称	编号	发布单位
4	核设施周界入侵报警系统	HAD 501/03—2005	国家核安全局
5	核设施出入口控制	HAD 501/04—2008	国家核安全局
6	核材料运输实物保护	HAD 501/05—2008	国家核安全局
7	核设施实物保护和核材料衡算与控制安全分析报告格式和内容	HAD 501/06—2008	国家核安全局
8	核动力厂核材料核算	HAD 501/07—2008	国家核安全局
9	城市放射性废物库安全防范系统要求	HAD 802/01—2017	国家核安全局

1.1.3 标准体系

标准是国家法律法规具体内容的细化和延伸，核安保相关法律法规的真正贯彻落实，需要大量标准的支撑，标准作为整个法规标准体系的底层，其数量庞大，种类较多，指导核安保及其监管管理工作的具体实施。

国家军用标准方面，目前已发布与核安保相关的标准共 13 项，覆盖实物保护与核材料衡算等，但是目前仍然以准则和导则为主，相关要求原则性较强，需要对标准进行补充、细化和完善。

国标、核工业、能源、公安等行业标准方面，国标及公安行业标准包括有非常全面的安全防范相关的技术标准，大部分与核材料核设施实物保护相关的核工业、能源行业标准将国标及公安行业标准作为引用或参考文件，在此基础上对核材料核设施实物保护提出了比较详细的技术要求。表 4 列出了当前我国核安保相关的标准体系。

表 4 当前我国核安保相关的标准体系

序号	标准号	标准名称
一、国家军用行业标准		
1	GJB 3687A—2006	军用核材料术语
2	GJB 5838—2006	军用核材料实物保护准则
3	GJB 5839—2006	军用核材料实物保护系统评价导则
4	GJB 5840—2006	军用核材料衡算 MUF 评价准则
5	GJB 6118—2007	军用核材料实物保护系统出入控制导则
6	GJB 6385—2008	军用核材料固定场所实体屏障技术要求
7	GJB 6386—2008	军用核材料保卫控制中心设计要求
8	GJB 7674—2012	军用核材料实物保护视察导则
9	GJB 8856—2016	军事目标安全技术防范通用要求

续表

序号	标准号	标准名称
10	GJB 8826—2016	部队通用装备仓库安全技术防范系统建设要求
11	GJB 9153—2017	军用核材料衡算与账目视察导则
12	GJB 9231—2017	军用核材料实物保护设计基准威胁界定方法
13	GJB 9154—2017	军用核材料实物保护突发事件处置预案编制导则
二、国家标准		
14	GB/T 4960. 7—2010	核科学技术术语 第 7 部分：核材料管制与核保障
三、核工业行业标准		
15	EJ/T 1054—2018	核材料与核设施核安保的实物保护要求
16	EJ/T 20179. 1—2018	核材料与核设施实物保护出入口控制系统技术要求 第 1 部分：通用要求
17	EJ/T 20179. 2—2018	核材料与核设施实物保护出入口控制系统技术要求 第 2 部分：出入口控制器
18	EJ/T 20179. 3—2018	核材料与核设施实物保护出入口控制系统技术要求 第 3 部分：旋转栅门
19	EJ/T 20179. 4—2018	核材料与核设施实物保护出入口控制系统技术要求 第 4 部分：车辆出入控制机构-电动车辆门
20	EJ/T 20179. 5—2018	核材料与核设施实物保护出入口控制系统技术要求 第 5 部分：车辆出入控制机构-抗机动车辆撞击装置
21	EJ/T 20180. 1—2018	核材料与核设施实物保护入侵探测报警系统技术要求 第 1 部分：通用要求
22	EJ/T 20180. 2—2018	核材料与核设施实物保护入侵探测报警系统技术要求 第 2 部分：收发分置式微波入侵探测器
23	EJ/T 20198—2018	核材料与核设施实物保护突发事件响应预案编制方法
24	EJ/T 20199—2018	核材料与核设施实物保护集成管理系统技术要求
25	EJ/T 20200—2018	核材料与核设施实物保护视频监控系统技术要求
26	EJ/T 20201—2018	核材料与核设施实物保护有线对讲通信系统技术要求
四、能源行业标准		
27	NB/T 20147—2012	核电厂实物保护系统设备准则
28	NB/T 20136—2012	核电厂辐射控制区出入口设计准则
29	NB/T 20146—2012	核电厂火灾自动报警系统设计准则
30	NB/T 20247—2013	核电厂实物保护系统设计总体要求
31	NB/T 25041—2014	核电厂常规岛火灾自动报警系统功能安全技术要求
32	NB/T 20428—2017	核电厂仪表和控制系统计算机安全防范总体要求

续表

序号	标准号	标准名称
33	NB/T 25092—2018	核电厂实物保护系统调试技术导则
五、公安行业标准		
34	GA/T 1326—2017	核电厂安全防范工程安装技术规范

1.2　技术体系现状

我国核安保技术措施主要由实物保护、核材料衡算与控制组成。经过二十余年的创新发展，目前我国在实物保护、核材料衡算与控制等技术方面，已经取得了良好的研究成果，填补了国内多项空白，形成了有技术、有工具、有方法的比较完善的核安保技术体系。

在实物保护方面，要求实物保护系统与核设施同时设计、同时建造、同时运行，运营前必须评审，运营期间接受定期检查。一方面，对核设施实行分区管理，根据其重要性的不同和纵深防御的原则，划分为控制区、保护区和内区，分别配置不同的技术防范手段和采取相应的保护措施；另一方面，对核材料实行分级管理，根据其性质和数量的不同，将核材料核设施单位划分为Ⅰ级、Ⅱ级、Ⅲ级，分别规定其生产、储存、使用、运输等方面的实物保护级别。通过二十余年的研究工作，在设计基准威胁界定、保护对象分析、设施抗爆能力评估、出入控制、管制等技术方面取得了良好成果，开发了成套的出入控制装置，突破了实物保护系统有效性评估技术和实物保护可靠性分析技术，研发了专用评估工具，建立了实物保护评价和可靠性数据库，制定了实物保护量化评价标准，实现了实物保护系统量化评估，形成了完善且适用于我国实际的实物保护系统有效性评价体系。

目前，我国所有的现役核设施全部建设有实物保护系统，但是由于早期国内相关产业技术水平限制，目前运行的实物保护系统基本上以国外产品为主。在“十三五”期间，国家主管部门积极推动核安保系统设备自主可控工作，加大政策引导，发挥市场作用，加强军民融合，充分调动企业的主动性和创造性。目前在视频监控方面，国内的视频监控厂家海康威视、大华的产品及技术水平已经是世界一流。在安保通信方面，国产有线通信系统及无线通信系统均能够满足实物保护的功能要求。在入侵报警和出入控制方面，国内涌现大量的品牌及产品，已经可以满足实物保护的基本要求，但是在产品可靠性上与国外产品存在一定差距。在集成管理方面，一方面国内集成管理服务器、工作站只能达到产品级国产化的程度，国产龙芯、申威处理器性能只能用于办公桌面机，达不到实物保护系统对服务器、工作站的性能要求。另一方面基于中标麒麟操作系统、国产达梦数据库和国产中间件开发的集成管理软件基本上满足了实物保护系统集成管理要求。

在核材料衡算与控制方面，我国建立了完整的国家级、设施级核材料衡算系统，可以对燃料循环设施及核电厂内生产、使用以及运输过程中的核材料进行全面衡算，切实做到了核材料“一克不丢、一件不少”。

在放射源管理方面，我国对放射源实行身份证制度，每个放射源都具有唯一的身份编码。在放射源库建有完整的出入控制、入侵报警、视频监控等安全防范技防措施，当地公安部门可实时监控库内放射源的储存情况。

1.3 建设及运维现状

“十三五”期间，以国家专项资金和企业自筹资金的方式完成设施安保系统的升级改造，国内 7 家核电厂完成实物保护系统升级改造，26 个省市完成城市放射性废物库升级改造。总体来说，我国核电厂、核燃料循环设施、放射性废物库等各类核设施都已具备完整的技防、物防、人防措施，用于防范针对设施的恶意入侵行为。在技防措施方面，出入控制系统可实现包括门间互锁、全局防反传、胁迫报警、入侵报警等各类控制逻辑，具备指纹、面部识别、虹膜、指静脉等多种高安全性生物识别方式，视频监控系统全面由模拟摄像机、数字摄像机向网络摄像机升级。在人防措施方面，各类核设施全面实施保卫控制中心 24 小时双人值班制度，同时我国采用武警作为响应力量，以国家力量应对潜在威胁。

1.4 监督检查现状

国家核安全局作为我国核材料衡算与实物保护监督管理部门，建立了总部、技术支持单位、地方监督站三位一体的监管体系。目前，国家核安全局的核安保监督检查工作覆盖核材料核设施实物保护系统建设、运行、升级改造全过程。为确保核材料管制和实物保护监督管理工作的有效实施，提高监督检查工作水平，规范监督检查工作，国家核安全局编制有内部管理制度文件《核材料衡算与实物保护工作指南》用于指导核安保监管工作的开展，对相关的检查组织、检查程序、与检查内容等提出了具体要求和规定。

1.5 从业人员现状

当前，我国已开办核工程类专业的大学共 72 家，其中专门设立核学院的有 47 家，每年招收核工程类专业本科人数约 3000 人，为核工业发展提供了充足的人才储备，但是涉及实物保护及核材料衡算专业的人数较少，在设施运营单位内，核安保从业人员的主要来源仍然以运营单位内部转岗为主。

从业务水平角度来说，目前国内核电厂安保人员业务能力水平相对较高，核燃料循环设施安保人员业务能力水平相对较低，但是均不能满足实物保护岗位要求的现象。

2　国际组织及其他国家核安保监管工作经验

2.1　国际原子能机构（IAEA）核安保监管工作情况

IAEA的核安保工作在美国“9·11”事件之前，仅仅是围绕实物保护开展的，主要是提供专家咨询、指导和培训等，但是在美国“9·11”事件之后，尤其是近些年恐怖威胁越发严峻的情况下，IAEA针对核安保开展了全面的工作，也已经建立起一套比较完善的核安保理念和核安保体系。

2.1.1　组织机构建设

IAEA设置有专门的核安保办公室，负责IAEA核安保活动的规划、实施、评价，该办公室隶属于核安全和安保司；此外，2012年5月，IAEA成立了核安保导则委员会，该委员会的主要职责是对核安保系列文件编制进行规划、编制、审查和核准。

2.1.2　标准化建设

经过多年的努力发展，IAEA带领各成员国建立了一套核安保标准支撑体系，包括上层的国际法律文书和起到支撑指导作用的“核安保系列丛书”。

由IAEA主办的上层的国际法律文书，主要是为了约束各成员国承担具体的义务而缔结的条约、协定等。其中与核材料管制相关的主要包括：《原子能机构保障协定及其附加议定书》《核材料实物保护公约》及其修正案。

其中《原子能机构保障协定及其附加议定书》包括一套内容广泛的技术措施，包括衡算、封隔和监视等，借助这些措施独立地核实各国有关其核材料和核活动的申报单的正确性和完整性。由国际保障提供的对国家核相关活动的详细监督，可以通过确认所有的相关材料仅用于其预定目的，为防止犯罪或擅自行为做出重要贡献；《核材料实物保护公约》是1980年3月开放签署，1987年2月8日生效，修订案于2005年通过，名字修改为《核材料和核设施实物保护公约》，其适用范围由核材料的国际运输扩展到核材料的安全使用、储存、运输以及核设施的安全运行，并新增了保护核材料和核设施免遭蓄意破坏的条款。

核安保系列丛书是在国际法律文书的基础上开展的，旨在对处理与防止和侦查涉及核材料和其他放射性物质及其有关设施的盗窃、破坏、擅自接触和非法转移或其他恶意行为提供建议与技术支持。

核安保系列丛书包括基本法则、建议、实施导则、技术导则四个等级文件。其中核安保基本法则主要包括核安保的目标、概念以及原则，并为核安保建议提供基础；核安保建议提出了成员国在实施核安保基本法则时，应当采用的良好实践；实施导则在更加广泛的领域进一步详细阐述这些建议，并提出其实施措施；技术导则在具体领域或活动中就如何使用实施导则提供详细措施和指导，其出版物包括参考手册、培训指南和服务指南等。表5列出了IAEA核安保系列丛书的主要组成文件。

表5 IAEA核安保系列丛书主要文件组成

序号	类别	文件名称	发布时间
1	基本法则	国家核安保制度的目标和基本要素	2014
2	实施建议	核材料和核设施实物保护的核安保建议（INFCIRC/225/Revision 5）	2012
3		关于放射性物质和其相关设施的核安保建议	2012
4		关于脱离监管控制的核材料和其他放射性物质的核安保建议	2012
5	实施导则	核设施生命周期内的安保	2019
6		超出管制范围的核材料和其他放射性物质的预防措施	2019
7		核电计划的核安保基础构建	2018
8		核安保文化	2017
9		重大公共活动的核保安系统和措施	2017
10		核信息安全	2016
11		放射性物质的运输安保	2013
12		内部威胁的预防和保护措施	2012
13		放射源的安保问题	2012
14		设计基准威胁的制定、利用和维护	2012
15	技术指南	规划和组织脱离管制范围的核保安和其他放射性物质的核保安系统和措施	2019
16		在设施建立用于核材料使用，储存和运输期间安保目的的核材料控制系统	2019
17		核设施重要区域的识别	2016
18		核设施的计算机安保	2013
19		打击核材料和其他放射性物质的非法贩卖	2012
20		对公共邮政运输的国际邮件进行放射性物质的监测	2012
21		核法证学支持	2012
22		放射源和放射性装置的识别	2011
23		防止核电厂遭受破坏的工程安全问题	2012
24		核安保教育规划	2012
25		周界监控设备的技术和功能规范	2006

2.2　美国核安保监管工作情况

美国核材料主要由美国能源部（DOE）和美国核管会（NRC）具体管理，其中 DOE 分管军用核材料，NRC 分管民用核材料。DOE 和 NRC 为满足核安保监管工作需要，开展核安保监管组织结构、标准体系、技术措施、监管视察等建设工作。

2.2.1　美国能源部（DOE）

（1）组织机构

美国军用核材料管制工作由成立于美国能源部（Department of Energy，DOE）的国家核安保局（National Nuclear Security Administration，NNSA）负责。

NNSA 成立于 2000 年，关注军用核材料、核设施的保护工作，任务是执行能源部的国家安保任务，确保美国核武器、核部件及核材料储存的安全可靠。“9·11”事件之后，DOE 和 NNSA 加强了核设施和武器库的安全可靠性和实物保护能力。通过升级现有的安保措施，防止核材料被偷窃或核设施被破坏。

（2）法规标准体系

美国军用核材料领域牵涉到保密等原因，相关法规标准内容调研受限，根据目前掌握的信息资料，其核材料管制相关的法规标准体系包括国家层面的法规与法令和 DOE 发布的命令、指导手册，其中命令和指导手册又分为政策、命令、通知、细则、导则和技术指南等六种形式，前四种是必须遵守的管理要求，后两种提供非强制性的技术指导。图 2 展示的是美国能源部（DOE）核安保法规标准体系组成。

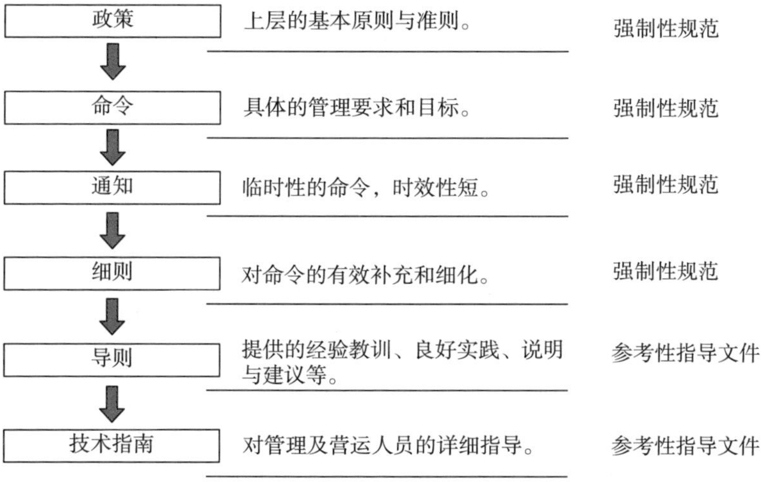

图 2　美国能源部（DOE）核安保法规标准体系组成

政策规定了基本原则与准则，为确立具体要求搭建框架；命令确立了具体的管理目标和要求，规定了相关人员的责任；通知是临时性的命令，有一定的有效期限；细则对命令进行补充，确定对联邦工作人员的程序性要求和对核设施营运单位的预期要求，并对如何实施命令中的要求做出更详细的规定；导则是实施相关要求的可接受的方法，提供补充资料，包括经验教训、良好实践、详细说明、实施措施建议等；技术指南为能源部工作人员及核设施营运单位就满足有关要求的可接受的方法提供详细的指导。表 6 列出的是美国军用核材料管制相关的主要法规标准。

表 6　美国军用核材料管制相关的主要法规标准

序号	编号	名称	类别	发布日期
1	P 4701 A	保障与安保大纲	政策	2010
2	O 470. 4 B	保障与安保大纲	命令	2011
3	O 471. 6	信息安全	命令	2012
4	O 473. 1	实物保护	命令	2012
5	O 474. 2	核材料控制与衡算	命令	2012
6	O 470. 3 B	分级安保保护政策	命令	2011
7	O 472. 2	人员安全	命令	2011
8	O 475. 2 A	信息安全	命令	2011
9	O 410. 2	核材料管理	命令	2009
10	O 470. 3B	分级安全保卫（GSP）政策	命令	2008
11	O 470. 4A	核保障和安保大纲	命令	2007
12	M 470. 4-4A	信息安全手册	导则	2010
13	M 470. 4-1	核保障和安保大纲计划和管理	导则	2010
14	M 470. 4-8	联邦保卫力量	导则	2009
15	M 470. 4-2A	实物保护	导则	2009
16	M 470. 4-3A	承包商保卫力量	导则	2008
17	M 473. 1-1	实物保护项目手册	导则	2002
18	M 460. 2-1A	放射性材料运输实践手册	导则	2002
19	M 470. 4-4	信息安保	导则	2007
20	DOE-STD-1194—2011	核材料控制与衡算	标准	2011
21	DOE-STD-1171—2009	保障和安保功能认证标准	标准	2009
22	DOE-STD-1171—2009	核保障和安保职责范围标准	标准	2009

（3）技术措施

美国在核材料管制技术方面工作开展较早，DOE 拥有 17 个国家实验室，其中与核安保相关的主要有桑迪亚国家实验室、橡树岭国家实验室、洛斯阿拉莫斯国家实验室等，承担核安保相关的技术研究、研发工作，通过多年的技术研发工作，建立了完善的核安保标准体系、技术体系，同时具备科研、验证、培训、评估等一体化的技术支持保障能力。

早期美国主要在实物保护、核材料衡算与控制等基础技术方面投入较多，突破解决了实物保护分级分区、设计基准威胁、保护目标分析、实物保护有效性评价、非破坏性分析技术（NDA）、安全保密等基础技术，近年来结合技术和威胁形势发展，逐步在智能监视与探测、三维智能评价、三维模拟作战分析、计算机安保及信息安全分析、核材料储存监视等新技术方面开展相关工作；美国目前已开发出多款实物保护三维仿真软件，其中美国 ARES 公司与美国能源部合作，开发有 AVERT C2 平台，可以应用于实物保护效能评估、突发事件模拟演练等。三维智能化、仿真分析、数值计算等数字化技术在实物保护工程设计、系统运行维护、培训演示、演习演练等方面具备较好的应用前景。另外推出了人员可靠性分析与评测项目，开发专用评估工具，进行人员履职评审及测评工作；针对核材料运输建立了专门的安保运输公司，负责核武器、核部件及核材料的国内运输工作，同时每年都进行事故、自然现象、恐怖袭击等事件的紧急反应能力演练与评估。开发以物联网技术为基础的核材料及放射性物质的智能化储存技术可以实现核材料及放射性物质状态的实时监视以及运输过程中实时跟踪及监视技术，同时基于数据分析技术可实现运行数据实时分析功能。

同时，为了加强核材料管制相关的技术研发，建立了研发与验证设施，依托桑迪亚实验室建立了实物保护研发和测试中心，拥有大型的室内外测试试验场和设施，涉及探测设备、视频复核监视、出入控制、违禁品监测、内部人员防范、障碍物和主动延迟装置、机器人技术、建模与仿真技术、射击场、保卫人员培训与演练等，测试场地约 1 平方公里；依托洛斯阿拉莫斯实验室成立了核材料衡算方面的研发和培训中心，其 NDA 技术引领国际先进水平，IAEA 的大部分 NDA 技术解决方案由该实验室提供。

（4）管制视察

美国能源部设置了独立监管办公室（HS-60）负责视察工作的实施，该办公室下设安保评估办公室、计算机网络安保评估办公室、应急管理监管办公室以及环境、安全与健康评估办公室共四个部门，分别负责不同的监管领域。

军用核材料管制视察工作主要由安保评估办公室负责，视察监管内容包括组织管理、实物保护系统、核材料衡算与控制系统、涉密文件保护与控制、保卫力量、人员安全等。为了更好地开展管制视察工作，美国制定了严格的视察管理要求，包括不同的视察类型与频度要求、视察的范围与方法要求、视察的实施、视察员的培训、视察结果评级等，同时为了规范核材料管制视察工作，安保评估办公室发布了一系列的“视察员导则”，用于指导视察员正确、合理的开展视察工作。

美国能源部根据工作情况、工作阶段等不同，将视察分为初试视察、定期视察、专门视察、终止视察、定期审核、自评估、延长视察周期等类型。

美国能源部规定的视察范围主要包括：

符合性视察：对设施关于核材料管制的计划、管理政策、措施等国家相关法规标准的符合性进行检查。

性能检查：对设施实物保护、核材料衡算与控制等核材料管制相关的关键系统部件的性能进行检查。

综合检查：核材料管制系统协调性检查，即实物保护、核材料衡算与控制等各系统间存在重叠部分的功能及协调性检查。

为开展视察工作，成立专门的视察工作小组，视察小组的负责人与成员均为具有一定资质、经验，受过专业训练的人员。视察小组的负责人只能由联邦部门人员担任，小组成员可以由联邦部门人员、承包商人员组成；此外设施自评估小组中必须包含相关专题的安保人员。

视察工作小组开展核设施现场检查，对文件进行审核、系统设备性能测试、工作人员访问及观察等。根据视察情况对各设施情况进行评级，并在检查结束召开通风会、编制视察总结报告等。美国能源部将视察评级结果分为三类：满意（S，Satisfactory）、及格（M，Marginal）、不满意（U，Unsatisfactory），各个等级之间都有明确的边界界限。同时，评级时充分考虑以往视察中相关问题的整改和落实情况，如果设施第一年针对某项内容的结果为及格（M），第二视察的结果仍为及格（M）时，那么其当年的评级应降为不满意（U）。

美国能源部下设美国国家训练中心（NTC），对视察员进行培训，但 NTC 主要起管理和协调作用，具体的教学任务由美国能源部下属的国家实验室（如桑迪亚、洛斯阿拉莫斯等）承担。

美国能源部为了规范其视察工作，发布了一系列视察员导则，用于指导视察员正确、合理的开展视察工作。表 7 列出了美国能源部发布的主要导则。

表 7　美国能源部（DOE）发布的主要导则清单

序号	导则名称	发布时间
1	《核材料控制和衡算视察员导则》	2009. 10
2	《实物保护系统视察员导则》	2009. 10
3	《保护大纲管理视察员导则》	2009. 10
4	《保密材料保护与控制视察员导则》	2009. 10
5	《保密与信息控制视察员导则》	2009. 10
6	《工作人员安全视察员导则》	2009. 10
7	《保卫力量视察员导则》	2009. 10
8	《应急管理大纲评价视察员导则》	2009. 10
9	《应急管理有限范围性能测试视察员导则》	2009. 10

2.2.2　美国核管会（NRC）

由 NRC 正式发布的文件可分为管理导则（R. G. ）和 NUREG 系列出版物两种，具体文件构成如图 3 所示。

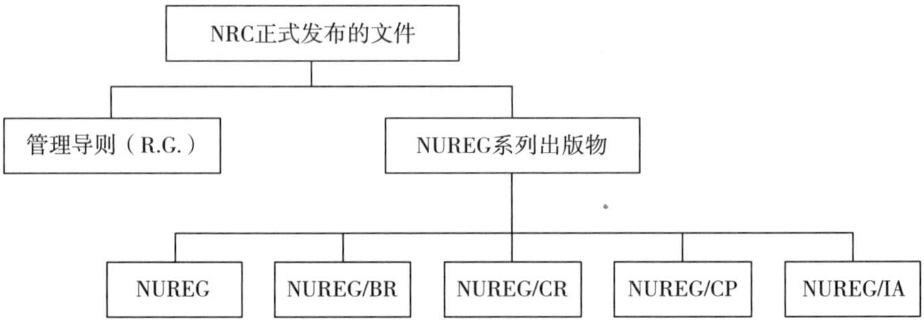

图 3　美国核管会（NRC）的文件结构图

（1）管理导则（R. G. ）

管理导则为 NRC 实施 NRC 规章具体内容过的方法，规定工作人员在评估具体问题中使用的技术，并未申请方、许可证持有者提供指南。其中与实物保护相关的文件共计 24 项。

（2）NUREG 系列出版物

NUREG 系列出版物共包括 5 类。其中 NUREG 为 NRC 编制的报告，NUREG/BR 为 NRC 编制的手册，NUREG/CR 为承包商为 NRC 编制的报告，NUREG/CP 为会议资料汇编，NUREG/IA 为与国际协议有关的出版物，经统计，其中与实物保护相关的文件，NUREG 文件 42 项，NUREG/CR 文件 58 项，NUREG/CP 文件 1 项。

另外，NRC 为确保分管的核设施实物保护系统的有效性，编制有完整的实物保护视察手册，为 NRC2011 年 3 月发布的 11-002 号通知“视察手册目录”的第 8100 部分，按照视察内容和要点分为 71 种视察要求。

2.3　俄罗斯核安保监管工作情况

俄罗斯通过继承苏联核安保监管体系，实施国家核材料管制及实物保护工作。俄联邦原子能机构（FAEA）继承苏联原子能部，负责核电厂以及核燃料循环设施的运营管理。苏联核安全委员会改为核与辐射安全国家委员会（GAN），并于 2004 年更名为联邦技术与原子能监管部，执行核材料核设施安全管制，负责所有核设施的许可证、法规及运行安全，负责核材料安全、衡算等。

俄罗斯通过联邦、行业和设施三个层面规范实物保护工作。在联邦层面主要通过颁布法律、标准化法、决议、总统令和政府令实施；在行业层面主要通过核工业实体的主管机构、联邦执行机构的文件，包括标准、规范、准则实施；在设施层面主要通过管理、运行程序文件实施。

俄罗斯国家杜马于 1995 年 10 月 20 日通过的《原子能使用法》是第一个与实物保护相关的国家顶层法律，此后于 1997 年颁布第 26 号总统令规定负责核能管理的联邦机构，第 264 号总统令规定了核材料核设施实物保护及核材料贮存的相关内容。

俄罗斯原子能部为配合《原子能使用法》的实施，编制并发布了多份实物保护相关的部门文件用于规范和指导俄罗斯核材料实物保护工作，具体如表 8 所示。

表 8　俄罗斯原子能部发布的与实物保护相关的部门文件

序号	文件名称	批准时间
1	《核电站实物保护系统设计暂行准则》	1995 年
2	《关于核武器场址安保服务的命令》	1996 年
3	《核电站实物保护系统的概念》	1997 年
4	《关于核电站安保服务的命令》	1998 年
5	《核材料的实物保护、控制和衡算术语汇编》	1999 年
6	《实物保护系统信息安全的概念》	1999 年
7	《实物保护系统中信息保护的一般要求》	1999 年
8	《关于无线电通信系统设计和运行程序的命令》	1999 年
9	《货车无线电通信系统的分级》	1999 年
10	《需要接受强制认证的用于核材料控制及衡算、实物保护系统的设备和物项范围》	2000 年
11	《有关实物保护系统中相互联系的命令》	2000 年
12	《实物保护系统的管理组织》	2000 年
13	《薄弱环节分析的建议方法》	2000 年

续表

序号	文件名称	批准时间
14	《关于原子能部门警卫的命令》	2001 年
15	《部门警卫工作人员专业训练大纲》	2001 年
16	《部门警卫工作人员数量标准的确定导则》	2001 年
17	《部门警卫部队武器及特种装置的清点、分发、使用和运输程序指南》	2001 年
18	《关于实物保护系统一般要求的命令》	2001 年

2.4 法国核安保监管工作情况

目前法国的核安全主管机关由核设施安全及辐射防护局（DGSNR）以及 8 个地区分站组成，另外还包括地方管制单位 DRIRE。法国在核材料核设施实物保护发布了一系列法规文件，目前可调研到的内容显示分为两个层次，包括国家法律和部门指令/命令，其中国家法律中与实物保护直接相关的法律为 1980 年 7 月 25 日第 80-572 号法令和 1981 年 5 月 12 日第 512 法令。

（1）1980 年 7 月 25 日第 80-572 号法令

该法令规定了阻止和及时探知核材料丢失、盗窃和转移所必须实施的原则和通用准则，明确建立法国国家核材料保护和控制系统，实施核设施和核材料的视察制度，该法令确定了在法国开展核材料和核设施实物保护法律依据。

（2）1981 年 5 月 12 日第 512 法令

该法令规定了受管制核材料的种类，包括钚、铀、钍、氘、氚以及锂-6，同时也按照《核材料实物保护公约》（IAEA/INFCIRC/274）将核材料分为Ⅰ类、Ⅱ类和Ⅲ类，以及对应的实物保护等级。另外，该法令也规定了核材料的运输、许可证的申请以及每年申报及豁免核材料的数量。

3 我国核安保面临的威胁形势发展变化

3.1 传统威胁形势变化

恐怖组织活动在全球持续猖獗，中东及北非、南亚地区仍然是世界上遭受恐怖主义影响最严重的地区，发生该地区的恐怖袭击超过全球总数量的 70%。宗教极端主义仍是该地区恐怖主义的主要因素，塔利班、伊斯兰国是其典型代表。恐怖份子发动袭击的主要目标仍然是平民，主要方式仍包括武装袭击、自杀式袭击、爆炸、暗杀、劫持、绑架等。

近年来恐怖主义在欧美地区国家呈现出明显的变化，恐怖主义从外部注入向内部生成转变，恐怖事件的实施者从国际恐怖组织团伙转向自我激进化的本土独狼，国际恐怖组织通过互联网灌输极端思想并煽动其追随者，特别是年轻的第二代穆斯林移民在本土实施独狼袭击。

受国际恐怖主义新势态的影响，东南亚地区的恐怖主义形势发生急剧变化，东南亚地区恐怖组织出现与域外恐怖势力勾结的迹象，例如泰国南部分离势力、菲律宾境内阿布沙耶夫组织和穆特组织等宣布效忠活跃在中东地区的国际恐怖组织。

随着网络技术的快速发展及网络的全球性覆盖，网络恐怖主义逐渐兴起。恐怖份子利用网络技术自身的隐蔽性和便捷性，进行恐怖活动的策划、指挥、实施，宣传恐怖主义思想，进行恐怖活动培训，完成人员招募，并利用网络通过开设赌场、非法渠道筹集资金，收集和获取包括基础设施等相关的重要信息资源，为恐怖袭击策划提供帮助。

以恐怖主义、分裂主义、极端主义为代表的三股势力仍然是影响我国社会安全的最主要威胁来源，并呈现新的特点。以东突恐怖势力为代表的的分裂势力与境外恐怖组织勾结，采用向中东恐怖组织派遣人员接受武装训练，利用境外社交软件传播恐怖主义、极端宗教主义思想等新型手段开展恐怖活动。近年来，我国采取多种政策手段去除宗教极端主义和极端民族主义，极大地打压了疆独势力、藏独组织、邪教组织的嚣张气焰，取得了自 2017 年新疆地区没有发生一起恐怖袭击活动的成就，但是恐怖主义在偏远地区死灰复燃的可能性仍然值得高度警惕。另一方面，以港独组织为代表的分裂势力在外国势力、台独、藏独等分裂势力的人员、资金、物资及舆论支持下，在香港的活动由政治对抗向街头暴力转变，实施包括暴力袭击警察、无辜民众，破坏政府机构、交通基础设施等暴力活动，呈现明显的颜色革命特征，需要警惕此类暴力行动向内地扩散的可能性。

3.2　新型威胁形势变化

随着威胁形势的发展变化，国内外出现多种多样的低空、水域、网络等新型威胁事件，此类新型威胁从攻击目标、攻击手段、攻击方式等方面表现出与传统威胁的巨大差异，新型威胁已经日益引起核安保从业人员的重视。

近年来，以无人机为代表的低空飞行物引起的各类公共安全事件层出不穷，诸如使用无人机袭击政府机关、扰乱航空秩序、跨境走私、运输毒品、失控坠落等报道频现，另外，在中东地区恐怖份子也积极探索使用无人机实施爆炸等恐袭活动。种种迹象表明，以无人机为代表的低空威胁形式将对核设施安保提出越来越严峻的挑战。

当前，我国商用核电厂建设在海岸附近，正在开展海上移动式核电厂项目研究，水域威胁是此类核设施不可忽视的威胁来源。水下环境非常复杂，各种噪声、混响、海底地形、生物等，为水下探测带来了极大地困难，水下环境的复杂性决定了准确探测水域入侵者是一项高难度任务，同时也意味着水域是近岸核设施和水上核设施安保措施的相对薄弱环节。

在信息化时代，网络已经深刻地融入了经济社会生活的各个方面，网络安全威胁也随之向经济社会的各个层面渗透，网络安全的重要性随之不断提高。近年来发生的震网病毒、斯诺登事件、间谍泄密等事件表明网络攻击具有隐蔽性强，成本低，后果严重等特点。我国虽然是网络大国，但是网络安全自主可控环节相对薄弱，网络基础设备较为依靠国外产品，存在严重的信息网络安全隐患。

4 当前我国核安保监管体系存在的问题

我国在核安保方面已经开展了多年的工作，组织机构和管理模式已经比较成熟，也已建立起相应的技术和标准体系，为核材料、核安保监督管理工作的开展实施奠定了基础，但总体上说我国在核安保工作起步相对较晚，技术体系和标准体系的完善性与国际先进水平和实际需求尚有一定的差距，此外随着技术发展和威胁形势的发展变化，新型威胁防范、新技术研究与应用、智能化技术应用、关键系统设备自主可控要求等方面工作尚需进一步提升和完善。

4.1 组织管理机构方面

目前我国核安保相关的政府管理部门较多，包括国家核安全局、国防科技工业局等，各个部门根据其职能职责范围开展核安保管理工作，目的都是确保核设施安保体系的有效运转，但是不同部门的监督检查工作在工作形式及内容方面具有一定相似性，需要进一步梳理和明确核工业主管部门的主管责任以及监管部门的监督管理责任。

4.2 法规标准体系建设方面

我国核安保相关的法规标准目前尚不完善，且部分法规标准标龄较长，需要结合新的技术和形势要求进行修订。

从法规标准全面性来说，在国家法律层面，目前我国亟需推动原子能法颁布与实施。在标准层面，与实物保护及核材料衡算相关标准主要由国家军用标准、核工业标准以及能源行业标准组成，国家标准主要涉及安全防范系统相关技术要求，由国家核安全局制定或管理的核材料管制系列标准还是一片空白。在部门规章制度层面，国家核安全局以核安全导则为主，与实物保护及核材料衡算相关的规范性文件及内部管理制度文件目前较为欠缺。此外，已发布的法规标准没有完全覆盖实物保护及核材料衡算工作需求，如实物保护方面在技术导则层面仅涉及了出入控制、实体屏障、保卫控制中心等，而对于关键的入侵探测、摄像复核监视、集成技术、通信等尚未涉及。随着技术和威胁形势的发展，急需补充计算机信息安全、敏感信息保护、从业人员要求、文化建设等方面的技术导则文件。

从法规标准适用性方面来说，《核材料管制条例》发布于 20 世纪 80 年代。与核材料管制相关的核安全导则中除了在 2018 年对 HAD501/02《核设施实物保护》重新修订外，其他导则已经使用超过十年。国家标准中与实物保护及核材料衡算相关的大部分标准基本发布于 2006 年左右，目前也已经使用十余年。因此，当前我国核安保相关的大部分法规标准技术要求已经落后于当前技术与威胁形势的发展变化，需要进行适用性评估及修订工作。

4.3　技术体系建设方面

我国已经建立了由实物保护技术及核材料衡算技术组成的核材料管制技术体系，但是技术体系的完整性需要进一步完善、先进性需要进一步提高。

在技术体系完整性方面，“十三五”期间我国高温气冷堆燃料元件、MOX 燃料元件以及快堆燃料元件相关工程项目已经逐步启动建设，但是目前对应的核材料衡算技术研究较为滞后，国内缺少此类燃料元件的衡算方法，国际上可借鉴的经验也相对匮乏。在放射源管理方面，我国已经建立完整的技防措施可以实现对放射源库内 24 小时全天候监控，但是缺少运输途中的放射源实时监控技术措施，存在一定的安全隐患。

在技术先进性方面，随着美国“海莲花”、HIRSH 等事件的发生，我国核材料核设施实物保护等系统中采用国外设备逐步暴露出安全漏洞等问题，为核材料带来了很大的安全隐患，在这些事件发生后，随着自主可控等新要求的出现以及数字化、智能化新技术的发展，对核安保技术提出了更高的要求，而目前部分系统设备的自主可控水平不高，工程设计、评估与验证、运维、培训等全过程智能化、数字化应用水平较低，计算机安保、低空、水域威胁防范等技术措施开展工作较少。

4.4　实物保护系统建设及运维方面

虽然我国现役核设施都已建设有完整的实物保护系统，但是其整体运行情况不够理想。首先，实物保护系统通常依据设施建设情况分阶段进行建设，设施运行单位缺少实物保护系统的总体规划，部分阶段存在过度保护的现象，甚至在部分设施出现多个保卫控制中心的状况，导致设施保卫组织结构臃肿，人员数量庞大，大幅提高了实物保护运维成本，降低了设施企业的经济效益。其次，目前国家主管部门没有向设施运营单位批复实物保护系统运维专项资金，设施单位由于生产经济效益也缺少自筹资金进行维护的意愿，因此设施缺少必要的资金用于实物保护系统维护，在长时间不间断运行情况下系统的功能性能已经不能满足要求，极端情况下部分系统设备处于失效状态。最后，我国核设施保卫处工作人员业务水平普遍较低，不能熟练掌握实物保护系统工作程序及设备操作，导致实物保护系统在实际运行过程中没有达到预期的功能。

4.5　监督检查方面

主管部门目前多采用的依然是现场检查、对标等定性方式，缺少相应的评级制度和先进视察技术支撑，尚未进行全面的量化视察方式。现阶段我国核安保监督检查仍然以检查专家组的定性视察为主，通过现场查看、文件检查、询问等方式，依据相关标准要求，给出定性的视察结论，尚未建立相应的视察评级评分制度，同时在视察过程中对相关系统设备的性能验证、测试等工作开展不够全面，另外，实物保护系统有效性评价、可靠性评价等量化评估手段在常规检查工作中尚未得到全面推广。

4.6 从业人员方面

我国核设施安保工作人员业务水平普遍较低，核电厂安保人员业务能力水平相对优于核燃料循环设施安保人员。一方面，由于安保从业人员薪酬待遇较低，难以吸引具备高学历高专业技术水平的新鲜血液加入核设施安保团队。目前国内核设施安保工作人员多来源于设施内部岗位调动，此类人员存在平均年龄偏大，学历水平较低等问题；另一方面，安保工作人员普遍缺乏必要且系统的岗前及在岗技能培训提升业务能力，同时也缺少必要的岗前人员资格审核以及在岗定期的考核制度，工作能力是否能够满足岗位要求存在不确定性。

5 核安保监管“十四五”规划思路

5.1 指导思想

以马克思列宁主义、毛泽东思想、邓小平理论、“三个代表”重要思想、科学发展观、习近平新时代中国特色社会主义思想为指导，深入贯彻习近平总书记核安全峰会讲话精神，坚持理性、协调、并进的核安全观，遵循“安全第一、质量第一”的根本方针，坚持“独立、公开、法治、理性、有效”的监管理念，突出战略引领，坚持问题导向，加强顶层设计，完善法规标准体系，强化核材料及放射性材料管理，打击核材料非法贩运，提高核安保能力，培育核安保文化，有效确保国家安全和核工业健康可持续发展。

5.2 基本原则

安全第一、依法治核。牢固树立“安全大于天”的观念，确保核安保决策不受其他因素影响。不断健全核安保法律法规体系，确保依法依规进行核安保监督管理。

预防为主、纵深防御。重视通过核安保系统成熟的设计、高质量的建造和运行管理，消除隐患，预防核设施破坏、核材料盗窃事故发生。贯彻纵深防御理念，设置多道防御屏障和多重保护，强化防御措施的完整性、可靠性和有效性。

责任明确、独立监管。核设施营运单位对核安保负全面责任。国家监管部门独立实施监管，国家核工业主管部门、能源主管部门和其他有关部门按照职责分工负责有关的管理工作。

严格管理、全面保障。严格落实核安保法律法规和标准要求，通过行政许可、技术审评、监督执法等方式实施监管。建立核安保工作协调机制，完善核安保政策法规，制定实施核安保规划，培育核安保文化，加强资源配置和能力建设，全面保障核设施核材料的安全。

能力建设、安全可靠。积极开展核安保监管技术、核安保应用技术研究，进一步加强核安保能力建设。积极推动军民融合发展，充分调动企业的主动性和创造性，提高核安保主要系统设备自主可控比例，确保核安保关键系统设备安全可靠。

5.3 规划目标

运行和在建核设施以及生产、使用、运输的核材料与放射源的核安保能力明显提高，保持国际先进水平，不产生核材料丢失记录，不发生由恶意破坏核设施造成放射性污染的核安保事故，核安保应急能力得到进一步提升，核安保监管能力加强，核设施与核材料的安全得到有效保障。

在法规标准体系完善方面，加快推进我国现有的核材料管制法规修订工作，完善实物保护、核材料衡算与控制的底层标准体系文件。在核安保能力建设方面，提高实物保护关键系统设备自主可控水平，提升关键技术国内设计、生产、制造能力。开展高温气冷堆元件、MOX元件以及快堆元件等核燃料元件衡算方法研究，提升核材料衡算技术水平。开展运输途中放射源实时监控技术研究，确保放射源安全。在监督管理方面，推进监管体系和监管能力现代化，开展先进的监督检查技术研究，实物保护与核材料衡算监管技术达到世界先进水平，提升核安保监管人才队伍规模及专业水平，保持核安保监督管理相适应的技术能力。

5.4 重点任务

经过几十年的发展，我国核安保工作在组织机构建设、法规标准体系建设、技术能力建设、监督管理等方面已经形成了比较完整的体系，为多年来我国核材料核设施的安全运行，切实做到“一克不丢、一件不少”。随着目前威胁形势以及技术的快速发展，为了更好地适应威胁形式的发展变化，提升核安保技术水平，我国核安保监管工作在“十四五”期间的重点任务建议如下。

5.4.1 优化管理机制，提升核安保监督管理水平

建立独立、公开、法治、理性、有效的监管机制，加强技术保障和人才队伍建设，推进核安保监管体系和监管能力现代化，保障核安保监管的独立性、权威性和有效性。全面落实《核安全法》，梳理国务院核安全监督管理部门、核工业主管部门和能源主管部门的核安保监督、管理责任，明确核设施及放射性物质相关营运单位的核安保主体责任。对核安保系统的运行开展常态化监督检查。

5.4.2 完善法规标准体系建设，促进核安保监管标准化水平提升

认真开展《核安全公约》《核材料实物保护公约》《反核恐怖公约》等我国签订的与核安保有关的国际条约和核公约的履约活动。开展包括《核设施周界入侵报警系统》（HAD501/03）、《核设施出入口控制》（HAD501/04）等的修订工作。

借鉴IAEA、美国等核安保相关法规标准体系建设先进经验，吸收其先进理念，结合我国具体情况，制定符合我国核安保监管工作需求的标准及技术导则。进一步推动包括出入控制、入侵探测、摄像复核监视、集成管理、安保通信等实物保护系统相关标准及技术导则的编制及发布工作。开展核材料、放射性物质相关核设施核安保监督管理办法制定工作，提升我国核安保监管标准化水平，建立健全接轨国际、符合国情、系统完备、全面覆盖的核安保

监管法规标准体系。

5.4.3 更新设计基准威胁，提升新时期核安保系统防范威胁的能力

调查、研究、分析新时期我国威胁形势的发展变化，修订固定核设施和放射性物质相关设施的实物保护系统以及核材料和放射性物质运输安保所依据的设计基准威胁。确保设计基准威胁要素适应新时期下我国威胁形势的发展变化，满足依此设计建设的实物保护系统能够切实起到保障核材料及相关设施单位、放射性物质及相关设施单位安全的作用。开展内部人员可靠性研究与分析工作，深化界定与评估内部威胁，为防范内部威胁提供依据。推动网络、低空、水域等新型威胁研究与分析工作，确定威胁来源、威胁目标、威胁手段等威胁要素，研究新型威胁对核设施及核材料安全的威胁程度，综合考虑相关防范措施的投入与效能比例，分析新型威胁防范措施建设的必要性。

5.4.4 科技创新驱动，实现我国核安保关键技术的自主可控

开展包括实物保护技术、核材料衡算与控制技术在内的核安保相关技术研究，实现关键技术的自主可控。

（1）实物保护技术

开展实物保护工程设计、效能评估、系统运行维护、培训演示、演习演练等全方位的三维智能化技术应用研究。研究包括实物保护三维有效性评价技术、突发事件处置与演练三维仿真技术、三维智能化综合评价技术、实物保护三维设计与验证技术等，逐步将智能化、仿真分析、数值计算等三维数字化技术应用到核安保相关工作中，提升包括方案论证、多领域仿真与验证、全方位验证及展示等综合能力。

开展实物保护关键系统设备的自主可控研究。研究自主可控的包括实物保护集成管理技术、实物保护门禁控制技术、实物保护报警控制技术等。推动核安保关键系统设备自主可控水平，在政府层面加大政策引导，制定相关优惠政策。发挥市场作用，加强军民融合，充分调动企业的主动性和创造性，实现出入控制、报警控制、集成管理等关键系统设备的软硬件产品的国内设计、生产制造能力，确保核安保关键系统设备安全可靠。

开展内部人员可靠性量化分析技术、内部威胁预防与防范技术研究。研究人员入职前与入职后的审查与分析方法等预防措施，实现对内部威胁的识别与分析。研究包括权限划分、信息控制等管理措施以及包括实物保护、核材料衡算与控制等保护措施，避免内部威胁造成不可接受的事故后果，实现对内部威胁的防范功能。

开展包括运输工具安全防护技术、核材料运输监视与控制技术等运输安保技术研究。研制高安全性运输工具以及运输容器，改进运输工具及运输容器的物理结构的稳定性、防爆性，集成入侵探测、视频监控等技术措施。基于物联网技术，在容器内集成包括压力、温度等多类型传感器，实时监控运输容器内核材料或放射性物质状态，实现运输途中的核材料与放射性物质控制。

（2）核材料衡算与控制技术

基于物联网技术，开展包括核材料智能化储存技术、核材料储存监视与控制技术、核材料运输实时跟踪及监视技术、核材料控制运行数据实时监测与分析技术研究，核材料衡算与控制智能化综合管控平台开发等研究，结合传感器、视频监控等技术措施，集前端材料状态

信息采集与后端智能化数据分析与处理于一体，实现对核材料衡算与控制信息的数字化、智能化、集成化管理，提高管理效率与技术水平。开展包括高温气冷堆元件、MOX 元件以及快堆元件等核燃料元件衡算方法研究，弥补技术空白，为示范堆工程燃料元件的衡算管理提供技术支持。

5.4.5　加强涉核网络安全，提升核安保系统应对网络攻击的能力

加强核安保信息安全和网络安全管理，坚持实物保护系统网络与工业控制网络的物理隔离，提高信息安全和网络安全保障能力，明确网络安全管理要求，探索安全风险发布机制，加强核材料、放射性物质相关设施单位的网络基础设施和业务系统安全防护，定期开展风险评估；提升网络安全事件应急响应能力，组织开展网络安全应急演练；提高核安保网络的攻击防范能力，强化实物保护系统、核材料衡算与控制系统关键数据的保护。

5.4.6　建立专项资金，提升实物保护系统运行维护水平

建立国家实物保护系统运维专项资金，鼓励设施运营单位加大实物保护系统运维自筹资金投入，确保实物保护系统备品备件采购的资金保障，实施系统设备及元件定期检测与更换，确保实物保护系统最优运行状态。

全面评估现役核设施实物保护系统运行情况，分析与评估现役核设施实物保护系统的薄弱环节以及过度保护环节，薄弱环节增加技防措施，过度保护环节减少技防措施，在满足安保需求下进一步降低实物保护系统运行成本，确保实物保护系统能够通过最小的投入获得最大的防护效果。

5.4.7　强化监管，提升核安保综合检查能力

强化对核材料、放射性物质的持有、使用、运输相关设施及单位核安保能力监管。制定监管视察计划，对相关设施及单位开展包括例行检查、专项检查等各类现场检查，以及针对重大核安保隐患的突发监督检查。

开展实物保护量化评价技术研究，包括实物保护系统有效性、可靠性效能量化评估方法以及三维仿真技术在实物保护系统有效性、可靠性的验证与评价的应用等，为核安保监督管理由定性评价向量化评价转变提供支持。

提升现场检查能力，制定核安保系统设备测试与验证方法，配置用于测试核安保系统设备性能的专用检测工具，为现场评估提供真实可靠的信息数据，避免弄虚作假行为。

制定核安保监管现场检查评分细则，建立核安保监督量化定级评估制度。依据检查内容的重要性设置分值权重比例，详细制定各项检查内容的评分标准，提高评价过程的可操作性以及评价结果的可靠性。

5.4.8　强化放射源管理，提升运输过程中放射源安保能力建设

开展包括高风险移动放射源跟踪系统等运输途中的放射源安保技防措施研究，提高在跨省运输过程以及放射源库至使用单位运输过程中放射源的实时监控技术水平，确保运输途中的放射源安全。持续开展放射源利用单位的安保检查，加强放射源安保能力建设，积极开展相关工作人员培训和安保实战演练。

5.4.9 强化处置能力，提升核安保事件应急能力

构建由武警部队、设施运营单位组成的核安保事件应急组织管理体系，组织协调固定设施以及运输过程中核安保事件应急处置。协调相关设施驻防的武警部队，建立核安保突发事件响应分队，结合核设施入侵破坏事件的特点，开展有针对性的战术训练，熟练掌握突发事件处置预案流程，确保能够快速响应、妥善处置各类核安保突发事件。

建立多手段的突发事件处置预案培训与演练体系。结合三维仿真技术建立核安保突发事件三维演练系统，突破实战演习的时间及空间限制，提高武警、公安、保安的响应速度与处置能力。定期在重要设施单位组织核安保突发事件联合实战演习，考查与评估武警、设施安保人员的突发事件准备与响应能力。

5.4.10 培养人才，夯实核安保人才储备基础

扩大核安保从业人员队伍。制定“十四五”期间核安保人力资源保障规划，吸引高学历应届毕业生加入或核领域其他人员以转岗方式进入核安保领域工作，确保十四五期间核安保人才队伍规模较目前增加50%。

完善从业人员的岗前、在岗培训体系，发展多元化的培养、培训模式，建立以政府、高校、科研院所、社会组织、设施单位共同参与的人才联合培养机制和体系。

完善从业人员激励和考核评价体系。提高从业人员的薪酬待遇，吸引人才进入核安保领域，制定核安保从业人员职业发展规划，打通核安保从业人员职业晋升通道，体现核安保从业人员的个人价值。

5.4.11 推进核安保监督管理机构能力建设，提升核安保监督管理水平

构建系统完备、行之有效的监管制度，成立部门协作、运转高效的核安保工作协调机制，完善实物保护、核材料衡算与控制相关的监督管理技术导则，培养安全素养高、技术能力强的专业审评监督队伍，提升核安保监管水平。

加快推进核安全监管技术支持单位能力建设，配备核安保技术研发、测试、验证、培训等基础设施条件，扩充研究及培训人员队伍，构建包括人员培训、技术研发、测试与认证等综合能力，为提升核安保监管能力提供保障。

5.5 重点工程

5.5.1 实物保护系统升级与改造

依据2018年修订的《核设施实物保护》（HAD 501/02—2018），推进包括核电厂、研究堆、核燃料循环设施、高浓铀研究堆的实物保护系统整体升级改造，升级周界实体屏障等物防措施以及探测报警、视频监控、生物识别等技防措施，整体提升实物保护水平。

依据《城市放射性废物库安全防范系统要求》，开展新建放射性废物处理设施的实物保护系统建设，升级改造现役国家放射源集中贮存库和省级城市放射性废物库安保系统。

5.5.2　核材料衡算与控制系统建设

在部分核电厂、研究堆、高浓铀研究堆等开展基于物联网技术、视频监控技术的核材料智能化衡算与控制系统试点建设工程，升级国家级、设施级核材料衡算与控制管控平台，实现对核材料衡算与控制的集成化、实时化、智能化综合管控。

5.5.3　网络安全能力建设

继续推进网络计算机关键系统技术控制措施研究及相关基础设施建设，对现役核设施开展等级保护评估，依据等级保护法律法规，对核电厂、研究堆、核燃料循环设施、高浓铀研究堆的包括工业控制系统、实物保护系统在内的关键网络系统，升级改造机房的包括防雷、防水、防火、防静电、温湿度控制等物理环境以及物理访问控制、防盗窃破坏等技防措施，采用安全分区、逻辑隔离等防护手段，升级网络防火墙、网络安全监控工具、安全审计系统等技术措施。

5.5.4　核材料及放射性物质运输安保升级

升级核材料及放射性物质运输装置，采用高安全性运输容器和工具，升级封记、卫星定位、入侵探测等技防措施，提升运输途中以及停留过程的防护与防卫水平。开展运输过程中的核材料与放射性物质实时监视与控制系统试点建设，推广运输途中的核材料控制技术。

5.5.5　核安保技术支持单位建设

开展核安保技术支持单位能力建设，建立包括实物保护、核材料衡算与控制、运输安保、内部威胁、网络安全等相关技术实验室，具备虚拟仿真、半实物仿真、实物实验等技术手段，构建集合研发与应用、测试与评估、培训与教育等功能的综合性技术支持中心。

5.6　保障措施

5.6.1　完善法规标准，夯实监管基础

加快推进原子能法的制定工作，完善我国核安保领域顶层法律法规。继续推进核安保监管部门的规章和技术导则的制修订工作，完善核安保监管法规标准体系，修订《核设施周界入侵报警系统》等导则，制定核安保监督检查办法等部门规章。

5.6.2　优化管理机制，提升监管效率

优化核安保监督管理制度，明确核行业主管部门、国务院公安部门、放射性物质及相关设施持有或营运许可的批准部门的管理责任及职能，建立监管独立、部门协作、权责分明、运转高效、分工负责的核安保管理体系，建立专业化现代化的监督管理模式。

5.6.3　加大经费投入，落实资金保障

建立多元化的投入机制，积极扩展资金渠道，采用国家专项资金和企业自筹资金结合方

式，确保持续稳定的资金投入。加大对核安保工作的资金投入，尤其是建立国家专项资金用于实物保护系统运行维护，鼓励设施运营单位提高实物保护系统运维资金投入，确保实物保护系统稳定可靠地运行。明确规定资金来源，出资方式、审批流程、资金用途，严格审查资金流向，确保资金筹集和使用到位。

5.6.4 完善培养机制，提高薪酬待遇

完善核安保监管人才培训体系。制定核安保人才发展规划，建立健全以政府、高校、科研院所、设施单位共同参与的人才联合培养机制和体系。加强核安保关键岗位人员的继续教育与培训工作，积极拓宽培训渠道，实施包括人员交流、非全日制在职教育、国际培训、导师计划等，建立多类型多方位的培训机制。完善人才激励和考核评级体系，提高核安保从业人员的薪酬待遇，吸引优秀人才进入核安保监管部门和核安保关键岗位，解决核安保人才稀释及紧缺问题。

5.6.5 培育安保文化，提高威胁意识

开展核安保文化宣传，提升核安保工作地位。推动各个单位将核安保文化的理念和要求纳入规章制度，制定核安保文化建设实施方案和年度工作计划，定期开展核安保文化教育及学习，大力培育核安保文化，提高全员威胁意识。

建立核安保文化评价体系，开展核安保文化评价活动。建立核安保文化检查机制，明确核材料、核设施、其他放射性物质及相关设施持有或运营单位主管领导的主体责任。制定核安保文化评估标准和程序，将核安保文化建设纳入日常监督检查内容，推进核安保文化评估工作。

5.6.6 加强国际合作，借鉴先进经验

密切跟踪国际核安保技术发展趋势，汲取国外先进的核安保管理和监督经验，促进我国核安保管理水平不断提高。加强与包括国际原子能机构、美国、俄罗斯等国际组织与国家核安保监管机构的合作研究、经验反馈、培训交流、同行评估等领域的国际合作，学习国外先进管理理念，加强核安保监管技术引进与合作开发，促进我国核安保能力提升。表 9~表 10 列出了我国现阶段核安保监管领域的重点任务清单和重点工程清单。

表 9 重点任务清单

序号	任务类别	任务内容	完成时间
1	管理机制优化	推进核安保监管体系和监管能力现代化，保障核安保监管的独立性、权威性和有效性	2025 年
2	管理机制优化	建立科学可靠的评审方法体系，对相关设施单位新建或改造的核安保系统的立项、设计、施工、验收实施严格的技术审批	2025 年
3	法规标准体系建设	《核设施周界入侵报警系统》等核安保相关导则的修订工作	2025 年
4	法规标准体系建设	实物保护系统相关标准及技术导则的编制及发布	2035 年
5	法规标准体系建设	核设施核安保监督检查管理办法	2025 年

续表

序号	任务类别	任务内容	完成时间
6	设计基准威胁更新	修订目前以防范地面入侵为主的实物保护系统以及运输安保的设计基准威胁	2025 年
7		内部威胁的界定与评估	2025 年
8		完成网络、低空、水域等新型威胁的评估与界定	2025 年
9	核安保技术研究	实物保护三维有效性评价技术研究	2025 年
10		突发事件处置与演练三维仿真技术研究	2025 年
11		三维智能化综合评价技术研究	2025 年
12		实物保护三维设计与验证技术研究	2025 年
13		实物保护自主可控集成管理技术	2025 年
14		实物保护自主可控门禁控制技术	2025 年
15		实物保护自主可控报警控制技术	2025 年
16		内部人员可靠性量化分析技术研究	2025 年
17		内部威胁预防与防范技术研究	2025 年
18		运输工具安全防护技术研究	2025 年
19		核材料运输监视与控制技术研究	2025 年
20		核材料智能化储存技术研究	2025 年
21		核材料储存监视与控制技术研究	2025 年
22		核材料运输实时跟踪及监视技术研究	2025 年
23		核材料控制运行数据实时监测与分析技术研究	2025 年
24		核材料衡算与控制智能化综合管控平台研究	2035 年
25		高温气冷堆元件、MOX 元件以及快堆元件等燃料元件衡算方法研究	2025 年
26	涉核网络安全	涉核网络安全管理要求制定	2025 年
27		涉核网络风险评估	2025 年
28		网络安全事件应急响应处置预案制定	2025 年
29	实物保护系统运行维护	建立国家实物保护系统运维专项资金，鼓励设施运营单位加大实物保护系统运维自筹资金投入，确保实物保护系统维护资金保障	2025 年
30		全面评估现役核设施实物保护系统运行情况，确保实物保护系统能够通过最小的投入获得最大的防护效果	2025 年

续表

序号	任务类别	任务内容	完成时间
31	监督检查能力建设	定期对核材料、放射性物质的持有、使用、运输相关设施及单位开展核安保监督检查	2025 年
32		核安保量化评价技术研究	2025 年
33		提升现场检查能力，制定核安保系统设备测试与验证方法	2025 年
34		制定核安保监管现场视察评分细则，建立核安保监督检查量化定级评估制度	2025 年
35		建立核安保监管视察员认证与考核制度	2035 年
36	放射源安保管理	现役放射性废物库安全防范系统改造	2035 年
37		开展包括人员培训和安保实战演练等放射源安保能力建设	2025 年
38		推进包括高风险移动放射源跟踪系统等移动放射源安保技术研发	2025 年
39	突发事件处置	构建由武警部队以及设施运营单位组成的核安保事件应急组织管理体系	2025 年
40		建立包括三维模拟演习、实战演习在内的多手段突发事件处置预案培训与演练体系	2025 年
41	人才培养	增加核安保从业人员队伍规模	2025 年
42		推广多元化的培养、培训模式	2025 年
43		建立从业人员认证与考核制度	2035 年
44		完善从业人员激励和考核评价体系	2035 年
45	核安保监督管理机构能力建设	完善实物保护、核材料衡算与控制相关的监督管理技术导则	2025 年
46		建立安全素养高、技术能力强的专业审评监督队伍	2025 年
47		提升核安保技术研发、测试、验证、培训等基础设施条件	2035 年

表 10　重点工程清单

序号	工程类别	具体内容	完成时间
1	实物保护系统升级与改造	依据《核设施实物保护》（HAD 501/02—2018）开展现役核设施的实物保护系统整体升级改造	2035 年
2		新建放射性废物处理设施安保系统建设	2025 年
3		现役国家放射源集中贮存库和省级城市放射性废物库安保系统升级改造	2035 年
4	核材料衡算与控制系统建设	现役核设施的核材料智能化衡算与控制系统试点建设工程	2025 年
5		国家级、设施级核材料衡算与控制智能化管控平台建设	2035 年

续表

序号	工程类别	具体内容	完成时间
6	网络安全能力建设	现役设施等级保护评估	2025 年
7		现役设施重要网络机房物理环境升级改造	2025 年
8		现役设施网络防火墙、网络安全监控工具、安全审计系统等技术措施升级	2025 年
9	运输安保	升级核材料及放射性物质运输装置，采用高安全性运输容器和工具	2025 年
10		升级封记、卫星定位、入侵探测等技防措施	2025 年
11		运输过程中的核材料与放射性物质实时监视与控制系统试点建设	2025 年
12	核安保技术支持单位建设	核安保监管技术支持单位的相关技术研究实验室建设	2035 年
13		构建集合研发与应用、测试与评估、培训与教育等功能的综合性技术支持中心	2035 年

二、核与辐射事故应急领域“十四五”规划思路研究

核与辐射安全是我国核能与核技术利用事业发展的生命线，是国家安全的重要组成部分，核与辐射事故应急工作是核与辐射安全的重要组成部分。我国历来重视核与辐射安全，持续加强和改进应急准备与响应工作，在核与辐射应急顶层设计、体制机制建设、基础能力培养、演习演练、公众沟通、国际合作与交流等方面取得了较大进步。“十三五”期间，核与辐射应急法规标准体系的建设逐步加强，积极推进配套法规程序修订，发布了涉核领域的首部白皮书《中国的核应急》，各级应急组织不断完善，演习、演练和培训不断提高实效，应急救援力量持续提升能力，应急基础建设实现新进展，应急科技创新取得突破，国际影响力不断提升，稳妥应对涉核突发事件，核与辐射应急管理工作的体系化、专业化、规范化、科学化水平全面提升。

我国发布的《核安全与放射性污染防治“十三五”规划及2025年远景目标》和《“十三五”国家核应急工作规划》对我国核与辐射应急工作提出了明确要求，指出应坚持以习近平总书记总体国家安全观、中国核安全观等重大战略思想为指导，常备不懈地加强核与辐射应急响应工作，完善应急预案和指挥体系，强化应急救援和技术支持体系。同时，随着我国核工业的稳步发展，核技术的不断创新，各种新型核设施的设计建设，涉核突发事件的考验，人民群众及国际社会对核能关注度的不断提高，“十四五”时期我国核与辐射应急工作也面临着新的形势和挑战。

本课题研究的目标是通过调研和分析我国核与辐射事故应急能力建设情况，结合国际上新的理念和经验，分析目前我国核与辐射事故应急管理工作中存在的问题，并提出“十四五”期间我国核与辐射事故应急的主要任务和工程，以期为我国核与辐射事故应急领域的“十四五”规划提供科学和系统的研究思路。

1 我国核与辐射应急能力建设现状

1.1 应急法规体系

“十三五”期间，我国核与辐射应急法规体系建设进一步完善，相关法律、行政法规、部门规章、地方性法规及规章、核应急相关标准、政策性文件、核安全导则等一系列文件予以发布和修订。2017年《中华人民共和国核安全法》（以下简称《核安全法》）正式发布，在第四章“核事故应急”中对我国核应急组织、应急预案管理、应急准备金制度、应急准备、应急响应以及核事故调查处理等内容进行了明确规定，为我国核应急工作有法可依的局

面夯实了良好的法制基础。目前我国核应急领域制定了专项行政法规 1 项，部门规章 2 项，地方性法规 2 项，地方性规章 1 项，核安全导则 7 项，国家标准 16 项，基本满足我国核应急工作相关需求。

《核安全法》发布后，国家核事故应急协调委员会对正在修订中的《核电厂核事故应急管理条例》开展了进一步的征求意见和修订工作。2016 年，国家核事故应急协调委员会陆续发布了《核应急报告管理办法》《核事故信息发布管理办法》《核应急预案管理办法》《核应急舆情引导管理办法》等一系列规范性文件。

生态环境部（国家核安全局）于 2017 年启动了《核动力厂营运单位的应急准备和应急响应》《研究堆营运单位的应急准备和应急响应》《核燃料循环设施营运单位的应急准备和应急响应》三份应急导则的修订工作，并于 2019 年 12 月正式发布了新版导则；在法规制修订“十三五”规划中组织开展了《压水堆核电厂应急行动水平的制定》《核动力厂营运单位核应急演习》等核安全导则的制定工作；制定并发布了《核动力厂场内应急计划标准审查大纲》《核动力厂场内应急设施设计准则》《核动力厂核应急演习及应急专项检查监督评估指导手册》，翻译了 INPO 14-003《Emergency Drill and Exercise Guideline》等一系列技术文件；同时制定并发布了核电厂、研究堆、核燃料循环设施应急相关参数三项行业标准，以及《应急监测中环境样品 γ 核素测量技术规范》等行业标准。

核应急预案方面，我国核应急预案体系包括国家核应急预案、国家核应急协调委成员单位应急预案、核电厂（或核设施）所在省核应急预案以及营运单位核应急预案。目前实施的《国家核应急预案》于 2013 年 6 月 30 日由国务院办公厅颁布，各涉核省份陆续发布和更新了省级的核应急预案，各核设施营运单位定期对其场内核应急预案进行修订。军委联合参谋部开展《军队处置核事故应急预案》《军队参加国家核事故应急救援预案》修订。

辐射应急预案方面，按照《放射性同位素与射线装置安全和防护条例》等相关要求，我国各级辐射监管部门预案体系已基本建立，并根据应急工作开展情况及演练演习的经验反馈，开展辐射事故应急预案的制修订工作。生态环境部制定了《生态环境部（国家核安全局）辐射事故应急预案及实施程序》，明确了生态环境部（国家核安全局）和各省（区、市）生态环境部门的职责，目前已完成新一轮的修订工作。

1.2　组织体系

1.2.1　核与辐射应急体系

在国家突发事件应急组织体系下，核与辐射应急分为核事故应急和辐射事故应急两类。

对于核事故应急，国家确立了以国务院设立的国家核事故应急协调委为协调机构，以省级人民政府和核设施运营单位为组织实施机构的三级管理体系；对于辐射事故应急，国家确立了国家和省级人民政府为组织实施机构的二级管理体系，此外，生态环境部牵头国家朝核协调机制以及涉核项目社会风险防范和化解协调机制工作。

目前，我国已建立了由中央、省、地市级机构组成的核与辐射应急响应队伍，是我国政府层面核与辐射环境应急的主导力量；企业方面，核设施营运单位组建了本单位的应急响应队伍，成为核设施事故状态下的主要应急力量，同时，核电集团成立应急支援队伍，确立了集团间的应急支援机制；军方、卫生、海洋等部门在职责范围内建设了相应的专项应急能力。

1.2.2 核应急组织

（1）国家核应急组织

我国由国务院核工业主管部门承担国家核事故应急协调委员会日常工作，牵头制定国家核事故应急预案。目前，国家核事故应急协调委员会由工业和信息化部、生态环境部、公安部、民政部和军队等26个部门（单位）组成。国家核事故应急协调委员会的日常工作由设在国防科工局的国家核事故应急办公室承担。

国家核事故应急协调委员会负责组织、协调全国的核事故应急管理工作。主要职责有：组织协调国务院有关部门、地方人民政府、核设施营运单位及军队参加地方核应急救援的工作；向国务院提出启动和终止Ⅰ级响应的建议；统一决策、组织、指挥应急支援响应行动，随时向国务院请示报告；及时向国务院提出需实施特殊紧急行动的建议；负责履行核应急相关国际公约、双边或多边合作协议，审查批准核事故公报、国际通报，提出请求国际援助的方案。

国家核事故应急协调委员会成立专家委员会，由核工程与核技术、核安全、辐射监测、辐射防护、环境保护、交通运输、医学、气象学、海洋学、应急管理、公共宣传等方面专家组成，为国家核应急工作重大决策和重要规划以及核事故应对工作提供咨询和建议。新一届专家委员会由46名专家组成，下设5个小组：综合与公共宣传、工程抢险与救援、辐射监测与防护、应急管理与医学救援及社会稳定。

国家核事故应急协调委员会下设联络员组，联络员组由成员单位司（师）、处（团）级和核设施营运单位所属集团公司（院）负责同志组成，承担国家核事故应急协调委员会交办的事项。

（2）省、自治区、直辖市核事故应急组织

《核安全法》规定，省、自治区、直辖市人民政府根据实际需要设立核事故应急协调委员会，并明确了核事故应急协调委员会的性质和职责，即核事故应急协调委员会作为组织、协调核事故应急管理工作的机构，由省、自治区、直辖市人民政府设立，负责本行政区域内的核事故应急管理工作。

省核事故应急协调委员会由省人民政府有关职能部门、相关市县、核设施营运单位及军队有关部门（单位）负责同志组成，统一指挥本行政区域核事故场外应急响应行动。目前，我国已有19个省（区、市）设立了省级核应急组织。

（3）营运单位的核应急组织

营运单位的核应急组织包括应急指挥部及各应急专业组。营运单位应急指挥部由总指挥、副总指挥和若干名其他成员组成。应急总指挥由营运单位法定代表人或法定代表人指定的代理人担任。应急指挥部作为场内应急响应行动的指挥机构，对各应急行动组的行动进行统一协调和指挥。我国核设施营运单位配备的应急行动组一般包括运行控制组、技术支持组、辐射防护组、运行支持组、公众信息组、行政后勤组等。

1.2.3　辐射应急组织

根据我国放射性污染防治法的规定，我国环境管理部门、公安部门和卫生部门根据职责负责辐射事故下的应急响应工作。

生态环境部（国家核安全局）负责我国辐射事故应对工作的指导和日常监督管理，并根据需要参与地方辐射应急响应工作。

按照属地管理的原则，事发地生态环境主管部门在当地人民政府的领导下，按照职责分工和相关预案开展辖区内各级辐射事故的应急响应、事故处理及事故原因调查等工作，目前各地方基本由辐射安全监管部门及辐射监测中心（站）相关人员负责地方辐射事故应急工作。地方公安和卫生部门按职责开展相关工作。

1.3　应急准备

1.3.1　应急设施

应急设施是核应急管理工作的重要物质基础。核应急设施可分为场内核应急设施、省级场外核应急设施和国家级核应急设施。

核设施营运单位根据日常运行和事故应急相兼容的原则设置核应急设施。主要核应急设施包括应急控制中心、主控制室、辅助控制室、技术支持中心、运行支持中心等。“十三五”期间，应急控制中心的建设趋向大型、综合化，进一步整合了技术支持中心、运行支持中心的相关功能，例如三门核电、海阳核电、台山核电、田湾核电等核设施新建投用的应急控制中心，同时进一步优化核应急指挥决策系统的建设升级工作，实现核应急指挥决策科学化、信息化、可视化。

核设施所在地省、自治区、直辖市人民政府建立省级核应急指挥中心和相应的监测和评价系统，包括在烟羽应急计划区边界设置前沿指挥所、场外应急监测、气象监测、通信系统、公众信息中心、医疗救援设施、交通工具和临时安置点等。我国有核电的省份全部建立了省级核应急指挥中心，“十三五”期间，广东省在粤东和粤西选址开展了前沿指挥部的前期建设工作。

国家核应急协调委成立响应中心，提供应急物资器材、医学支援、技术支持等，国家核应急指挥中心能力建设项目实现立项并启动选址建设工作。国家核应急办与中央国安委办公室指挥中心实现系统对接，与协调委单位、核电省份和重点核设施实现互联互通。国家核应急响应（指挥）中心与4家国家级核应急专业技术支持中心实现专网互联互通。

“十三五”期间，生态环境部完成了长白山辐射环境监测前沿中心实验室、应急指挥部以及延吉辐射环境监测前沿实验室建设工作，进一步加强了我国边境地区核与辐射应急能力，并与中广核应急指挥中心建立应急专网，实现了与核电集团层面应急指挥体系的网络对接。

1.3.2　应急演练与演习

《核电厂核事故应急管理条例》《突发事件应急预案管理办法》《突发事件应急演练指

南》《核应急演习管理规定》等法规和相关规定中明确了核应急演习原则、组织机构、内容形式、分类频次、保障准备、实施程序等。为适应核能发展需要，国家层面每 3—5 年举行一次核应急综合（联合）演习，相关省（区、市）每 2—4 年举行一次本级场内场外核应急综合（联合）演习，核设施营运单位每 2 年组织一次综合演习。拥有 3 台以上运行机组的核设施营运单位，演习频度应适当增加；核电厂首次装投料前，所在地省级核应急管理机构应组织场内场外综合（联合）演习。

2015 年，我国举行了代号“神盾——2015”的国家级核事故应急联合演习。国家核应急协调委员 27 家成员单位，9 个国家核应急专业技术支持中心、10 支救援分队以及部队相关救援力量，广东省组织的相应救援力量及部分公众，约 1900 人参加演习。此外，还按照《及早通报核事故国际公约》，模拟了向国际原子能机构（IAEA）进行情况通报。

“十三五”期间，我国开展各级各类演习演练 200 余次，与 IAEA 开展 10 余次公约演习，定期开展中日韩三国区域性演习交流活动，指导香港特区政府组织“棋盘”系列核应急演习。卫生健康委组织“核卫”系列演习。海关总署组织中俄防范核及其他放射性物质非法贩卖联合演练，数十次口岸涉核突发事件应急处置演练。气象局完成世界气象组织与国际原子能机构的涉核气象联合演习。军委后勤保障部组织“卫勤救援”系列演习、边境地区遭受境外核污染应急医学救援演练。军委联合参谋部指导火箭军部队与中核四 0 四厂建立联合应急演练机制，指导相关防化力量参加省核应急救援演习。辽宁、吉林、江苏、浙江、福建、山东、广东、广西、海南等省年均开展一次综合演习。各核设施按照规定每1—2年开展一次综合应急演习，检验预案，锻炼队伍，提升应急能力。

“十三五”期间，全国各省（区、市）实现第一轮辐射事故综合应急演练全覆盖，各省（区、市）定期组织开展专项应急演习，部分省份推进至市、州一级开展专项演练。

1.3.3 应急培训

建立三级核应急培训制度。国家核应急协调委组织开展全国核应急管理人员培训，负责国家核应急协调委成员单位、省核应急组织和核设施营运单位核应急组织负责人及骨干的培训。省核应急组织和核设施营运单位负责各自核应急队伍专业技术培训，国家核应急办及国家核应急协调委有关成员单位给予指导。核设施营运单位负责本单位核应急工作人员专业技术培训。

近年，国家层面培训举办 80 多期次，省级层面培训举办 60 多期次，涉核单位培训举办 100 多期次，总培训 14 000 多人次，举办 3 期地厅级涉核突发事件应急管理干部培训，实现对管理和技术人员全覆盖。

1.3.4 科技研发

“十三五”期间，我国进一步加强了应急领域的科技研发工作，积极推动应急领域产学研结合，推进科技创新，开展核事故后果评价技术研究，加强核应急基础技术研究，科学划分核应急状态等级，深化对各类核设施应急行动水平和应急计划区划分等相关基础问题研究，推进核与辐射应急专用设备研发，深化核应急医学救治技术研究，取得一批科技创新成果，部分成果达到国际先进水平，全面为核与辐射应急工作提供技术支撑。

（1）核事故后果评价技术研究

坚持技术引进与自主创新相结合，目前我国已初步在国家、省级政府和核电厂三级构建起核电厂核事故后果评价体系。我国核电厂核事故后果评价技术经历两代发展，后果评价技术发展逐步成熟，多尺度集成模式逐渐成为主流。国家层面系统逐步向自主化发展，省级和核电厂系统以引进为主，各级核应急组织后果评价系统逐步建立。

（2）应急行动水平基础研究

在核与辐射安全法规制修订“十三五”规划中组织开展了《压水堆核电厂应急行动水平的制定》工作。开展“研究堆应急行动水平的示例”相关研究工作，并在核安全导则《研究堆营运单位的应急准备和应急响应》（HAD002/06—2019）中予以应用，明确了我国研究堆应急行动水平的基本特征、识别类及基本矩阵形式等要素。

（3）应急计划区基础研究

根据我国研究堆目前的实际情况以及多年来的核应急工作经验，并结合国际上近年来对应急计划区划分的研究进展情况，开展了“研究堆应急计划区划分”相关研究工作，重新界定了我国研究堆应急计划区的划分原则，并在核安全导则 HAD002/06 中予以应用。

（4）应急专用设备研发

我国高度重视核应急专用装备研发。重点推进核应急辐射监测、辐射防护、医学救援、去污洗消等装备研发和系统集成。自主研制车（船）载巡测设备、航空辐射监测系统、辐射监测与事故响应智能机器人等，以及车（船）载核应急指挥系统、核应急医学分类及监测平台、医疗支援系统等。军委联合参谋部每年协调 1 亿经费加强核化救援装备建设，开展应急演练和研究。大型灭火/水上救援水陆两栖飞机 AG600 首飞成功，是我国首次按照中国民航适航规章要求研制的大型特种用途飞机，是国家应急救援体系建设急需的重大航空装备。2017 年 12 月 27 日，由中广核研究院设计并供货的红沿河核电二期工程应急柴油发电机组（EDG），首台机顺利通过一系列出厂验收试验，首次实现百万千瓦级核电机组 EDG 的完全自主设计及自主制造。

1.4　资金保障

我国建立核事故应急准备金制度，保障核事故应急准备与响应工作所需经费。核电厂缴纳的场外核应急专项收入根据《核电厂核事故应急准备专项收入管理规定》（财防〔2007〕181 号）的规定：首期建设的核电厂按 15%的比例上缴中央财政，后续再建的核电厂按 50%的比例上缴中央财政；首期建设的核电厂按 85%的比例上缴地方财政，后续再建的核电厂按 50%的比例上缴地方财政。场内核应急准备资金由核电企业承担，并作为核电企业的成本开支项目。基建期在工程基建费中列支，运行期在企业的管理费中列支。我国研究堆和核燃料循环设施目前没有场外应急，因此研究堆和核燃料循环设施没有场外核事故应急准备金。我国核应急法规、导则及相关标准中对研究堆、核燃料循环设施核事故应急准备金暂无明确规定。

1.5 公众沟通

我国高度重视应急公众沟通和信息发布，明确公开透明、客观真实、权威可信、科学通俗的工作原则。增加核能发展透明度，确保公众享有核安全监督权、核应急准备与响应知情权。各省份和各核设施积极建设公共宣传展厅，开展公众沟通活动。

2013 年以来，我国以“共筑核应急核安全防线、共促核能事业科学发展”为主题，多次组织全国范围核应急宣传活动，国内外受众面达到 10 亿人次。2015 年，利用中国核工业创建 60 周年契机，开展一系列面向国内外的宣传活动。2015 年 12 月，组织媒体走进中国核电企业，开展“助推核能发展、助力‘一带一路’”采访活动。核电省份和各核电集团公司及高校搭建宣传教育平台，运用网络和媒体等各种手段，普及核能知识和核应急常识。

2016 年，我国发布了涉核领域的首部白皮书《中国的核应急》，表明了积极参与构建国际核安全应急体系，共同解决核应急领域面临的重大课题，不断提升核应急准备与响应水平的决心。

1.6 应急响应与保障

国家对核事故应急实行分级管理。发生核事故时，核设施营运单位应当按照应急预案的要求开展应急响应，减轻事故后果，并立即向国务院核工业主管部门、核安全监督管理部门和省、自治区、直辖市人民政府指定的部门报告核设施状况，根据需要提出场外应急响应行动建议。我国的核应急状态分为以下四级：应急待命、厂房应急、场区应急、场外应急。参照国际原子能机构核事故事件分级表（INES），根据核事故性质、严重程度及辐射后果影响范围，确定核事故级别。应急待命、厂房应急、场区应急、场外应急，分别对应Ⅳ级响应、Ⅲ级响应、Ⅱ级响应、Ⅰ级响应。我国辐射事故根据事故性质、严重程度、可控性和影响范围等因素分为特别重大、重大、较大和一般辐射事故四个等级。

“十三五”期间，国家核与辐射应急体系积极做好大型国事、主场外交期间核与辐射应急保障工作。党的十九大、G20 峰会、香港回归 20 周年庆祝活动、金砖会晤、“上合组织”会议、中非合作论坛、“一带一路”高峰论坛期间，国家核应急办、国家核安全局等政府部门与北京、江苏、浙江、福建、山东、广东等省市相互配合，加强值守、深化检查，圆满完成任务。组织完成“嫦娥三号”“嫦娥四号”核应急保障任务。

在“十三五”期间，生态环境部启动朝核辐射环境相关应急预案，成功组织了第五、第六次朝核应急工作，同时，东北三省、山东、东北监督站及生态环境部本级的核与辐射应急监测调度平台顺利通过验收并投入使用，东北长白山地区应急指挥中心建设完成。部分省份开展辐射事故应急快速响应机制研究，推动辐射应急精细化监管。

1.7 应急监测

“十三五”期间，我国核与辐射应急监测能力建设不断加强，应急监测手段取得长足进步。中央本级和各省级辐射环境监测机构建成核与辐射应急监测指挥调度平台，形成指挥调度和信息化集成能力。国控、省控辐射环境自动监测网进一步完善，核电厂和其他重要核设施监督性监测系统不断建成，初步构成了核与辐射预警监测网络。为各省和部分地市配备288套核与辐射应急快速监测系统，有效提升事故快速应急响应能力。生态环境系统核与辐射应急监测体系已基本建成，我国的辐射环境监测网络覆盖至全国所有地市级及以上城市、核电厂周边地区、重要边境及其他敏感地区，能够基本掌握我国陆域辐射环境实时质量。坚持陆海统筹、空地一体原则，海域监测和航空监测能力建设工作得到实质性推进。

1.8 应急救援及支援

在“十三五”期间，我国进一步强化应急救援和技术支持体系，已基本形成了规模适度、功能衔接、布局合理的核应急救援专业力量体系。适应核电厂建设布局需要，按照区域部署、模块设置、专业配套原则，组建国家级专业救援分队，承担核事故应急处置各类专业救援任务。

2016年5月24日，中国核应急救援队正式成立，共计320人，设立了8个国家级核应急专业技术支持中心，25支救援分队和3个培训基地。在国家核应急体制框架下，依托军队及核工业现有核应急力量，主要承担复杂条件下重特大核事故突击抢险和紧急处置任务，并参与国际核应急救援行动。卫生健康委推进涉核事件国家卫生应急队伍建设，6省开展核辐射紧急医学救援基地项目建设。

应急响应支援是指发生核事故的核设施营运单位周围的其他核设施营运单位充分利用本单位资源，对发生核事故的核设施单位实施支援行动，包括应急人员、物资和设备等多方面支援。“十三五”期间，在前期国家核安全局的总体要求和各集团公司签署相应合作协议的基础上，各集团公司下属各邻近核电厂陆续签订了相互支援协议，编制相互支援行动方案，建立起就近快速相互支援机制。在实体支援基地建设方面，中国核工业集团有限公司（以下简称“中核集团”）、中国广核集团有限公司（以下简称“中广核集团”）、国家电力投资集团有限公司分别组建了集团级核事故应急支援队伍，并分别选定了秦山基地、大亚湾与阳江基地、烟台基地为三大核应急支援基地，为各自集团提供应急支援行动的长期可靠保障，并为区域内所有核电厂提供应急支援准备与响应工作。

1.9 国际合作与交流

我国始终致力于同世界各国一道推动建立国际核安全应急体系，促进各国共享和平利用核能事业成果，坚定不移支持和推进核与辐射应急领域国际合作与交流。中国与IAEA等国际组织在核与辐射应急领域开展多层次、全方位合作，与世界有关国家合作与交流不断拓展。适应核安全峰会后国际形势，与美国、俄罗斯、法国、巴基斯坦等国建立完善核安全联络机制，将核应急合作与交流列入议题。相关部门开展与美国、俄罗斯、法国、德国、捷克、日本、韩国、欧盟等国家和组织核领域合作交流。推进与巴基斯坦等核电出口国家核应急合作。海关总署在防范核及其他放射性物质非法贩运领域，持续深化与美国、俄罗斯、哈萨克斯坦等国合作。地震局参加全面核试条约组织相关工作，交流良好经验，拓展核应急监测领域国际合作内容。持续举办核与辐射应急领域国际学术交流活动。中日韩建立核事故及早通报框架和专家交流机制，定期开展相关领域合作，观摩核应急演习。

2 我国核与辐射应急领域存在的问题

2.1 应急法规在系统性和完整性方面尚需完善

总体而言，作为目前世界上核电在建规模最大的国家，我国核安全及核应急相关法规明显不够完备，原子能基本法缺失，《突发事件应对法》仅为综合性的要求，在制度设计方面缺少对核应急特殊性的研究，缺乏可操作性。结合本次新冠病毒疫情防控的经验反馈，放射性污染防治法和核安全法中关于核与辐射应急的规定明显不够完善，相关规定均较为原则，公众的撤离、安置、临时补救赔偿措施等重要问题未予体现，缺乏对公民基本权利保障的制度设计，对地方政府采取应急响应措施缺乏一定的授权，核与辐射应急主管部门的定位、事故调查处理、后续处理方式等相关问题的规定不充分。

针对核事故的应急管理，在国务院的行政法规层次上，目前仅有《核电厂核事故应急管理条例》，缺少覆盖全部核设施核事故应急管理工作的专门法律法规，已无法满足当前我国民用核设施核事故应急监督管理的需要。国防科工局已启动了《核电厂核事故应急管理条例》的修订工作，起草了核应急管理条例（征求意见稿）并已列入国务院法制办立法计划，但该征求意见稿相关内容尚不能完全满足我国对民用核设施核事故场内应急监督管理要求。

对于研究堆和核燃料循环设施，其核应急准备与响应的要求只在《研究堆设计安全规定》（HAF201—1995）、《研究堆运行安全规定》（HAF202—1995）及《民用核燃料循环设施的安全规定》（HAF301—1993）中作出了简要规定。经过多年来的发展，我国在研究堆和核燃料循环设施的应急监督管理上有了更丰富的经验，对其核应急准备和响应方面应提出更高、更细致和更加明确的要求，以适应当前的发展形势。

各级核事故应急预案、辐射事故应急预案及相关配套的各种应急专项预案还没有进行及时修订，四川等部分涉核省份未发布相应的核事故应急预案。此外，缺少针对辐射事故应急监督管理的相关法规，在辐射事故应急预案编制、审批方面，仍然存在对预案层级理解分歧、编制规定不够明确、缺乏全国统一的预案管理和备案办法等问题。

地方性法规、规章建设严重滞后。我国核与辐射安全管理过于依赖国家出台相应的法律法规，各省份仅有广东、江苏和山东出台了专项应急管理法规，多数地方性法规的规定也未能体现地方核与辐射应急工作的特点，地方性法规、规章建设情况明显与我国核工业发展情况及核与辐射应急工作所面临的形势不匹配。

2.2 应急管理机制和队伍建设方面还需加强

我国核事故应急与辐射事故应急在政府管理层面有着不同的机制。核事故应急方面，国家明确由核事故应急协调委负责，国防科工局负责日常工作，地方政府层面，核应急协调委常设机构分设在生态环境部门、国防科工部门、民防部门等。辐射事故应急方面，由地方生态环境部门、公安部门、卫生主管部门按职责分工做好相应的辐射事故应急工作，生态环境部门负责辐射事故的应急响应、调查处理和定性定级工作。目前，我国地方政府层面存在着管理人员不够，专业人员不足的情况，核与辐射应急是一项专业性要求较高的工作，应进一步保障应急队伍的专业化。

国家核安全局虽已有近千人的核与辐射应急队伍，但从核与辐射应急监管的总体要求出发，针对一体化指挥运作，各级应急组织的协调指挥和技术衔接配合还有待优化，离建成一个运作机制简明高效、人员训练有素、物资装备保障有力、能够高可靠性地实现应急响应目标的组织体系还有一定距离。应急相关基础数据收集和硬件基础设施的建设方案还有待进一步完善，如构建核与辐射应急大数据，构建最先进的应急硬件系统，开发功能最全面的适合我国核应急监管需要的人工智能系统，强化应急监测力量，以及应急能力的保持等方面还存在进一步提升的空间。

2.3　应急响应能力在专业技术基础方面存在短板

《核安全与放射性污染防治“十三五”规划及2025年远景目标》要求，应开展重点地区核与辐射应急能力建设，具备有效应对突发核污染事件的预警、应急监测和应急处置能力，如今在这方面的技术支持还有所欠缺。

2.3.1　核事故后果评价能力建设滞后

目前，我国尚未建立统一的核事故后果评价机制，在核事故后果评价方面缺少具体的法规参考，系统开发缺乏统一标准，未形成统一的后果评价结果应用机制。国家核应急协调委尚未完成验证评价能力建设，国家核安全局独立的后果评价系统与各核电厂不同，一旦出现计算结果差异，则不能有效判定防护行动的适宜性，无法有效履行核安全监管职责。省级政府因使用的后果评价系统和核电厂基本一致，故不能开展更大范围的补充评价，只能根据核电厂的评价结果开展行动，而一旦能补充评价但结果却存在差异时，又会造成指挥决策的矛盾。

国家、省级政府与核电厂所开发的系统在规模和功能设计等方面，还缺乏充分的总体规划与协调，各级系统没有形成资源共享和优势互补，各级系统使用中存在不同程度的问题，计算结果存在较大差异，评价人员专业化程度不够、系统的升级工作严重滞后。

2.3.2　辐射事故应急演习自主响应度不足

通过“十三五”时期进一步的强化和改进，目前我国核事故应急演习有了较为长足的进展，各核电厂应急演习均向无脚本、自启动方向发展，以导控人员为引导实现事故应急的自主响应，对应急预案和应急组织有着较好的检验性。但在各省的辐射事故应急演习上，仍以细致化的演习脚本为基础，弱化指示性的导控功能，演习前进行专项培训，演习组织的自主响应度不足，不利于检验应急预案和应急组织的有效性。

2.3.3 应急监测能力建设亟待加强

我国和各省级核与辐射应急监测能力总体规划布局较薄弱，技术分析略显滞后，缺乏人员和技术的配套建设规划，软实力发展较为滞后。应急监测区域资源配置仍需优化，国家级综合应急监测能力发展较为缓慢，区域的应急资源配置不平衡，不能有效实现国土全覆盖。

2.3.4 核事故支援能力尚需加强

根据核电集团公司核电厂核事故应急场内快速救援队伍建设总体要求和技术要求，核电集团核事故应急救援力量建设坚持“两步走”的策略，目前还未完全实施第二步，“十三五”期间，中核集团、中广核集团救援基地建设进展较为缓慢。国家和集团两个层面的核事故应急救援力量建设需进一步融合。在救援队能力建设，研发应急救援设备，具备执行重特大核事故处置任务的能力方面还存在短板。集团间相互支援、集团支援队伍与事故电厂的接口、支援装备的通用性改造、应急支援设施设备使用后的处置等影响支援行动执行的细节方面还需进一步完善和细化。

2.4 应急准备金制度需进一步健全

目前我国仅有财政部 2007 年发布了一个规范性文件对核电厂核事故应急准备金制度进行了细化规定，对研究堆、核燃料循环设施核事故应急准备金缺乏相关规定，核安全法颁布后，有必要根据我国目前实际情况出台相应的应急准备金管理办法。

在核事故应急准备金使用与管理方面，部分省份场外核应急准备资金存在入不敷出的情况，如有的省份前期投入较大，需新建核应急指挥中心、修建应急道路等；部分省份核电项目少、机组小，核应急准备金缴纳少；部分省份核应急指挥中心的设备升级及维护费用、监督性监测系统维护费用较大，核应急联合演习经费较大，单次费用约在 500~1000 万之间。核应急准备专项收入管理存在“收支两条线”和“专款专用”两种模式，各省核事故应急准备金的申报审核和收入收缴工作的管理部门不统一。

3 指导思想、基本原则和规划目标

3.1 指导思想

全面贯彻落实党的十九大精神，坚持以习近平新时代中国特色社会主义思想为指导，深化总体国家安全观、中国核安全观等重大战略思想，落实我国核与辐射应急工作方针政策，以法规标准为依据，以科技创新为先导，以能力建设为基础，健全工作机制，持续改进核与辐射应急管理水平，提升应急响应能力，为促进经济社会可持续发展、保障公众和从业人员的安全与健康提供坚实的保障。

3.2 基本原则

中国核应急基本原则是：统一领导、分级负责，条块结合、军地协同，快速反应、科学处置。

（1）统一领导、分级负责。在中央政府统一领导下，中国建立分级负责的核应急管理体系。核设施营运单位是核事故场内应急工作责任主体。省级人民政府是本行政区域核事故场外应急工作责任主体。

（2）条块结合、军地协同。核应急涉及中央与地方、军队与政府、场内与场外、专业技术与社会管理等方面，必须坚持统筹兼顾、相互配合、大力协同、综合施救。

（3）快速反应、科学处置。核事故发生后，各级核应急组织及早介入，迅速控制缓解事故，减轻对公众和环境的影响。遵循应对处置核事故特点规律，组织开展分析研判，科学决策，有效实施辐射监测、工程抢险、去污洗消、辐射防护、医学救援等响应行动。

辐射事故应急工作原则是：以人为本、预防为主，统一领导、分类管理，属地为主、分级响应，专兼结合、充分利用现有资源。

3.3 规划目标

中国核应急基本目标是：依法科学统一、及时有效应对处置核事故，最大程度控制、缓解或消除事故，减轻事故造成的人员伤亡和财产损失，保护公众，保护环境，维护社会秩序，保障人民安全和国家安全。

"十四五"目标：建立更加完备的中国特色核与辐射应急法规体系，形成适应新形势下的现代化核与辐射应急管理机制，初步建成系统完备、素质优良、装备先进、物资完备的核与辐射应急响应能力，进一步加强演习演练和培训，提升应急科研水平，完善公众沟通手段，深化应急领域国际交流合作。

4 主要任务

4.1 做好顶层设计，建立健全核与辐射应急法规体系

《核安全法》进一步明确了核事故应急的要求和责任，对未来我国核应急工作的开展指明了方向，核应急监管工作也必将面临新的局面和挑战。因此，有必要规划好核与辐射应急法规体系的顶层设计，夯实核与辐射应急工作的法制基础，推进原子能法的制定，研究核应急单行法的基础，推进核事故应急监督管理法规制定，修订核应急相关部门规章，并进一步完善相关导则的修订工作，加强地方性法规、规章的制定工作，完善应急预案，全方位构建科学、完善的核与辐射应急法规体系。

4.1.1 扩充部门法框架，推进核与辐射应急单行法的制定

通过推进原子能法制定，完善核与辐射应急法律定位，推进建立核与辐射应急研究与技术开发制度。从法律层面强化应对核与辐射事故的制度保障，研究、推进核与辐射应急单行法的制定工作。

4.1.2 适应当前应急发展形势，推进升版相应法规标准

完成《核电厂核事故应急管理条例》的修订工作，推进核设施核事故应急监督管理条例的制定，完善核设施核事故应急监督管理工作。

修订《中华人民共和国核电厂核事故应急管理条例实施细则之一——核电厂营运单位的应急准备和应急响应》（HAF002/01—1998），推进研究堆和核燃料循环设施核应急相关规章修订与制定。细化核应急技术要求，完成应急行动水平和核应急演习相关导则的制定工作，加快核应急相关技术文件的修订及编制。

推进放射性污染防治法及相关法规的修订，制定辐射事故应急预案管理办法等相关法规文件，规范辐射事故应急管理机制及相关要求，完善我国核与辐射安全法规体系。

根据实际情况完成修订现行核应急计划与准备系列国标 GB/T17680.1-12，并补充编制配套的其他核应急国家标准，建立和健全我国的核应急标准体系。加强新型反应堆和乏燃料后处理及运输核应急相关法规标准的研究和制定。

及时消化吸收 IAEA、国际放射防护委员会（ICRP）关于核与辐射应急干预的新概念和国际社会核应急经验反馈，更新我国核与辐射应急的技术标准，确保我国核与辐射应急技术标准具有国际先进性。

4.1.3 因地制宜，加快地方性法规、规章的制定工作

各省、直辖市、自治区应根据地方实际情况和核与辐射应急工作的特点全面加强相关法规、规章的制定工作，争取在“十四五”期间各涉核省份均出台专项的核与辐射应急管理规定。

4.1.4 健全核应急预案体系

结合我国目前核应急工作的实际情况，完成《国家核应急预案》的新一轮适应性修订工作，国家核事故应急协调委成员单位、省级及核设施营运单位核应急组织应结合本部门、本地区、本单位具体情况，完成核应急预案及执行程序的修编，加强各级各类预案的动态管理，提高预案的针对性、有效性和可操作性。结合新发布的核应急相关导则，全面启动各核设施营运单位场内核应急预案的修订工作。

4.1.5 完善辐射应急预案体系

中央和地方各级辐射应急组织应结合本部门、本地区具体情况，完成辐射应急预案及执行程序的修编，加强各级预案的动态管理，提高预案的针对性、有效性和可操作性。制定全国统一的辐射事故应急预案管理和备案办法、出台相关编制标准，并通过适时组织专项监督检查和业务培训，进一步推动全国各级辐射事故应急预案管理工作。

4.2　理顺监管机制，强化应急组织体系建设

进一步理顺和明确国务院核安全监督管理部门、核工业主管部门和能源主管部门、军队、相关地方人民政府、核电集团公司、核设施营运单位之间的工作机制和接口关系。

完善应急组织体系的建设，稳定应急响应人员队伍、提升专业技能素养，并结合应急预案的修订，从一体化指挥运作的角度出发，进一步优化各级应急组织的协调指挥和技术配合，基于现代信息技术，推进应急指挥体系的扁平化，减少管理层级和信息流转环节，加快信息传递效率。关于核应急组织体系，虽然核安全法规定了各个部门的相应职责，但后续仍应进一步统一规划，以减少交叉管理、重复建设的问题。对于辐射应急组织体系，应进一步强化地方政府辐射应急工作的日常管理职责，明确归口部门责任，统筹谋划，理顺辐射应急管理机制。

4.3　推进基础建设，提升应急管理水平

4.3.1　加快国家核应急平台的建设

加强核应急专网互联互通，建立统一接口，实现国家核应急协调委成员单位间应急管理、辐射环境、气象等信息和能力共享。完成生态环境部长阳基地应急指挥中心建设，构建核与辐射应急大数据系统，完善和充实包括核电厂在内的与核与辐射应急监管工作相关的七大应急数据库，配备先进应急硬件系统，建立功能齐全、性能可靠的一体化的应急平台体系，实现核与辐射应急业务的全流程信息化，实现应急各方的数据传输和信息共享，实现核事故、辐射事故、核恐怖袭击事件从应急启动到应急终止的全过程管理。

4.3.2　逐步构建区域应急响应中心

强化生态环境部长白山应急响应中心功能建设，有效应对境外核活动对我国东北边境及周边地区造成的核污染、公众恐慌等风险，以满足快速监测、判断放射性污染的范围和程度、及时提出防护行动建议的要求，实现对重点区域的日常监测与应急监测功能。

逐步推进区域应急响应中心的建设布局，确保快速应急响应能力辐射东北地区、京津冀地区、环渤海海域等三大区域，并有机地协调地方及营运单位的相关核与辐射应急工作，推进有关省份核应急前沿指挥中心以及核电厂场外现场指挥所试点建设，构建点面结合、覆盖全面、快速有效、功能齐全的核与辐射事故应急响应体系。

依托浙江、四川、广东、甘肃等省站建设区域应急响应中心，建设应急装备库，配备应急监测移动实验室和剂量率、核素识别等现场监测装备，事故情况下就近快速运抵指定地点，具备快速组网现场监测、样品分析测量和数据分析上报能力，带动区域整体能力提升。

4.3.3　加强应急监测能力建设总体规划

进一步优化国家级核与辐射应急监测资源的区域配置，明确重点、分步建设、统筹兼顾，形成重点突出、层次清晰的建设格局，有效提升我国核与辐射应急监测能力。

加强中央级核与辐射应急监测能力，准确定位东北边境及其周边地区核污染防控体系，充分发挥其体系健全、能力较强的区域核心作用。根据监管对象分布、边境地区国际局势或国内建设热点，设置国家级区域核与辐射应急监测中心，承担区域应急监测的尖刀功能，带动区域范围内应急监测水平的整体提升。加强辐射环境监测关键设备研发和产业转化能力建设，进一步深化航空辐射环境监测技术能力建设。

4.3.4 加强海洋放射性应急监测能力

统筹加强生态环境部海洋船舶队伍建设及船载放射性应急监测能力建设，针对性加强沿海省份海洋应急现场放射性监测能力，开展现有移动方舱、抛投式动自动站、航测系统等陆基监测装备“下海”执行应急监测的技术改造，研究应急状态下海上辐射快速监测方法，逐步形成海洋核与辐射应急快速响应能力。统筹建立区域性海洋核与辐射应急监测队伍，形成执行多个监测项目的海洋综合监测队，一次出海完成多项任务。在近岸海域、重要岛礁建设固定式、浮标式大气和水体辐射自动监测站点，填补海上放射性应急监测网络空白，保护我国海域辐射环境安全。

4.4 促进科技创新，增强重点领域应急能力建设

4.4.1 建设后果评价体系，提升应急决策水平

统筹规划全国核电厂核事故后果评价系统，明确系统建设的相关技术标准，各核电省份均应建设有效的后果评价能力、技术支持能力。同时，组织开展各系统间的后果评价结果比对工作，加强多模式集合技术的应用研究，最终形成统一的评价结果应用机制，进一步规范全国核电厂核事故后果评价体系。

4.4.2 深化基础问题研究，推进专业设备研发

适应我国核工业发展形势，针对新型堆、小型堆、浮动堆以及大型后处理厂等各类核设施，深化应急计划区、应急行动水平、主要应急设施功能等专题基础研究。做好农产品放射性监测方法标准研究、核应急精细化污染物扩散模拟和后果评价基础研究、核应急绩效指标体系应用研究。推进应急辐射监测、医学救治、工程抢险、海上救援、应急撤离等专业设备和系统的研发工作。

4.4.3 促进科技创新，增强科技成果应用

加大政府投入，支持科技成果在核事故处理以及防护领域的成果转化，在国家科研基金分配上，适当向核与辐射事故应急响应技术研究方面倾斜。发挥科研院所和高等院校的科研优势，鼓励核应急救援设备和器材的研究与开发，特别是辐射环境下紧急救援的产品研究。政府部门、企业、和军队等应落实核与辐射事故应急产品的有效配备。

4.5 提升应急能力，加强应急演习与培训

建立应急响应能力定性评估和定量评估相结合的指标体系，以先进的方法和技术促进应

急准备工作的科学性，从而取得切实的成效，建立相关的功能指标及其评估体系。推进制度化建设，实现核与辐射事故应急演习评估标准化。

按规定完成各级核与辐射应急演练演习工作，开展多层次、多方位核与辐射应急演习，开发完善应急演习情景库，组织实施“神盾”系列国家核应急联合演习，全面推进地市、州开展辐射应急演练演习，与周边国家、地区开展联合应急演习，积极参加IAEA组织的国际核应急演习活动，建设对其他国家核与辐射应急事故的技术支援机制、其他国家发生核与辐射应急事故时我国的响应机制，提升全球核应急响应能力。

落实法律法规相关要求，加强核与辐射应急培训管理，定期开展全员覆盖的核与辐射应急培训，探索应急培训新模式，建设应急实训演练基地，省（区、市）核应急管理机构、核设施营运单位及其所属集团公司进一步健全完善培训制度，强化本级核应急专业技术和管理培训。鼓励全行业人员积极参加核与辐射应急培训，持续提升应急响应能力，建立全国核与辐射应急专家库。

4.6　落实资金保障，完善应急准备金制度

按照《核安全法》相关要求和我国目前应急准备金使用及管理情况，开展应急准备金管理相关法规的制定工作，进一步规范核事故应急准备金的用途，并考虑研究堆、核燃料循环设施核事故应急准备金制度的相关情况。

由于各省核电建设情况不同，在上缴国家的核应急准备金中，考虑是否给予新建和小机组核电省份以支持，考虑前期核应急指挥中心的建设及大型联合演习等费用是否单列支出，并进一步规范监督性监测系统的资金使用模式。

4.7　优化救援体系，推进应急支援能力建设

按照常备不懈、积极兼容、专业配套、功能协调的要求，全面落实核应急救援力量建设，提升国家、地方、营运单位三级应急抢险能力。

持续提升中国核应急救援队的能力建设，保障迅速、及时、专业、全面的核应急救援能力。落实国家核应急专业救援力量规范化建设，包括技术支持中心、救援分队及培训基地的建设，加强核应急能力评估工作。规范省级核应急救援能力建设，重点开展辐射监测、辐射防护、应急撤离、去污洗消、应急保障等专项救援能力。国家核应急协调委成员单位推进本系统国家级核应急救援力量建设，国防科工局推进资源管理系统建设。卫生健康委持续开展各级核辐射卫生应急能力评估，加强国家核应急医学救援分队管理，加强军地各级核事故卫生应急专业力量建设，完成核辐射紧急医学救援基地和核辐射突发事件国家卫生应急移动处置中心建设。强化军地救援合作，完善军地合作救援细节。

按照核电集团公司核电厂核事故应急场内快速救援队伍建设总体要求和技术要求，推进核电集团核事故应急救援力量建设，坚持“两步走”的策略，稳步推进第二步工作部署，进一步推动、完善核电集团公司核应急支援体系建设，制定核电集团公司核应急支援体系建设评估方案，对各核电集团公司核应急支援体系建设情况实施评估。

建设核应急救援、支援资源数据库，形成信息共享、资源共享、反应高效的现代化应急

信息系统。探索建立区域性辐射应急支援体系，推进辐射应急支援队伍建设。建立和完善省内及相邻省份之间的应急支援队伍、应急物资等信息共享和支援机制。

4.8 深化区域合作，建设应急领域国际交流与救援机制

加强国际履约，促进履约成果转化，强化核安全双/多边国际交流与合作。积极开展核与辐射应急领域技术、装备、人才、能力和标准等多层次、全方位的对外输出，向全球推广我国先进的核应急技术和成功经验，支持我国核电“走出去”战略，加强与我出口核电国家核应急工作交流。做好内地与港澳台地区核应急领域合作与交流相关工作。积极参加国际核应急演习演练，提高国际重特大核事故应急救援能力，争取在构建公平、开放、合作、共赢的国际核应急系统中发挥核大国的主导作用，提升国际影响力。

5 保障措施

5.1 制度保障

按照《核安全法》《放射性污染防治法》等相关法律法规规定，依法落实各项核与辐射应急相关要求，健全核与辐射应急管理体制机制，完善核与辐射应急法规、预案及实施程序，认真履行核与辐射应急监督、管理职责，积极落实各项核与辐射应急工作，大力推进核与辐射应急领域各项工作的发展，保护公众和从业人员的健康安全，保护环境，筑牢国家核安全基石。

5.2 规划保障

各级、各部门和各单位应高度重视核与辐射应急规划工作，精心组织、统筹规划，开展相关研究工作，制定“十四五”核与辐射应急领域专项规划，或将相关事项在本级政府、本单位发展规划或工作计划中予以明确，提出规划目标、细化落实方案。各级政府和单位应定期监督检查规划实施情况，组织实施中期和终期评估，加强对规划实施的监督检查和协调指导。

5.3 组织保障

进一步强化国家核应急协调委员会职能，加强国家核应急协调委各成员单位间的沟通互助，健全核事故突发事件应对机制，建立定期或不定期的协商会议制度，讨论突发事件和重要事宜，建立年度工作会议制度，建立成员单位间信息通报、数据共享制度，形成统一、协调、高效的联动机制。

保障各级各部门各单位核与辐射应急队伍的稳定，明确应急管理人员编制，加强应急专

业人员力量，提升应急工作人员专业素质水平，建设我国核与辐射应急现代化管理能力，为规划任务的落实提供坚强的组织保障。

5.4　资金保障

各级各部门各单位应充分考虑各职责范围内核与辐射应急工作的相关支出，做好财政与经费预算工作，优化应急资金管理模式，加大资金投入力度，保障新形势下核与辐射应急工作的资金需求。

三、辐射监测“十四五”规划思路研究

党的十八大以来，以习近平同志为核心的党中央着眼党和人民事业的长远发展，深入阐述保护生态环境、建设生态文明的重大意义，将生态文明建设和生态环境保护摆在了治国理政的重要位置，推动我国生态环境保护从认识到实践发生了历史性、转折性和全局性的变化。生态环境监测是生态环境保护的基础和看家本领，环境监测数据是客观评价环境质量状况、反映污染治理成效和实施环境管理与决策的基本依据。辐射环境监测是国家生态环境监测的重要组成部分，是加强核与辐射安全监管的重要技术支撑，也是提高核安全独立监管权威性和有效性的重要手段。

我国辐射环境监测能力始终保持良好的发展势头，不断跟进监管要求，保持了国际一流的核安全记录，经受了实践的检验。“十五”至“十三五”期间，在国家核安全局全面规划部署下，我国辐射环境监测法规体系逐步完善，国家级、省级和地市级三级辐射环境监测体系初步建成，辐射环境监测网络基本实现“全覆盖”，辐射环境质量监测、重要设施污染源监测、核与辐射事故预警、现场测量等任务全面开展，我国核安全监管水平迈上了新台阶。

为深入践行中国核安全观，应对核安全新形势、新挑战，结合我国核与辐射安全监管实际需求，“十四五”期间应坚持“融合共通、资源共享，查缺补漏、全面履职，问题导向、回应关切，科技先行、提质增速，整体规划、承接有序”的总体原则，以提高我国辐射环境监测质量保证工作水平，全面满足人民群众辐射环境监测信息需求，优化辐射环境质量监测网布局，加强核与辐射应急监测响应能力，进一步提高核设施监督性监测工作水平为目标，全面提升我国辐射环境监测能力，助力生态环境保护伟大事业。

1 国内外动态和趋势

1.1 国内状况

“十五”至“十二五”期间，国家和地方陆续投入了大量资金进行辐射环境监测基础能力建设。初步建成由国家级、省级、地市级构成的三级辐射环境监测体系，逐步规范重要核设施污染源监测；在国家、省级和106个地市级辐射环境监测机构建设核与辐射应急监测能力，基本实现应急监测体系化，核与辐射安全监管水平迈上了新台阶。不断完善国控辐射环境质量监测网络，“十三五”末建成了近500个国控大气辐射环境自动监测站，覆盖全国所有地市级及以上城市、核电厂周边地区、重要边境及其他敏感地区，基本实现国控辐射环境监测网络的整体布局，能够基本掌握我国陆域辐射环境实时质量，并对部分核与辐射设施和敏感地区开展预警监测。同时，辐射环境监测法律法规标准体系持续健全，建立了包括国家法律、行政法规、部门规章、核安全导则、技术文件五个层次的法律法规标准体系。我国辐射环境监测体系和监测能力的快速发展和不断完善，为核与辐射安全监管提供了重要支撑和抓手。此外，国防科技工业局、国家卫生健康委员会、国家能源局、国家食品药品安全监管总局、国家应急管理部、国家检验检疫总局、国家海洋局、军队等部门在分管业务领域形成了各具特色的辐射环境监测能力，在相关管理领域可及时提供辐射环境监测数据和评价。

1.2 国外状况

国外对辐射环境监测十分重视，欧美国家核安全监管部门以质量控制为出发点和立足点，不断完善法规标准体系，依托一系列技术实力雄厚的国家级辐射环境监测实验室，开展了大量辐射环境监测关键技术和测量仪器设备相关研发工作，辐射环境监测数据公开全面便捷，引入多元监测力量，应急监测能力进一步强化。

1.2.1 国际原子能机构（IAEA）

IAEA 是国际原子能领域政府间科技合作组织，是一个同联合国建立关系，并由世界各国政府在原子能领域进行科学技术合作的机构，同时兼管地区原子安全及测量检查。其宗旨是“谋求加速和扩大原子能对全世界和平、健康及繁荣的贡献，确保由其本身、或经其请求、或在其监督或管制下提供的援助不用于推进任何军事目的。”

IAEA 建有高水平辐射环境监测实验室，通过编制、发布一系列指导性意见、导则以及技术标准致力于提升各成员国的辐射环境监测能力与水平，在提高成员国核与辐射应急监测、核设施流出物监测能力和辐射环境监测数据质量方面发挥了巨大的指导作用。

在日本福岛核电厂事故中，IAEA 在接到日本方面的援助申请后，及时派遣环境监测小组和专家组赶赴事故现场，协助日本当局开展事故应急响应、污染研判和影响评价。

IAEA 没有自身管辖的核电厂，但在其安全及相关标准中，对核电厂流出物监测提出了框架性要求，被推荐给各国和国家当局以及其他国际组织在各自的活动中采用。

此外，IAEA 为确保监测数据的准确可靠，建立有较为完善的质量控制体系，组织和邀请世界多个高水平的辐射监测实验室开展实验室间比对，验证和支持其实验室的校准和测量能力。

1.2.2 美国

美国是世界上第一个拥有核武器的国家，自 1942 年美国着手研制核武器以来，先后进行过大量的大气核爆试验。为监测核爆炸产生的放射性落下灰对美国本土居民的影响，美国逐步在空气监测、水质监测中引入放射性监测内容。经过七十多年的发展，辐射环境监测已成为美国环境监测的主要部分之一。美国政府对促进辐射监测研究、发展辐射监测技术、服务核能发展的核心思想一直未变，积累了先进的监测技术及管理经验。

美国辐射环境监测工作由多个联邦政府机构负责开展，建立了不同的监测系统，多数州和核电厂业主自行监测，部分州和业主委托第三方监测，其中国家建立并负责开展辐射环境监测和研究的机构，是辐射环境监测机构的主流；研究机构、业主等社会监测组织能力较强，长期独立开展辐射监测基础研究工作，不断丰富完善辐射环境监测技术体系。美国国家辐射环境系统于20世纪50年代建立并运行，由两个辐射监测网组成，一个是隶属于美国国土安全部（DHS）的国家城市安全技术所（NUSTL）主导的全球辐射监测网，另一个是美国环保局（EPA）主管的美国辐射监测网（RadNet）。全球辐射监测网致力于大气及地表沉降的放射性核素的采集、测量和研究；美国辐射监测网则负责对空气、饮用水、降水和巴氏灭菌牛奶等环境介质进行不间断监测。美国的辐射环境监测体系有以下特点，一是监测机构的成立与相关法律法规的颁布实施同步。二是监测机构多样化，监测数据信息公开程度较高；三是技术标准体系囊括了多个机构的标准文件，细分类众多，更新速度快速，及时跟进分析检测技术的发展。

美国核电厂流出物监测是在多个监管部门相对独立和相互配合下完成的，主要包括核管会（NRC）、环境保护署（EPA）和州级环保署（DEP）、能源局（DOE）以及核电厂持证运行单位。其中NRC将全美国划分为四个子区域，每个子区域设置一个管理中心。DEP作为州级环保署，在与NRC签订协议后，有权参与对本州内核电厂的安全监管与辐射环境监测。核电厂商每年需要自主进行辐射环境及流出物监测，并向NRC、DEP等政府部门提交辐射环境监测报告、放射性流出物监测报告，接受其监督，NRC负责在检验报告中把各核电厂的放射性流出物及相应的剂量对公众公开。

1.2.3 法国

法国是世界上第二大核电国家，也是核电发电比例最高的国家。在全国范围内建立了大气、水以及其他辐射环境监测系统，主要包括环境γ剂量率监测网、放射性监测站、河流自动取样监测网、废水自动取样监测网、大气气溶胶连续监测网以及核电厂设置的厂区及周围辐射环境监测网络。

法国的国家级辐射环境监测机构能力全面，研究内容从辐射环境监测不断向上下游拓展，发展了监测装备研发和数据分析利用等方面能力，并成为欧盟其他国家法规标准体系发展的重要贡献者。

法国核安全与辐射防护研究院（IRSN）隶属环境部、工业部、研究部、卫生部和国防部，负责辐射环境监测系统的运行，同时评估鉴定核风险和放射性危害，并对复杂放射性污染课题开展研究。IRSN下属中子辐射监测室、电离辐射监测室、放射化学室、环境放射性测量室以及分析与实验设备室，配备有等离子体耦合质谱仪、次级离子质谱、α能谱测量系统、电子顺磁共振光谱仪和Monte Carlo计算工作站等先进测量设备，开展了辐射环境质量监测、监督性监测、应急监测、监测装备测试研发、监测数据分析预测等工作，并协助法国标准协会和国际标准化组织编写应用于环境放射性测量、内照射剂量和中子计量等相关标准，是法国核与辐射安全监管的重要技术支撑。

2 目前存在的主要问题

2.1 辐射环境监测体系有待进一步完善

随着我国生态环境保护工作不断深入，当前的三级辐射环境监测体系需要进一步发展强化以适应形势需要。目前，国家级辐射环境监测能力不足，缺少综合性国家辐射监测重点实验室，技术引领和全行业指导作用不够有力，监测技术方法开发验证能力不足，缺少流出物监测手段，监测数据分析利用能力亟待提高；各地区核与辐射监督站监测能力较为薄弱，辐射环境监测技术人员和仪器设备配备不足，流出物抽样核查的样品量、频次等质控措施尚未达到监管要求；核与辐射应急监测体系整体协同能力需要加强，响应速度有待提高，陆地、水域、航空三位一体的污染快速判断能力有限，应对和解决突发性、新型、广域、叠加、潜在涉核涉恐问题能力不足，难以做到快速、全面、科学地向决策部门提供基础数据。

省级监测机构监测能力与其承担的辐射环境监测职责要求和受委托承担的重点核设施监督性监测任务要求尚有一定差距，技术能力参差不齐，部分省级辐射监测机构在人员配置、设备投入不足，能力不进反退，部分省缺少专业核与辐射事故应急监测队伍，应急监测装备和技术手段不全面，不足以应对较复杂事故情景。

地市级及以下缺少辐射监测机构，人员和设备缺口较大，难以独立完成监测任务。

2.2　辐射监测领域统一质控体系亟待建立

当前我国辐射环境监测体系技术人员已超1500人，社会化辐射环境监测机构迅速发展，人员技术水平参差不齐，缺少标准化、系统化的监测技术培训机制。国家级机构缺少面向各类检测机构规范统一的能力验证解决方案，缺少辐射环境监测设备检定校准、现场监测设备量值传递等服务供给。各类辐射监测机构标准物质量值溯源体系繁杂，使用的标物主要靠进口，每年耗费大量外汇。质量管理与控制技术体系尚不完善，质量控制技术指标不全面。质量控制技术研究不足，与辐射环境监测技术之间尚未实现有机结合，制约了辐射环境监测全过程质量管理的有效落实。

2.3　辐射监测相关技术标准体系需要完善

目前，我国辐射环境监测相关法律法规框架已基本形成，主要包括国家法律、行政法规、部门规章、核安全导则、技术文件五个层次。但现行辐射环境监测理论和技术标准体系主要从国际机构引进，自有理论研究能力不足；出现部分监测项目与应急监测标准缺失现象；一些标准已陈旧过时，与现行辐射环境监测技术、设备的实际情况无法匹配。亟需由国家级辐射环境监测机构从基本理论出发，系统设计和建立适应我国国情和现有技术水平的标准体系。

2.4　我国辐射监测能力发展不全面

我国辐射监测能力基本覆盖了环境质量监测、监督性监测、应急监测等方面，但在监测项目、监测技术手段、监测数据利用、监测装备保障和监测人才培养等方面仍存在一定的欠缺，需要予以重视。

根据国务院机构改革方案，新组建的生态环境部内设海洋生态环境司，整合了原国家海洋局的海洋环境保护职责，新增多项涉及海洋生态环境保护的职能，标志着我国生态环境保护开创了陆地环境与海洋环境“一体化”治理的新局面。现阶段，生态环境部负责海洋环境放射性监测工作，但由于职责尚处于整合期，海洋环境放射性监测工作开展缺乏顶层设计，监测能力比较薄弱，需要尽快理顺监测机制，形成相关能力。在监测手段方面，自动站监测系统尚未覆盖海域、流域、饮用水源地和地下水等监测内容。航测及车载巡测技术需要进一步发挥作用。各类辐射监测数据综合利用程度较低，信息公开及时性和全面性有待提高。对监测装备产业缺少引领，装备自主程度较低，存在一定的辐射监测信息安全隐患，缺少有效的装备检测验证体系，影响监测能力建设进度和效费比。监测专业技术人员培养机制不够有效，监测人才供给不足。

3 “十四五”发展目标

“十四五”期间辐射环境监测将以党的十九大精神和习近平生态文明思想为指导，贯彻新发展理念，落实《中华人民共和国核安全法》等法律法规赋予的职责和党中央国务院关于生态环境的具体要求以及我国的国际履约承诺，切实做好核与辐射安全监管监测技术支持、提供优质的公共服务、有效管控核与辐射安全风险、为核能及核技术利用发展以及核电“走出去”战略保驾护航，当好生态环境保护铁军的先锋队。

3.1 总体目标

“十四五”辐射环境监测领域要实现五个方面的突破。

（1）国家引领、完善体系

瞄准国际一流水准、加大国家级辐射监测能力建设力度、全面提高国家级监测机构技术水平、增强对各类核设施监督性监测能力，探索经验带动省级能力发展，适度发展地市级辐射监测能力。

（2）有效供给、严控质量

由国家级实验室面向各类辐射监测机构，提供联通国际、全国统一的监测设备检定校准、标准物质配置等量值溯源服务，做好检验检测全程的验证比对标准程序，从源头和过程把好数据质量生命线，做好综合数据分析处理，向监管机构和公众提供全面、准确的监测信息。

（3）与时俱进、有规可循

实时跟踪国内外标准方法和辐射监测相关领域先进技术发展动态，建立推荐性标准方法验证和发布平台，为监测机构提供技术支持，为监测法规标准体系建设提供支撑。

（4）深入融合、全面保障

尝试开展与常规监测体系融合工作，充分利用现有资源，加强大气辐射自动监测网络与常规环境监测网络融合，在重点地区大气环境自动监测站增加辐射监测内容。开展水体自动监测网络建设工作，开展人群密集区综合监测网络建设。

（5）优化配置、快速响应

以区域布局、模块配置、综合应用的原则建设航空监测、应急监测物资保障、海洋放射性监测等生态环境监测基础设施，实现多监测要素共享、提高应急监测响应速度。

3.2 具体目标

2025年前，实现国家、省、地市监测体系升级。依托国家核安全监管技术研发基地、辐射环境监测技术中心，建设一南一北2个国家环境保护辐射监测质量控制重点实验室，建设国家级电磁辐射安全独立校核计算验证实验室、海洋放射性监测实验室和辐射环境监测装备工程技术中心，建设辐射监测综合信息平台，完善国家级质量控制、方法验证、装备研发测试、信息处理、人员培训、海洋环境和电磁环境监测等方面能力，提高地区核与辐射监督站监督性监测能力；依托部分先进省份形成区域监测中心，提高重点核设施监督性监测工作水平；实现地市级基本辐射环境质量监测能力和单一辐射事故应急监测能力全面覆盖；建设部分重点区县级辐射监测体系，通过常规环境监测机构兼容辐射监测功能，使其具备样品采集、便携设备操作、自动监测设备维护等能力。

2035年前进一步完善国控自动监测网络体系，优化站点布局，丰富自动站监测功能。通过改造升级常规监测的大气自动站使其具备辐射监测功能，加大点位密度；在部分重点地区、敏感地区，建设背景站、超级站多功能站点；建设重点岛礁、饮用水源地、重点流域、地下水等水体自动监测网络。以能够同时处置1起重大核事故和1起重大辐射事故为目标，建设一支快速响应应急监测队伍；依托区域监测中心建设应急监测物资储备中心，具备核与辐射事故应急就近开展样品分析、快速组网自动监测能力。

2050年前使我国辐射环境监测体系、标准方法体系、硬件设施配置、人才队伍建设等方面达到世界领先水平，有力支撑我国核与辐射安全监管工作，保障我国生态环境文明建设大业。

4 “十四五”顶层设计思路

4.1 筑牢基础、提速增效，升级辐射环境监测体系

我国监测体系由国家、省、地市三级构成，机构规模有所差异而能力配置大同小异，应根据各级分工和任务，差异化布局能力建设内容，构成全面高效的辐射环境监测体系。

4.1.1 重点发展国家级技术能力

国家级辐射环境监测能力代表了我国的最高水平，应优先发展国家级能力，充分发挥2个国家中心作用，整体提升国家级监测水平，并以之为龙头、带动我国辐射环境监测体系全面升级。

建设国家环境保护辐射监测质量控制重点实验室，面向系统内、核行业和社会监测机构提供设备检定校准、标准物质配置、验证比对等质量保证整体解决方案，在生态环境系统建设代表国家水平的量值传递体系；建设辐射环境监测国家质量控制实验室，深化全国辐射环境监测质量考核，逐步覆盖辐射环境监测全过程，完善上岗位证考核模式，开展质量控制关

键技术的研究、交流和推广，制定质量控制技术指标和技术规范；建设辐射环境监测装备工程技术中心，开展监测装备评测，确保仪器装备性能指标符合监测相关技术规范；建设辐射监测综合信息平台，全面汇总、分析利用各类辐射监测数据，适应大数据、信息发展需求，面向监管机构提供信息分析研判结论，面向社会进行信息公开；建设监测技术标准推广验证平台，加快我国辐射监测标准体系更新进程，加快海洋放射性监测、应急监测、自动监测、移动检测等相关标准系列制定进度；打造国际监测技术交流和监测技术人员实操培训基地，使我国监测技术能力紧跟国际水平，形成监测人才培养、队伍建设有效机制；加强地区核与辐射安全监督站设备和人员配置，使其具备依法履职能力；建设海洋放射性监测实验室，满足开展海洋水环境各种分析、测试、培训、信息和研究的工作需要，建成水质与温排水影响监测系统、海洋放射性监测系统、海洋生物与海洋沉积物监测系统、信息和数据处理系统以及监测技术研究开发系统等。建设电磁辐射安全独立校核计算验证实验室，建设电波暗室及配套实验楼，具备直流合成电场、工频电场、工频磁场、射频电场 4 类校准能力。

4.1.2 充分发挥省级监测机构作用

省级辐射环境监测机构是我国辐射环境监测体系的主体，目前承担了辐射环境质量监测、重点核设施监督性监测及国控大气辐射监测自动站网络运维等工作。

要通过标准化能力建设，强化省级机构能力，适应不断提高的监督性监测要求；优化省级辐射环境质量监测网络点位设置；结合核设施分布和监测能力，建设 4 个区域辐射环境监测中心，指导所在片区监测机构开展工作，承担片区质量保证、技术培训、跨区域监测专项、重特大核与辐射事故应急监测支援等任务，带动区域整体能力提升。

4.1.3 全面推进地市级标准化建设

分类推进地市级辐射监测能力标准化进程，根据具体情况分别发展地市Ⅰ类（辐射环境监测+核与辐射应急监测）、地市Ⅱ类（辐射事故应急监测）能力；融合发展包括辐射环境监测在内的综合环境监测能力，针对地市级生态环境系统工作人员开发系列培训实操教程，使其具备承担本地区辐射环境监测辅助工作和单一类型辐射事故前期监测辅助工作的能力；因地制宜发掘培养辐射环境监测特别是应急监测人才，补充构成国家快速响应监测队伍合格成员。

4.2 深入融合、补齐短板，打造新型自动监测网络

自动监测技术具有不依赖人力，可长时间实时监测的特点，同时可排除主观因素干扰，在辐射环境监测领域得到越来越广泛的应用，“十四五”期间要进一步利用好自动监测手段，获取更大量、更全面、更准确地辐射环境监测数据。

4.2.1 全面覆盖建设大气自动站

一方面利用现有常规大气自动站网络进行升级改造，在重点区域（海域）、敏感地区和核设施周边地区选取约 300 个常规大气自动站加装辐射环境监测设备，使其具有辐射环境监测功能，从而达到加密覆盖和监测数据综合分析的功能。

4.2.2　重点保障建设水体自动站

水体环境样品自动监测技术较复杂，目前仅有少数省份已经开展了此项工作并取得了良好的效果。应优先在长江经济带流域、三峡库区、核设施排放口等位置建设50个水体自动监测站，初步形成水体辐射自动监测网络，确保水体辐射环境安全。

4.2.3　有条件建设背景站和超级站

结合国家空气背景站建设，在辐射环境条件稳定，远离污染源的位置建设5个大气辐射环境背景站，开展自动站监测技术研究、自动站网络质量保证、放射性物质迁移研究等工作；在有条件、有需求的重点城市建设15个超级辐射环境监测自动站，根据地区具体情况开展个性化的多种环境介质，包括氡、惰性气体在内的多种目标核素及电磁环境的监测工作，满足当地更多的监测数据需求。

4.3　资源共享、一专多能，提供环境监测综合保障

为建设社会主义生态文明，实现美丽中国宏伟目标，需要以多种技术手段开展环境监测工作，辐射环境监测与常规环境监测有着很多的共同之处，应将有限的资源充分共享，实现环境监测综合保障。

4.3.1　依托核安全中心建设航测基地

利用核安全中心现有条件和人员队伍，在内蒙古建设航测校准、训练基地，在兴城、海南建设南北两个航测保障基地，通过搭载不同任务载荷，执行包括对地辐射环境航空巡测、核与辐射事故应急监测任务在内的多种生态环境监测任务。

4.3.2　依托海洋环境监测中心建设海洋综合监测队

利用海洋环境监测中心及下属机构船只和人员队伍，建设配套设施、装备以及人员队伍，形成执行多个监测项目的海洋综合监测队，一次出海完成多项任务。

4.4　区域布设、快速响应，开辟应急监测新模式

依托4个区域辐射环境监测中心，建设应急监测装备库，配备应急监测移动实验室和剂量率、核素识别等现场监测装备，事故情况下就近快速运抵指定地点，具备快速组网现场监测、样品分析测量和数据分析上报能力；以国家级监测机构人员为主，以同时应对1起重大核事故和1起重大辐射事故为目标，建设标准化快速响应组织，固定成员角色和数量，应急情况下由就近的符合事故需求角色的人员组成快速响应队，执行重特大核与辐射事故应急监测支援任务。在国家核与辐射安全监管技术研发基地配置相关装备、建设相关训练设施，开展演练演习活动。

4.5 服务群众、回应关切，拓展辐射环境监测内涵

相对欧美国家，我国面向公众的辐射环境监测信息公开频次和种类都有所不足，当前人民群众对美好生态环境的需求越来越高，核与辐射安全知识日益普及，更加关注辐射环境对健康影响，对辐射环境监测信息公开也有了更高的需求。

应建设辐射监测综合信息平台，加强数据统计分析、评价和开发应用。规范辐射环境监测信息公开流程，加大公开力度，避免产生“少见多怪”现象，针对群众关心的热点辐射环境安全问题，建立应对机制，快速获取相关监测数据并及时公开。

针对氡等剂量贡献较大的天然放射性核素以及群众关注的电磁辐射等项目，开展相关监测技术和管理办法研究，以满足人民群众对监测信息的需求，保护生命健康安全。

4.6 立足本土、放眼世界，打造技术交流培训平台

辐射环境监测技术日新月异，各国辐射环境监测技术发展各有特点，加强国际监测技术交流可以博采众长为我所用。我国各级监测机构人员技术水平参差不齐，亟待提高。实际操作是技能培训最有效的方式，应建设国家级辐射监测技术交流培训平台，一方面消化吸收国际先进技术，同时也可以标准化人才实操培训流程，从而实现技术水平全面提升，

4.6.1 面向国内外机构建设国家级开放实验室

依托国家核与辐射安全监管技术研发基地，建设辐射环境监测开放实验室，开展国际辐射监测技术交流合作，满足国内高等院校和科研机构等单位的实验条件需求。

4.6.2 面向各类辐射环境监测机构提供实操培训课程

依托国家核与辐射安全监管技术研发基地，建设辐射环境监测实操培训实验室，对生态环境系统内和社会化监测机构人员开展标准化实操培训，筑牢人才队伍基础。

5 保障措施

5.1 创新体制，理顺机制

做好辐射环境监测顶层设计，统一组织领导和能力建设，明确辐射环境监测体系各级分工和职责，完善国控辐射环境自动监测网络运行机制，加强对包括社会化监测机构在内的各类监测机构的管理和服务，当好生态环境保护铁军的先锋队。

5.2 加大投入，保障经费

加大辐射环境监测资金投入，重点加强国家级辐射环境监测能力建设，协调保障与省、

地市级、区县级分工职责相适应的国家和地方财政保障机制；加大各级机构人力资源，保证监测队伍稳定性。

5.3　加强交流、畅通渠道

加强各级辐射环境监测机构与常规环境监测机构之间的交流，实现优势互补、资源共享、相互启发。畅通国家级辐射监测机构国际技术交流渠道，避免闭门造车。建设国际辐射环境监测开放实验室，以此为平台加强与高等院校、科研机构、企事业单位间合作交流，共同做好监管技术支持事业。

四、核与辐射安全科研“十四五”规划思路研究

《中华人民共和国核安全法》（以下简称《核安全法》）明确提出国家鼓励支持核安全相关科学技术的研究、开发和利用。因此，在核安全与放射性污染防治“十四五”规划（以下简称核安全“十四五”规划）中，有必要重点开展核与辐射安全科研研发，聚焦基础性和前瞻性研究，开发核能核技术安全设计和运行以及核安全监管决策所需系统、方法、工具和数据，推动成果转化和应用，建设国际先进的核安全管理体系和法规标准体系，确保我国核能与核技术利用事业安全、健康、可持续发展。

1　基本情况

科学研究和技术研发是核安全规划的重要领域，目前我国核与辐射安全相关科研需求十分强烈，确有必要在“十四五”前期研究阶段提前谋划、重点布局。

1.1　重视科技支撑作用，科技研发作为核安全规划重点

以往的核安全五年规划均对核与辐射科研做了重点规划，设置了专门的篇章、谋划了重点任务和重点工程，突出体现了创新驱动和科技支撑的重要作用。《核安全与放射性污染防治“十二五”规划及2020年远景目标》（以下简称核安全“十二五”规划）以“发挥科技在核安全工作中的支撑和引领作用”为原则，重点规划了核安全相关技术研发平台建设，以及反应堆安全、核电厂厂址安全、核安全设备质量可靠性、核燃料循环设施安全、核技术利用安全、放射性物品运输和实物保护、核应急与反恐、辐射环境影响评价及辐照照射控制、放射性废物治理和核设施退役安全、核与辐射安全管理技术和法规标准基础等10个方面119项关键技术研究；《核安全与放射性污染防治“十三五”规划及2025年远景目标》（以下简称核安全“十三五”规划）以“促进核安全科技创新、夯实科技支撑”为原则，按照夯实基础、突破瓶颈、提升水平、拓展领先的总体思路，重点规划了严重事故分析研究、设备材料老化评估及运行许可证延续关键技术研究、风险指引型核安全监管技术研究、新型反应堆安全评价验证研究、安全分析软件研发、非能动安全技术研究、数字化仪控系统失效模式和可靠性研究、核电厂网络安全研究、内陆核电安全技术及环境影响评价技术研究、应急去污洗消技术研究、放射性废物中等深度和近地表处置技术研究、高放废物处理处置技术研究等12个领域的重点科研工程。

1.2　规划引领指导意义强，核安全领域科研取得一定进展

在规划的指导下，“十二五”期间已建成21个重大科技创新平台，开展200余项核安全相关技术研究并取得重点突破。“十三五”期间，国内设计研发单位、高校科研院所、监管技术支持单位在国家科技重大专项、国家重点研发计划、核能开发科研项目等现有项目经费渠道的支持下，针对严重事故缓解措施性能试验验证和分析程序开发、核电厂实时风险监测评估与管理等风险指引型技术、CAP1400、“华龙一号”等大型先进压水堆安全软件及评价数据库开发、非能动安全技术机理和试验验证、在役核电厂重要构筑物及设备材料老化行为规律、模块式小堆安全评价模型开发等规划重点领域，积极开展核安全基础科学和应用技术研究。随着两个五年核安全规划的实施，核与辐射安全监管技术研发基地等科研平台初步建成，部分重点技术领域取得阶段性研究成果，核心技术薄弱、研发能力不足、科研人才匮乏等问题在一定程度上得以缓解。

1.3　核安全自主创新发展，核安全科研需求强烈

目前我国核行业正处于从消化吸收到自主创新的高速发展阶段。熔盐堆、次临界堆、空间堆等先进反应堆、新型核燃料、核电设计分析软件等领域均在大力开展自主创新研发。AP1000、EPR、“华龙一号”等先进三代堆型全球首堆在国内率先运行，高温气冷堆示范工程完成双堆冷试，自主研发的锆合金包壳和燃料组件、核电设计软件、模块式小型堆等已经进入许可申请阶段。与此同时，福岛核事故的发生引起了业界对严重事故、外部灾害等核安全领域的关注。然而，尽管近年来已在核安全研究领域加大了投入并取得了一定进展，但在新型材料性能验证、软件试验数据确认、新堆型新技术安全准则和监管框架等方面仍存在较大的技术缺口，我国在核安全法规标准、核安全基础数据和分析工具等方面仍在存在一定缺失和滞后，当前核安全技术尚无法完全满足国内核能与核技术利用发展形势，众多核安全科研领域科研需求仍待进一步落实。

2　核与辐射安全科研存在的问题

根据核安全“十二五”“十三五”规划实施情况和评估、考核结果反馈，核安全科研仍存在一定的问题和不足。

2.1　核安全科研管理较为薄弱

根据当前科研领域管理机制，核安全科研项目及经费管理分散。核安全规划正式实施过程中，规划思路及重点规划科研内容与科研项目指南编制和立项、科研创新平台建设规划审批、科研成果公开及应用转化等方面的实际管理和时间进度仍存在不协调之处，核安全规划评估和科研项目评估标准不完全统一，部分核安全重要共性问题、核安全监管技术等领域相

关研发需求未能及时落地，部分需长期研发的“硬骨头”科研项目未能得到持续支持，科研力量分散的现象仍比较突出，科研成果对核安全法规标准制修订、核安全监管等领域的支撑作用未能充分发挥，相关问题亟待统筹规划安排。

2.2 核与辐射安全科研项目可实施性有待进一步提高

核安全“十二五”“十三五”规划在核安全科研内容部分主要描述了规划目标和研究项目内容，未明确不同项目在规划实施期间的具体阶段性研究目标和研究内容；对关键核安全问题的技术缺口尚未明确定义，缺乏充分考虑现有研究基础和技术瓶颈基础上的具体技术路线；核安全“十二五”与“十三五”规划两者之间衔接不够充分，未能体现长期研究项目的阶段性和延续性；相关保障机制和措施不够健全。对项目具体实施过程中的任务承担主体、协作机制、考核评估机制、成果转化机制未做更为详尽的规定，对于亟待解决的“卡脖子”问题、需长期持续投入的基础科研问题、对需要协同合作攻关的重大技术问题等未能分级分类考虑并制定实施方案，上述情况在一定程度上影响了规划任务和重点工程的可实施性、可操作性和完成效果，有待在“十四五”期间得到解决。

2.3 部分核与辐射安全重点领域技术研发未取得明显突破

近年来，我国核与辐射安全科研取得一定成果，但仍以跟随性、整合性创新为主，基础科研仍显薄弱，重点规划领域原始创新和高水平研究成果较少，部分重要领域未取得明显突破。在关键泵阀、通用设备及材料、电气仪控等关键设备领域，自主化水平偏低，存在“卡脖子”现象；在加速器驱动次临界堆、熔盐堆、微堆、钠冷快堆等先进非轻水堆以及浮动式反应堆领域，安全准则、安全分析程序开发与验证以及核安全标准等方面自主科研进展仍有不足。在自主发展过程中，核安全基础领域缺乏突破性研究成果，导致核安全法规、标准制修订有所滞后，导致新技术的研发设计、安全评价和审评缺乏相应依据；在试验验证领域，试验条件不完善以及试验技术的落后，导致新型核材料、安全分析软件验证与确认领域同样出现“卡脖子”问题，严重制约了自主产权先进核能与核技术的研发和工程应用。

3 “十四五”规划原则、目标和任务

核安全“十四五”规划编制应从总结前期成绩、分析当前问题入手，梳理当前主要面临技术问题，确定核安全“十四五”规划主要内容。

3.1 规划原则

围绕“集聚共识、创新驱动、分类施策、有力保障、有效应用”的规划思路。

坚持集聚共识。核安全规划编制部门与其他行业主管部门及科技主管部门加强沟通，力争达到核安全科研领域规划和实施的协调统一，广泛凝聚行业内专家共识（见图4）。

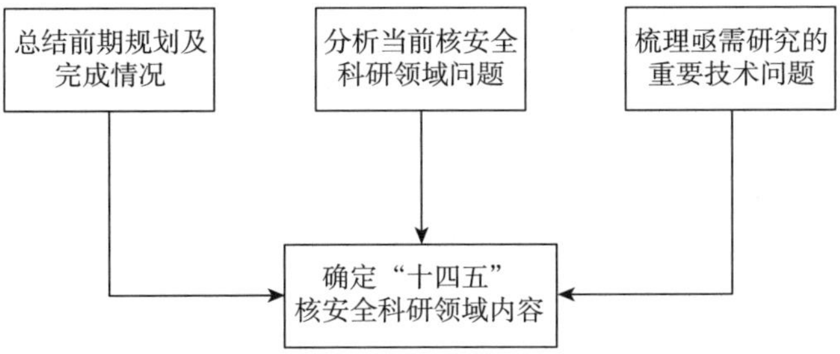

图4 核与辐射安全科研领域“十四五”规划编制思路

坚持创新驱动。深入贯彻习总书记“核心技术化缘是化不来的”的思想，大力支持核安全原始技术创新，力争在我国具有自主知识产权的核心技术上不断取得突破。

坚持分类施策。在广泛调研摸底的基础上充分论证不同类型核安全问题的技术缺口及现有基础，同时考虑实际研究和保障条件分类规划。

坚持有力保障。在科研配套条件、项目资金渠道及安排等方面提前进行统筹协调，保障规划科研项目的落地。

坚持有效应用。保证科研成果的及时有效应用，制定合理的成果评价、公开和转化机制，在核安全监管、核能核技术研发等领域推广技术成果转化应用。

3.2 规划目标

以“以创新促进发展，以科技夯实监管”为目标，通过科学创新驱动核能核技术行业安全高效发展，并促进核与辐射安全监管能力现代化。

3.3 重点任务

为实现核安全技术从跟跑到并跑领跑的跨越，聚焦重难点问题，开展基础性和前瞻性核安全问题的研究，支持原始创新和工程应用创新，加强核安全重要系统、关键设备及材料、关键工具和前沿方法研发，解决“卡脖子”难题。

在核与辐射安全基础研究方面，应针对目前亟需解决的共性问题、前期因条件欠缺或投入不足而尚未解决的重要技术问题，开展基础技术研究。以核电厂等核设施安全为例，在严重事故、核设施风险分析、外部事件、材料及结构性能、安全分析软件验证等领域进行理论方法和试验研究，为核设施安全设计和运行、核安全监管决策以及核安全法规、标准的制修订提供支持。

在核与辐射安全前瞻性研究方面，针对国内正在开展自主研发的核能核技术领域，包括新型反应堆（如熔盐堆、快堆、海洋堆、次临界堆、空间堆）和新型技术（如事故容错燃料、虚拟现实及人工智能在核电中应用）等，以及其他核与辐射潜在安全问题开展前瞻性技术研究，如先进非轻水堆安全性能试验、海上或空间反应堆外部环境条件影响评估等，以提供基础性技术信息或者解决潜在安全问题，进而促进先进核能核技术的安全高效发展。

具体开展的研究项目建议如下：

（1）结构和系统部件材料性能研究

1）压力容器、管道、蒸汽发生器传热管等反应堆关键部件完整性评价、性能试验及分析方法研究；

2）安全壳等结构材料、系统部件材料老化机理研究；

3）堆内部件、混凝土等材料耐辐照性能等；

4）无损检测、在役检查等技术研究。

（2）先进堆性能验证及审评技术研究

针对浮动堆、四代堆、非轻水小堆、微堆等国内自主研发的先进堆型，建议开展：

1）反应堆系统尤其是专设安全设施的安全性能验证试验；

2）监管和审评框架体系研究；

3）核安全导则和标准研究；

4）空间或海洋堆外部环境条件影响评估等方面研究；

5）确定论和概率论安全评价模型研发。

（3）先进核燃料性能验证和审评技术研究

针对新型锆合金包壳、新型燃料组件和事故容错燃料等国内自主研发的先进核燃料，建议开展：

1）堆外试验、堆内辐照考验和辐照后检验等性能验证；

2）新型核燃料失效模式研究；

3）不同工况下安全准则和限值研究。

（4）反应堆安全分析软件开发和验证确认

1）针对先进大型压水堆、小型模块式压水堆，开展事故分析、燃料性能、严重事故、材料性能分析等安全分析软件试验确认，完善确认用数据库平台；

2）针对先进非轻水型反应堆，重点开展安全分析软件的开发。

（5）严重事故研究

1）严重事故放射性源项研究；

2）非轻水先进堆严重事故机理和缓解措施研究；

3）严重事故放射性后果评价研究；

4）严重事故机理和缓解措施验证试验研究。

（6）概率安全分析（PSA）及风险指引型技术研究

1）三级 PSA 分析方法和模型研究；

2）人的可靠性分析方法研究和数据库开发；

3）PSA在材料性能评价中的应用研究；

4）PSA 在外部事件（洪水、地震等）评价中的应用研究；

5）风险指引型技术在运行核设施监管和新型反应堆研发设计中的应用研究。

（7）核设施外部事件研究

针对地震、洪水、海啸、飞机撞击等外部事件，建议开展：

1）地震引发地基失效及变形等理论研究；

2）外部事件数值模拟研究；

3）极端自然灾害防御技术研究。

（8）乏燃料贮存和运输安全研究

1）乏燃料贮存和运输容器老化管理研究；

2）乏燃料热-力学性能验证（疲劳、刚度等）；

3）临界安全分析研究；

4）干式贮存容器和运输容器安全性能研究。

（9）核设施运行核安全问题研究

我国运行核电机组数量快速增加，使我国核电运行安全管理和监管工作面临的挑战日益严峻，建立开展：

1）核电机组负荷跟踪、低功率运行、临时停堆等非基荷运行模式对运行安全的影响，以及运行限制条件、运行人员要求、监管要求等方面研究；

2）人因试验设施及方法、先进主控室等人因工程研究；

3）运行核设施老化管理研究；

4）运行规格书优化、维修有效性等方面研究。

（10）核电厂退役核安全问题研究

鉴于我国核电机组的数量和运行时间不断增加，核电厂退役准备工作越来越急迫，建议开展：

1）核电厂退役标准体系研究；

2）核电厂退役策略、源项调查、去污、设备切割和拆除、构筑物拆毁、放射性废物管理等关键技术研究；

3）核电厂退役审评技术研究。

（11）新技术在核行业应用中的安全问题研究

针对人工智能、区块链、大数据等技术在核能核技术行业的应用，开展相关法规标准、安全准则、安全评价方法、安全验证技术等方面研究。

3.4　保障措施

由国家核安全监管部门牵头，与核能行业发展部门、核工业主管部门、科技主管部门等国家有关部门加强沟通，结合行业发展和管理、核安全监管、前沿科学研究等实际需求，统筹协调科研项目立项、资金保障、项目考核与评估、成果应用和转化等方面的工作机制，保证“十四五”期间核安全科研项目顺利落地实施。

在科研成果应用和转化方面，为保证在核设施设计运行、核安全监管中有效利用研究成果，相关主管部门应建立有效机制，相关研究成果得到评价和鉴定后在国内公开、推广，避免束之高阁。在核安全监管领域，监管部门应在核安全法规标准、技术政策、技术见解的编制以及监管工具开发等方面积极应用最新研发成果。在核能核技术研发领域，行业主管部门应在行业标准、政策制定等方面应用研发成果，并推动相关新技术在核能核技术设计研发、核设施安全运行、核安全管理等方面的应用。

在科研经费保障方面，充分利用国家科技重大专项、国家重点研发计划等现有项目资金渠道，开展各类科研项目公关。同时，积极推动设立专门的核安全科技专项并统筹核安全领域科研规划和管理，支持规划中设立的重点任务和重大工程，确保规划任务和配套资金的配备和保障。

五、核与辐射安全监管技术能力建设“十四五”规划思路研究

核安全是国家安全的重要组成部分，也是生态环境保护的重要领域。“十三五”时期，中国已逐步由核能、核技术利用大国向核与辐射安全监管强国转型，安全监管工作着力于实现监管体系与监管能力的两个现代化，推进核与辐射安全水平巩固提升，保障了我国核能与核技术利用事业安全、高效发展。

“十四五”时期，是我国核与辐射安全监管事业的重要战略机遇期，核安全已纳入国家安全总体布局，战略地位持续提高，新形势、新任务对新时期核安全监管工作提出了新要求。根据《中华人民共和国核安全法》《中华人民共和国放射性污染防治法》等法律法规，结合《核安全与放射性污染防治”十三五”规划及2025远景目标》（以下简称“核安全‘十三五’规划”）实施情况，开展核与辐射安全监管“十四五”规划研究。

研究深入分析了核与辐射安全监管工作中存在的薄弱环节，以加快构建现代化核安全监管体系和监管能力为目标，坚持“安全第一、质量第一”的根本方针，围绕核与辐射安全工作主要任务，遵循“统筹规划、分步实施；整合资源、突出重点；依靠科技、共同推进；公开透明、协调发展”的基本原则，持续加强核安全监管体系建设，提高核与辐射安全审评、预警监测、大数据分析处理能力，加强核与辐射安全监督执法能力、监管技术支持服务能力，完善和提升全国辐射环境监测、应急能力，加快推进战略性、前瞻性、公益性核安全科技研发，加强人才培养输出、智力成果转化能力建设，提高公众宣传和舆论导向能力，提升核安全国际合作能力及国际影响力等任务，实施基础、保障、人才、信息等重点工程，全面提升核与辐射安全监管能力。

1　我国核与辐射安全监管现状与存在问题

“十三五”期间，开展核与辐射安全监管能力建设工程70余项，投资约15亿元用于核与辐射安全监管能力建设项目，包含国家核与辐射安全监管技术研发基地建设、全国辐射环境监测网络建设、中央和地方辐射环境监测能力建设、核与辐射安全监管信息系统建设和升级等方面。通过五年的努力，建立了较为完整的核与辐射安全监管体系、形成了覆盖全国的核与辐射环境监测网络，为核与辐射安全监管工作的顺利开展奠定了基础，监管能力稳步提升。

1.1　核安全“十三五”规划实施情况

1.1.1　国家级核与辐射安全监管能力建设取得进展

国家核与辐射安全监管技术研发基地（以下简称“研发基地”）建设工作取得重大进展。研发基地是国家“十三五”规划 165 项重大工程之一，是提升核与辐射安全监管能力的重要举措。研发基地规划建设 6 大科研验证实验室与 4 项共用配套设施，共计 10 个重点工程项目，将覆盖核设施、核安全设备、核技术利用项目、铀（钍）矿伴生放射性矿、放射性废物、放射性物品运输、电磁辐射装置和电磁辐射环境监管以及核材料管制与实物保护等主要方面，覆盖选址、设计、建造、调试、运行、退役等所有环节。研发基地一期建设工程于 2016 年 3 月正式开工建设，2019 年 7 月投入使用，项目新征建设用地约 220 亩，一期工程建筑面积 9 万余平方米，包括 1 号实验楼、2 号实验与综合业务楼、3 号动力中心。此外，CPR1000 全范围验证模拟机实验室建设完成，基地核与辐射事故应急技术支持中心、辐射环境应急监测技术支持平台和核与辐射安全监管数据中心能力建设等项目获得国家专项资金支持。

持续加强东北边境地区应急监测能力建设。在吉林长白山、延吉建立了前沿指挥部和辐射监测实验室，项目投资约 1.9 亿元，其中涉及仪器装备固定资产投资约 1.4 亿元。建成包括长白山、延吉两个实验场所在内的东北前沿实验室，配备 40 余台套伽马能谱、液闪谱仪等大型实验室分析设备，形成了大通量样品快速分析能力；装备有惰性气体采样分析系统和全自动气溶胶核素自动监测系统，具备预警监测能力；建设航空辐射测量、网格化的辐射环境自动监测快速布放、以及气溶胶和气碘的大规模采样等多手段快速现场响应能力。

1.1.2　校核计算与独立验证能力建设成效显著

校核计算与独立验证能力进一步增强。校核计算体系逐步完善，在核与辐射安全中心成立了校核计算与独立验证机构，核与辐射安全审评模拟分析与验证重点实验室开工建设，多功能微压供热堆综合安全验证台架建设持续推进，开展了防城港核电厂 3 号、4 号机组安全审评试验验证，完成了福清 5 号、6 号机组反应堆物理部分校核计算，对小堆开展校核计算前期研究工作，完成小破口事故等多项校核计算。重大专项一期“CAP1400 安全评审技术及独立验证试验”、重大专项二期“CAP1400 安全审评关键技术研究”及三期“CAP1400 安全监管重要试验研究”全部通过验收。具备独立开展反应堆物理、热工水力、事故分析、辐射防护、燃料性能分析等方面的校核计算能力。完成 5 项首堆调试试验监督程序并形成调试大纲，编制“‘华龙一号’审评原则”，首次开启小堆、海洋堆安全审评。基本实现安全审评业务由符合性审评向综合性审评转变。

1.1.3　监督监控能力持续完善

部分监督站积极申请业务用房，筹建辐射监测实验室和配套设施，测算业务用房和办公用房的面积和资金需求。各地区核与辐射安全监督站已基本配备了必要的现场检查和执法技术装备。在现场监测方面，均已配备各类便携式测量仪器及采样设备，具备一定的现场监测能力；在应急监测方面，现配备有应急监测车、车载巡测谱仪及必要的个人防护和通信设备，具备应急状态下的监测能力。部分监督站开展核与辐射应急信息平台建设。

建立并持续完善我国风险指引型监管框架，持续深入推动概率安全分析试点，积极推进风险指引型监管，在相关核电厂运行技术规范优化、定期试验监督要求修改、在线维修等方案开展试点应用。发布相关技术文件，印发《核电厂配置风险管理的技术政策（试行）》，指导核电厂营运单位建立和优化核电厂配置风险管理体系。基本建成国家核安全局核电厂经验反馈系统并持续优化，完成核电厂运行和在建经验反馈平台融合，搭建民用核燃料循环设施经验反馈数据库。完成概率安全分析在相关核电厂在役检查优化应用项目的技术审评。积极推进职业照射、核设备监管、人员资质管理、放射性废物管理等信息系统建设。完成辐射职业照射信息系统建设，形成国家、省、企业分级管理网络体系。完成无损检验人员、焊接操作人员、核电厂操纵员、注册核安全工程师等人员资质管理信息系统建设。初步建成民用核安全设备信息系统，支撑进口民用核安全设备安全检验工作开展。完成全国放射性废物管理信息系统总体设计。发布配套管理文件，编制国家辐射职业照射年报，实现核设施、铀矿冶设施、核技术利用、辐射安全监管个人剂量数据全覆盖。

1.1.4 辐射环境监测能力进一步增强

完善辐射环境质量监测网，推进国控辐射环境质量自动监测站建设，辐射监测能力持续增强。根据“统一规划，分批建设”的原则，重点开展国控辐射环境质量自动监测站建设，完成饮用水源地水和土壤等环境采样点布设，截至 2020 年底，新建成 338 个辐射环境质量自动监测站，升级改造 9 个。随着职能转隶，新增核电基地周边海域海洋放射性监测海水点位 71 个、沉积物点位 51 个以及海洋生物点位 24 个。建设三门、半山、海盐三大实验基地，其中三门实验基地已完成前沿站、流出物实验室、11 个监测子站建设，实验室配置了高纯锗谱仪、液闪谱仪等大型测量设备，并于 2016 年 4 月通过生态环境部验收；半山实验基地已完成环境分析实验楼、配电房等设施建设工作；海盐实验基地已完成规划、立项等前期工作。建成长白山、延吉前沿指挥部和辐射监测实验室，配备必要分析设备，东北地区应急监测能力建设持续加强。开展核电厂周边环境监督性监测及核电厂流出物样品检测，在红沿河、海阳、田湾、秦山、三门、宁德、福清、大亚湾、阳江、台山、昌江、防城港等 12 个核电基地周边开展海域海洋放射性监测。江西、宁夏、广西、青海、上海、四川、湖北等省（区、市）开展地市级快速应急响应能力建设，部分地市配置了应急监测快速响应系统，配备便携式 γ 核素识别仪等技术装备，重点地市开展区域性监测分析实验室建设。开展海洋生物和海水监测。

国家辐射环境监测网共设置 48 个海水监测点和 34 个海洋生物监测点，海水监测点分布在 11 个沿海省份的 41 个沿海地及以上城市，海洋生物监测点分布在 11 个沿海省份 32 个沿海地级及以上城市。2019 年，开展海水和海洋生物监测，采样频次为 1 次/年。

核设施外围环境监督性监测工作不断推进。发布《核电厂辐射环境现场监督性监测系统建设技术要求》和《核电厂辐射环境监督性监测方案审评大纲》，细化和规范核电厂辐射环境现场监督性监测系统建设。完成辽宁红沿河、福建宁德、福建福清、广东阳江、广东台山、广西防城港、海南昌江、山东海阳、浙江三门等 9 个核电厂辐射环境现场监督性监测系统建设和验收，完成徐大堡核电厂辐射环境现场监督性监测系统站点选址，开展霞浦示范快堆监督性监测系统选址工作。完成重要核设施监督性监测 21 个国控点位的升级改造，21 个自动站全年实时监测数据获取率平均为 93%，数据实时接入国家数据汇总中心服务器，系统运行的稳定性和可靠性得到有效提升。

辐射环境监测质量保证体系持续健全，完成质量体系建立。全国 31 家省级辐射环境监测机构通过监测能力评估。其中，2015 年完成对江西、河南两省辐射能力评估，2017 年完成对海南、天津两地辐射环境监测能力的再次评估，2018 年完成吉林、湖南、湖北、山西的能力评估，2020 年完成西藏监测能力评估。北京、上海、浙江、内蒙古、四川和甘肃等 6 省份实验室通过实验室认可评审。严格执行辐射监测人员持证上岗制度，各省级辐射环境监测机构共有 915 名技术人员拥有辐射环境监测上岗证，基本实现持证上岗。做好质量保证工作，每年组织开展全国辐射环境监测质量考核，“十三五”期间已覆盖国控网主要监测项目，举办第二届全国生态环境监测专业技术人员大比武。建立质量管理协同机制，北京、四川、江苏、广东、广西、上海、重庆等较强实力的省站，协助辐射环境监测技术中心对区域内监测机构的质量管理工作进行技术指导。积极开展样品外检，利用全国辐射环境监测数据管理及应用平台对监测机构的资质、人员持证上岗、仪器检定和校准、内部质量控制等质量管理信息实施监督。

1.2　存在的主要问题

虽然“十三五”期间核与辐射安全监管能力建设取得了一定的成效，但国家核与辐射安全监管能力建设与核能、核技术利用事业发展相比差距很大，难以为核与辐射安全提供必要的保障。核能与核技术利用快速发展的形势对核与辐射安全监管提出了严峻挑战。核安全监管独立的分析评价、校核计算和实验验证手段缺乏，缺少对核安全大数据分析处理、预警监测能力，监督执法人、财、物储备有限，核与辐射环境监测体系和应急能力尚不完善，技术研发创新能力建设不足，人才培养、公众宣传与国际合作能力有待加强。

（1）技术研发创新与基础能力建设不足

国家核与辐射安全监管技术研发基地是一项整体建设工程，除了征地及土建工程外，还包括核电厂安全验证、核安全设备安全验证、核电厂运行安全仿真分析、放射性废物处理处置及核设施退役安全验证、辐射环境监测、电磁及电离辐射防护、核与辐射安全监控与应急响应能力、中国核与辐射安全国际联合研究平台、华北核与辐射安全监督站辐射监测与评价等 9 项能力建设内容。受国家政策影响，目前国家只批复了项目整体及部分土建投资，导致开展核与辐射安全监管急需的实验室和条件保障内容建设资金尚未落实，严重制约我国核与辐射安全监管能力和水平的全面提升。此外，研发基地二期工程包括中国核与辐射安全国际合作交流中心等项目尚未落实，既无法完成国家领导人在核安全峰会承诺，也无法实现国家“十三五”安全规划既定建设目标。

（2）核与辐射安全监督、执法手段尚不完备

核与辐射安全监督站业务用房和华东地区模拟机房控制室及配套设施等相关能力建设工作推进缓慢。受现有条件制约，监督站实验室分析能力尚处于起步阶段，远远不能满足业务用房 1000 平方米建站标准要求；核安全监管缺乏有效和必要的数据分析处理、预警监测应急系统，现有信息网络渠道难以满足国内高速发展的核能与核技术利用的安全监管需要，影

响了核与辐射安全监管的有效性、及时性；核与辐射安全监督检查方法和手段仍需完善。

（3）辐射环境监测网络尚不完善

省级辐射环境监测网络处于刚起步建设阶段，目前我国的辐射环境监测还不能全面系统、连续地说明我国整体层面和区域层次的辐射环境空气状况、变化趋势以及对自然资源和公众的影响。国控网自动站点位数量不足，布设代表性有待提高。根据“十三五”建设规划，自动站拟覆盖全国31个省（区、市）的省会城市和部分地级以上城市（含地区、州、盟所在地）。目前县级城市、广大的农村以及背景地区尚未布设自动站，以我国960万km^2的陆地国土面积以及核大国的地位，与欧美等比较成熟辐射环境自动监测网络的国家相比，差距巨大。为明确核与辐射污染物的来源，区分人类活动和自然变化造成的辐射环境质量状况不同，应在全国范围增加布设站点，开展长期和例行的辐射环境监测，从而获得全面的、有代表性的监测结果。部分地区自动站运行维护艰难，大部分自动站建设在地级以上城市（含地区、州、盟所在地），远离省级辐射环境监测机构，因此大部分自动站点由各地市辐射环境监测机构负责运行维护，地市辐射环境监测机构缺乏相关的技术人员及运行维护经验，难以胜任自动站的运行维护，使自动站运行维护存在困难。

（4）核与辐射设施的监督性监测未完全覆盖，流出物监督性监测存在不足

目前已建成的监测系统在一定程度上满足监督性监测要求，但大部分老旧核设施站点设备故障率较高、备品备件缺乏、网络通信通道处于被淘汰阶段、运行维护困难，导致核设施周围辐射环境失去了有效监督，不能及时发现环境异常并进行预警；技术标准体系不健全。流出物监测技术标准和方法欠缺较多。流出物监督性监测实验室基础能力建设薄弱，多数核电厂流出物监督性监测实验室在建，个别建成的试运行阶段问题较多，流出物在线监测系统存在数据无法查询、样品不能实现抽样分析目的。国家级和省级辐射监测机构在流出物监督性监测方面能力严重不足，核电厂自主监测也存在取样、分析方法、分析过程、数据处理等环节缺少有效监督等问题。核电厂质量控制措施是否合理、是否落实，缺少考核措施。

（5）应急监测能力不足，应急系统功能有待加强

应急监测仪器装备十分缺乏，大部分省级辐射应急机构仅配置了简单的便携式监测采样仪器，人员防护装备简陋，信息联络渠道仅依靠公共通信网络，没有专用的核污染事件应急监测车，快速移动监测能力匮乏。应急监测队伍标准化建设、应急监测方法规范化建设比较薄弱。部分省份修订预案缓慢，未能及时进行预案培训和开展演练。核与辐射应急平台所涉及的基础信息数据库、气象和地理信息数据库、核事故信息数据库、核与辐射安全监管数据库、应急专家库等数据库建设仍处在起步阶段，核应急信息的互联互通实施进展缓慢。高科技的技术支持体系尚未形成，大量科研专利成果缺乏实用性转化。面向海洋的监测预警能力和海洋生态灾害风险防范能力不足。

（6）海洋放射性监测能力薄弱

根据国务院机构改革方案，新组建的生态环境部内设海洋生态环境司，整合了原国家海洋局的海洋环境保护职责，新增多项涉及海洋生态环境保护的职能，标志着我国生态环境保护即将开创陆地环境与海洋环境“一体化”治理的新局面。现阶段，生态环境部负责海洋环境放射性监测工作，但由于职责尚处于整合期，海洋环境放射性监测工作开展缺乏顶层设计，主要围绕滨海核电厂监督性监测开展，沿海省份环境质量监测仅涉及少量海洋环境内容，监测能力比较薄弱，需尽快理顺监测机制，形成相关能力；在监测手段方面，自动站监

测系统尚未覆盖海域等监测内容。

（7）国际交流和人员培训能力较为欠缺

目前，国内在核与辐射安全方面还没有固定的执（职）业培训场所，人员培训条件极为欠缺。行业内的监管人员培训、核安全设备特种人员考官培训、注册核安全工程师考试培训与继续教育、辐射防护从业人员执（职）业再教育均由分散在全国各地的相关培训机构进行相关的理论培训，缺少模拟演示、实践与操作等硬件条件的培训基地。核与辐射安全国际交流合作与人员培训能力较为欠缺，难以满足核与辐射安全监管工作顺利开展的需要。

2 指导思想与目标

2.1 指导思想

核安全放射性污染防治“十四五”规划（以下简称核安全“十四五”规划）是深入贯彻习近平新时代中国特色社会主义思想和党的十九大精神的第一个五年规划，是中国特色社会主义进入新时代核安全监管的第一个五年规划，是衔接“两个一百年”奋斗目标、开启全面建设社会主义现代化新征程的第一个五年规划，具有鲜明的时代特征和继往开来的里程碑意义。坚持“理性、协调、并进”的核安全观，坚持“安全第一、质量第一”的根本方针，围绕核与辐射安全工作主要任务，以加强技术研发创新为先导，以满足核安全监管需求为牵引，加强基础建设，提升我国核与辐射安全监管水平。

2.2 基本原则

统筹规划，分步实施。加强顶层设计，对核与辐射安全监管能力体系建设进行总体部署，统筹长远规划与近期目标，兼顾核与辐射安全监管不同方面，分阶段完成核与辐射安全监管能力体系建设。整合资源，突出重点。充分利用核工业领域现有能力，积极发挥社会科研力量，有效整合和优化配置国内外资源，提高使用效率。突出建设重点，重点建设监管职能所必需，且国内尚无依托条件的监管能力，避免重复建设。

依靠科技，共同推进。充分发挥科技支撑和引领作用，加快核安全领域科技研发与成果应用。综合考虑影响核与辐射安全监管能力提升的制约因素，软硬结合，在加强硬件装备的同时，加强人才队伍培养培训。

公开透明，协调发展。完善公众参与机制，保障公众对核安全相关信息的知情权。加强宣传教育，提高核与辐射安全领域科普知识普及水平，增强公众对核安全的了解与信心。坚持核安全监管与核能、核技术利用事业同步发展，推动核能与核技术利用事业和社会、环境的协调发展。

2.3 规划目标

构建现代化核安全监管体系，引入风险指引型监管模式，建设现代化核安全监管能力，建成配套的国家核与辐射安全监管技术研发基地，具备较强的校核计算和实验验证能力，中央本级和地方辐射环境监测能力明显提升。核安全国际合作交流广泛深入，对国内工作的支持和服务更加有力，我国在国际核安全领域话语权和影响力、参与规则制定的能力得到显著提升，核与辐射安全监管能力与核能、核技术同步发展。

3 主要任务

3.1 严格开展技术审评

开展各类小型堆、浮动堆、快中子反应堆、大型乏燃料后处理设施、低放废物处置设施、大型加速器和质子重离子治疗装置等安全审评，编制各类审评原则。开展小型堆、浮动堆等核动力示范工程的环境影响报告书审评，编制相应审评大纲。开展核与辐射领域环境影响评价报告书（表）复核工作，完善环境影响评价技术导则和环境影响技术评估（审评）导则，保障核与辐射领域环境影响评价工作质量。落实核与辐射领域环境影响评价制度，加强生态环境保护事中事后监管。全面开展各类校核计算工作，开展核电厂自主化安全分析软件工程应用验证，加强核安全相关构筑物、设备和部件验证能力，实现核设施重要领域安全审评独立校核计算和试验验证。

3.2 加强核与辐射安全监督执法能力

建立健全我国风险指引型核安全监管体系，制定风险指引型核安全监督大纲和程序，建设风险指引型人工智能核安全监管系统平台，开展风险指引型核安全监督检查。健全核与辐射安全隐患排查整改长效机制，开展核设施、铀矿冶、核技术利用等单位核与辐射安全隐患排查，开展辐射监测与应急工作评估。持续推进中央本级和地方现场监督执法能力建设，完善现场监督执法能力建设标准，改善核与辐射安全监督站业务用房，保障现场监督执法车辆和技术装备。

3.3 全面推进核与辐射安全监管大数据建设

建设核安全预警监测信息化平台。构建核与辐射安全监管“一张图”，打造集多维分析、监控调度和风险防范为一体的大数据可视化平台。拓展信息化业务支撑领域，以核与辐射安全监管信息资源目录体系为导向，全面推进数据整合、共享。建成核与辐射安全监管数据中心，保障关键信息基础设施安全，筑牢网络安全屏障。推动地区监督站和省级核与辐射安全监管信息化建设。

3.4 强化辐射环境监测体系

（1）完善全国辐射环境质量监测

加强国控辐射环境监测网建设，优化网络层级、功能和站点布局，提升数据利用和运行维护支持水平，推进全国辐射环境监测网络与常规环境监测网络的融合。在核电厂周边水域、核设施排放口下游等地建设水体自动监测站。积极推动背景站和超级站建设。积极推进省控网建设，加强各省辐射环境监测网络建设。推动新建自动站项目的申报工作，做好选址等前期工作。做好已建辐射环境自动监测站的运行维护工作。开展三峡库区等重点地区水体放射性水平调查。

（2）做好国家重点监管核设施外围监督性监测系统升级改造及后续运维管理工作

提高监督性监测系统监测预警能力，做好核电厂辐射环境现场监督性监测系统建设工作，确保新建核电厂外围辐射环境监测系统监测数据及流出物监测系统监测数据在核电厂投运前实时传输到国家数据汇总中心；省级生态环境部做好核电厂监督性监测系统的建设和运行维护；对重要核设施、铀矿开采及冶炼企业、重点伴生放射性矿产资源开发利用企业和重要核技术利用装置等开展监督性监测；加强核设施企业自行监测能力，逐步落实监测信息公开主体责任。

（3）加强省、地市级辐射监测应急能力建设

推进省级及地级市辐射监测单位快速应急监测系统建设，使核与辐射应急监测快速响应能力覆盖全国所有地级市。开展重点区域的核与辐射应急能力建设，建立有效应对重点地区突发核污染事件的预警、应急监测和应急处置能力。开展无人机、卫星遥感技术应用的地空一体应急保障体系建设，定期修订辐射环境应急监测方案（程序），加强应急监测能力建设和应急监测人员培训，定期组织开展应急监测演练。

（4）加强我国海洋环境放射性监测与评价

保护海洋生态环境。按照“监督重点区域，覆盖管辖海域，掌握关键通道”的思路，加强我国海洋环境放射性监测与评价。整合海洋监测资源，统一布设海洋生态环境辐射监测站点和实验室，形成覆盖重点海域的海洋生态环境辐射监测能力，开展海洋生态环境辐射监测及相关技术研究。加强南海等重点海域辐射环境监测能力。

3.5 提高研发创新能力

重点开展核电厂安全技术研究，老化评估与安全改造技术研究，研究堆、核燃料循环设施安全技术研究，核安全设备安全技术研究，放射性废物安全技术研究，核技术利用安全技术研究，核材料管制和放射性物品运输安全技术研究，辐射防护技术、辐射影响和评价以及相关技术规范和标准研究，辐射环境监测技术方法研究，应急响应技术研究，核反恐技术研究。夯实核与辐射安全监管活动技术支持基础，培育和奠定核与辐射安全关键技术的科研能力，重点解决大型先进压水堆 CAP1400 和高温气冷堆设计、制造、建设运行等方面核安全相关的关键问题，持续关注并提升多用途小型堆、海洋核动力平台等先进核能技术安全性，依托科技创新，开展乏燃料后处理与高放废物安全处理处置、核设施运行安全人因分析实验

室、核设施构筑物安全验证实验室、核安全大数据分析应用、天空地一体预警监测能力、遥感影像处理应急保障等前沿技术研究。

3.6 加强人才培养、培训能力

开展人才培养政策研究，实施人才规划，建立人才培养体系。优化人才的选拔、任用和管理机制，优化人才交流机制，从政策、待遇、发展等各方面培养和吸引人才。加强人才培训基础条件建设，通过政、学、研、产相结合等多种模式，切实推进人才培养基地及培训中心建设，建立培训平台，采取多种方式积极开展人才培训工作。建立核与辐射安全知识管理体系。建立核安全国家级高端智库，建设核安全专业咨询平台，实现智力成果的转化与应用。建立国家核与辐射安全培训基地，开展全方位的技术技能培训。建立核与辐射安全监管人员技术资质管理与培训体系，建立注册核安全工程师管理、培训体系，建立核反应堆操纵员人才库及动态管理系统，建立民用核安全设备无损检验验证中心、核安全设备焊接特种人员考官培训示范中心。

3.7 提高公众宣传和舆论应对能力

积极推进核安全与放射性污染防治公众宣传工作，借鉴国际先进经验，开展公众宣传研究，积极推进公众宣传基础条件和能力建设。建立核与辐射公众事件应对机制，加强突发核事故对环境、人口、经济、社会运行影响的快速评估和预警能力建设，加强突发核事故影响下人员恐慌等社会舆情的监控能力建设，提高对突发事件的应对处理能力。

3.8 提高国际合作能力

在核与辐射安全中心设立核安全国际交流机构，进一步加强同国际原子能机构等国际组织的合作。积极开展双边、多边和区域核安全交流与合作。提高核安全领域相关国际公约履约能力。全面开展亚洲及世界其他国家的核安全监管人员、核设施管理人员和技术人员的培训，开展技术咨询、技术合作、联合研发，在核能建设的各个层面与其他国家建立广泛联系，作为国家核领域的宣传窗口和交流平台，帮助国内企业宣传推广，开拓海外市场，助力中国核能和核技术利用事业走向世界。

4 保障措施

4.1 明确职责，推进实施

加强组织领导，明确职责分工，制定具体实施方案，分解落实规划主要任务、政策措施和目标指标，全面推进规划实施。切实发挥核安全“十四五”规划对“十四五”期间核与辐射安全监管体系的总体指导作用，加强核安全“十四五”规划与相关规划的有效衔接、配套。

4.2　机制创新，完善政策措施

优化管理机制，进一步增强核安全监管部门的独立性、权威性、有效性，建立相对独立、较为完整、运行高效的监管体系，加强各部门之间的沟通与协调。完善有利于核与辐射安全监管工作的有关政策，完善核安全许可证制度，完善核燃料循环、核设施退役和放射性废物处理处置的管理制度和政策，研究建立核事故赔偿和核保险相关制度，研究建立核技术利用单位责任保险制度等。

4.3　保障经费投入，提高效益

明确中央与地方事权划分，将核与辐射安全监管能力建设和运行费用列入各级财政预算予以重点保障，确保资金到位。将国家核与辐射安全监管能力建设项目纳入中央财政重点支持领域，拓宽项目资金支持渠道，充分发挥市场机制，引导社会资金投入，多渠道筹措能力建设资金。加强项目资金监管，实施项目绩效评估，建立考核结果与资金预算安排的联动机制，明确奖惩措施，提高资金使用效益。

4.4　开展规划评估，加强监管

建立健全规划实施评估和监督机制，及时掌握规划实施情况，研究分析实施过程中出现的新情况、新问题。加强督促检查、中期评估和终期考核，确保各项任务落实到位。

六、核与辐射安全监管体制“十四五”规划思路研究

确保核安全，是落实国家安全战略和中国核安全观、巩固国家安全的重要保证；确保核安全，促进核能与核技术利用事业健康、可持续发展，是推动国家能源结构调整、缓解大气污染、促进生态文明建设的重要举措。长期以来，我国核与辐射安全监管对核能领域良好安全业绩的保持发挥了重要作用，但面对核能发展的新形势，核与辐射安全监管亟须进一步强化和优化。

本报告将聚焦我国核与辐射安全监管发展形势与面临挑战，在研究分析主要核电国家核安全监管体制和法规体系的基础上，结合我国核与辐射安全发展的问题和需求，总结提出“十四五”期间我国核安全监管体制整体发展思路，提出核与辐射安全监管体制优化的措施和建议。

1　核安全监管发展形势与面临挑战

1.1　“十四五”面临的新形势

1.1.1　新时代生态文明建设不断推进对核安全监管提出更高要求

党的十九大提出生态文明建设是关系中华民族永续发展的根本大计。生态文明建设秉持绿色、循环和低碳的理念，而核能作为清洁能源对促进节能减排、推动绿色发展具有重要作用，保障核安全是核能可持续开发利用的前提。因此，保障核安全对推进生态文明建设具有现实意义。一是保障核安全前提下发展核能是减轻大气污染排放的有效措施。核能作为清洁能源，其在发电过程中不产生二氧化硫、二氧化碳、氮氧化物及烟尘等大气污染物，在确保核安全的前提下开发利用核能，有助于减少大气污染物的排放。二是保障核安全前提下发展核能是减少自然资源消耗的重要手段。发展核电是缓解资源约束、减轻生态环境破坏的有效途径。从燃料资源消耗情况来看，相同装机容量的核电厂与燃煤电厂比较，燃煤电厂每年消耗的燃煤量远远大于核电厂每年所需的核燃料量，一座百万千瓦级的核电厂每年耗用 25~30 吨的低浓铀燃料，相同功率的核电厂比燃煤电厂更加节约资源。三是保障核安全前提下发展核能是构建绿色能源体系的必然选择。当前我国进入经济高质量发展和生态文明建设新阶段、能源生产和消费革命新时期，能源供给侧结构性改革不断深入。清洁能源比重正在逐渐上升。其中，核能发电占全国发电总量比例从 2013 年的 2%上升至 2018 年的 4.2%。核能作为稳定、高效、经济的清洁能源是促进能源结构不断优化的重要选择，只有不断提高核安全水平，才能持续开发利用核能，促使能源发展转向绿色高效低碳方向，推动绿色能源体系构建。

1.1.2　我国核电事业的蓬勃发展对核安全监管提出更高需求

截至2020年12月底，我国运行核电机组49台，居世界第三，在建核电机组15台，居世界第一。核电机组性能指标总体处于良好水平，截至2019年6月，已安全稳定运行累计300余堆年，未发生过国际核事故分级标准（INES）2级及以上的事件或事故，在近年世界核电运营者协会（WANO）同类机组综合排名中，80%以上指标优于世界中值水平，70%以上指标达到世界先进值。2018年，12台运行机组WANO综合指数满分，世界领先。19座在役民用研究堆和临界装置保持安全稳定运行，18座民用核燃料循环设施、2座低中水平放射性固体废物处置场保持良好安全记录。一是核电机组建设重启给核安全监管带来巨大挑战。2018年我国核电机组建设突破“三年零审批”，随着新建核电机组的陆续开工，短期内核电装机规模总量将快速增长，大量暂停机组审评工作重新启动，核与辐射安全审评和监督压力大幅增加。我国核电存在自主研发、多国引进、多种堆型、多类标准和多种技术共存的问题，核电机组堆型的多样性、新技术的不断引进和采用、核电安全标准的多样化、大量新建机组的相继投运等诸多新情况，都增加了核电安全监管难度。二是老旧核设施种类多样、数量众多，放射性废物治理任务艰巨。我国拥有民用研究堆（包括临界装置和微堆）、元件制造、后处理、放射性废物处理与处置等各类核设施，且老旧核设施分布广、投运时间长、技术差别大，不同程度存在安全文化缺乏、安全设计标准低等问题。尽管我国在加强放射性废物管理，提高放射性废物治理方面做出了不懈努力，但目前尚未最终解决这些放射性废物特别是高放废物的处置问题。

1.1.3　核安全政策法规对核安全监管的独立性有明确要求

我国是核能与核技术利用大国，核安全是国家安全的重要内容，政策法规是核安全的基本保障。我国把保障核安全作为重要的国家责任，成立专门机构实施统一监管，建立独立、公开、法治、理性、有效的监管体系，加强技术保障和人才队伍建设，不断推进核安全监管体系和监管能力现代化，保障了核安全监管的独立性、权威性和有效性。一是《中华人民共和国核安全法》（以下简称《核安全法》）关于独立监管原则的落实有明确要求。核安全事关重大，所以要求核安全监管机构保持独立性，必须使核安全监管机构站在保护公众和环境的公共利益的立场上，不受发展核能的主体的权力干涉。《核安全法》确立了“独立监管”原则，明确规定“国务院核安全监督管理部门负责核安全的监督管理”。二是建立健全“三位一体”监管机构。国家核安全局实行核安全、辐射安全和辐射环境管理的统一独立监管，建立了总部机关、地区监督站、技术支持单位“三位一体”的核安全监管组织体系。总部机关统筹全国核安全监管工作；设立华北、华东、华南、西南、西北、东北6个地区核与辐射安全监督站，实施区域核安全监督检查；设立核与辐射安全中心、辐射环境监测技术中心等专业技术机构，为安全审查、独立验证、监督执法、辐射环境评价等提供全方位支持。各级地方政府结合实际设立监管机构并配备专兼职监管人员，开展本地区辐射安全监管。

1.2 “十四五”面临的严峻挑战

1.2.1 核电安全监管机构的权威性与独立性尚存不足

现阶段，我国核电安全监管涉及诸多管理部门，使得核电安全呈现出碎片化管理趋势，导致核电安全无法被统一和集中监管。例如，在研究新一代反应堆以及研发核电技术等方面，需要由国防科工局和国家能源局共同管理，在审核人员资质和制定核安全法规等方面，需要由国家核安全局及国家能源局共同监管，存在管理职责划分不清、职能交叉等问题。由于我国多个部门对核电领域的碎片化监管，核电难以集中管理，多个部门在监管中的协调性较差，难以发挥其权威性，也造成核电领域的相关法规无法顺利颁布。如果我国缺乏足够权威的核电安全监管机构，势必会导致核电工业的发展速度与安全性严重脱节。因此，必须要进一步提高我国核电安全监管机构的权威性与独立性，使其能够对核电安全进行统一而集中的监管，彻底转变现有的碎片化监管方式。

1.2.2 核电安全监管人才储备与美国尚存差距

核电工程的专业性非常强，科学技术的发展使核电工程的技术水平不断提高，该领域的高素质人才非常稀缺，特别是在核岛建设安装和核电技术研发方面，存在非常严重的人才匮乏问题。核安全监管机构也同样面临该问题，正是因核电安全监管人才的匮乏，造成各个职能部门难以对核电安全进行全方位管理。完善核电安全监管体系，需要足够的人才保障。相比于美国，中国在核能监管人数上不足千人，而美国核能监管人数则高达 4000 人，差距可见一斑。

1.2.3 核安全监管中信息交流与反馈机制有待加强

近年来，我国的治理能力不断提高，治理体系更加程序化、制度化、规范化。但对于管理来说，却与治理有着本质的区别——治理侧重于治，而管理则侧重于管。相比于管理来说，治理有着更加多元化的主体，而管理则只是以政府为主体，并且治理能够突出合作、包容、协商等能够体现民主的概念，但管理则显得更加具有强制性。对于社会发展来说，治理要更利于社会团结、提高社会凝聚力、激发社会活力，这是因为在国家治理的过程中，公民能够参与到决策之中，治理模式中存在信息反馈渠道。在国家治理模式下，公民有着足够的参与权，其能够自主地对涉及自身利益的事务进行干预。对于核电安全来说，也应建立相应的信息交流与反馈机制，使公众能够有效参与到核电安全决策当中去，这也是核安全在文化成熟上的重要前提。但目前来看，我国在核电安全监管上缺乏相应的信息交流与反馈机制，这也造成民众很难参与到核电安全监管工作中，从而降低了政府的权威性和公信力。

2　主要核电国家核安全监管发展

2.1　美国

2.1.1　美国核安全监管体制

美国核安全监管的模式，是由核安全监管部门美国核管会（NRC）在法律框架下独立开展监管的模式。NRC下设5个委员会，监管范围包括反应堆、核材料、放射性废物。其主要特点可总结为：一是立法授权，《原子能法》赋予了相关单位对涉核事务进行核安全监管的职责。二是独立实施，美国核管会作为独立行政机构，依法独立对民用核工业实施核安全监管。三是司法监督，法院可依法裁决核安全监管部门与相关部门或单位的相关争议。四是军民分立，《能源重组法》规定美国核工业军用和民用分开管理。五是公众参与，民用核安全监管相关事务公开透明，公众可参与其中。

2.1.2　美国核安全法规体系

美国的核安全法规，狭义上来说，包括国家法律和联邦法规两类文件。但如果考虑美国核管会的"管理导则（RG）"的实际使用情况，以及联邦法规等对美国机械工程师协会（ASME）第Ⅲ卷等工业标准的背书，这些文件也可归入广义上的核安全法规体系。甚至美国核管会出版的NUREG等技术文件和有关出版物也可视作核安全法规体系的延伸。

2.2　法国

2.2.1　法国核安全监管体制

法国的核安全监管体制此前一直在完善，直至2006年颁布《核领域透明和安全法案》(TSN)后，才形成了现在的核安全监管体制。法国核安全监管体制基本满足国际原子能机构（IAEA）的要求或建议，与美国也大致类似。法国核安全监管文件包括所有的设置核安全规则的法律文本，包括强制性（国会通过的法案，法令和部委命令以及ASN的监管决定）和非强制性（ASN的基本安全要求和导则)。在法律层面上，《核领域透明和安全法案》赋予核安全署（ASN）独立行政机关的地位，授权ASN独立开展核安全和辐射防护的监管工作，且它的核安全概念更为广泛，涵盖了事故预防等。通用性的核安全法规，包括条例（Decree)、命令（Order)，由政府依其权责发布。对于这些核安全法规，ASN在其专业范围内，与政府相关部门和社会相关团体进行协商，并负责澄清这些法规草案的内容。

2.2.2　法国核安全法规体系

法国的核安全法规体系从本质上来说，基本满足IAEA所期望的体系架构。按照属性或效力，包括如下几类：

（1）TSN 法案。该法案是与核设施安全有关的基础法律，提出了核信息透明化要求。ASN 也是依据该法案成立。

（2）政府条例（法令）。在 TSN 法案之后，已颁行 13 个条例，如 2007-1572 号条例“核设施事件或事故技术调查”。这些法规均属于强制性规定。

（3）技术规则（Technical Rules）。技术规则涵盖了所有关于核安全的技术规则，其中有些规则属强制性法规，如核承压设备 ES-PN 法令等；有些是非强制性的建议，如通告和基本安全规则（RFS）等。RFS 是 ASN 针对压水堆制定的各种基本安全规则，详细描述了 ASN 认为可以满足相关法规所订安全目标的可行做法。RFS 属非强制性要求，受监管的机构也可采用其他经证明也能满足规定的安全目标的方法。

（4）核工业规范（标准）。法国核电标准化组织机构 AFCEN 代表工业界制定的标准，即我国核电业界所熟知的 RCC 系列规范和 RSE-M 规范。这些规范在 ASN 审查认可后，通过 RFS 对其背书而成为核安全法规体系的组成部分。但根据 AFCEN 内部人士所言，法国将取消这一背书形式，目前尚不能确定是否有新的形式来代替。

2.3 俄罗斯

2.3.1 俄罗斯核安全监管体制

近几年俄罗斯在国际核电市场的开发相当惊人，我国田湾核电引进的就是俄罗斯的机型，今后快堆的建设也很有可能与其合作。在核安全方面，与美国等相比，俄罗斯此前的核安全监管和法规体系较不完善。自从切尔诺贝利事故以来，俄罗斯在核安全方面一直参照 IAEA 的要求而不断进行调整和完善，核能利用和核安全监管机构也因需要而做了调整。俄罗斯联邦环境、技术与核能监督总局（Rostechnadzor）现行的核安全监管机构，负责制定民用核能的政策和联邦法规，并进行监管。国家原子能公司（Rosatom）则取代了原来的联邦原子能署（FAEA），负责核能的具体开发。

2.3.2 俄罗斯核安全法规体系

俄罗斯核安全法规体系分为四层：

（1）联邦法律（Federal Laws）及其附则。它们是以俄罗斯联邦宪法为基础而产生的基本法，具有最高的法律效力，由俄罗斯联邦总统签署。相关的法律有 15 项，如联邦法律第 170-FZ 号“关于原子能应用”等。

（2）总统令（Rules）和联邦政府条例（Regulations）。它们分别由总统和政府主管部门签署。譬如为能有效落实联邦法律“关于原子能应用”，发布有总统令第 865 号“为安全利用原子能，联邦授权可执行国家权力的行政机构”。

（3）俄罗斯核安全主管部门发布的监管文件。在 2009 年之前，以导则文件的形式颁布，用以管制各项核能相关作业。目前，则分别以法规（Regulations）和安全导则（Safety Guides）的形式颁布，两者的属性、效力和作用与前文所述其他国家的并无二致。

（4）第四层是核安全主管部门认可的工业技术规定（Technical Regulations）、国家标准（National Standards）、和规范（Codes）。

2.4 英国

2.4.1 英国核安全监管体制

为满足新核电发展规划需求，根据 IAEA 和欧洲原子能共同体（EURATOM）的相关要求，英国对核安全监管机构进行了相应改革。按照 IAEA 对英国开展的三次综合监管评估服务（IRRS）提出的意见，遵循 EURATOM 的《建立共同体有关核设施的核安全框架》的相关要求，英国改进和提高了它的核安全监管法规体系和监管框架，核心是监管者的透明性及界定监管者与政府（包括核能发展和利用部门）的关系。

目前英国核工业监管框架为国防部主管军用核工业，能源与气候变化部主管民用核工业的格局。对于民用核设施的监管主要由核监管办公室（ONR）负责。2013 年，英国议会通过《能源法 2013》，赋予 ONR 作为一个独立监管机构的相关功能、权力和责任。这是英国第一次将核监管的关键要素集中在一个机构进行管理，以具有更大的职责、透明性和监管效率。

2.4.2 核安全法规体系

英国是 IAEA 的创始国，其核监管体系和法律体系遵循 IAEA 有关核安全（Nuclear Safety），核保安（Nuclear Security），核保障（Nuclear Safeguards）的标准和要求。英国核能管理的相关立法散见于不同的法律部门中，一般可分为以保护人员为目的的法律法规和与核设施相关的法律法规。前者有 1993 年《放射性物质法》、1974 年《劳动卫生与安全法》和 1985 年《电离辐射法》等；后者主要涉及核设施的许可证审批、安全运行管理和核损害责任等，如 1965 年《核装置法》。此外，也有在一些法律中部分章节专门涉及核设施管理的，如《2004 年能源法》中第 1 部分“民用核工业”。

英国核监管法律框架可以划分为不同的层级，第一层为国家法律，第二层为各政府部门条例，第三层为相关标准。其中国家法律从顶层设计方面对核监管进行了根本规定，而部门条例则从核能利用的各个方面对核安全监管提出了具体要求。各项其他标准和要求为开展各项核相关活动提供参考和指导。

2.5 日本

2.5.1 日本核安全监管体制

日本核能研发利用几十年来取得的成就离不开日本政府的核能政策及有效的管理。在福岛核事故以前，日本主要负责核能利用的资源能源厅和负责核安全监管的核安全保安院都同属于经济产业省，内阁府原子能安全委员会也承担着核安全监管职责，核能利用与监管的行政组织为一体。2011 年日本中央政府对其各省、厅进行了调整和重组，重组后的日本政府的核安全监管机构分别隶属于内阁府、文部科学省和经济产业省组成，把核安全监管职能从经济产业省分离出来，并与内阁府的原子能安全委员会进行机能整合，在 2012 年 9 月成立相对独立的核能监管厅，挂靠在环境省，并负有不同的核安全监管职责。日本的核安全监管体系包括四个方面的内容：内阁下设的核安全委员会、通产省下设的原子能安全保安院、日本科教文部省核安全局和其他多个地区核安全监督站和技术后援单位。核安全技术后援单位包括：日本原子能研究所、核燃料循环开发机构、（财）原子能发电技术机构、（财）发电设备技术检查协会。核安全监管部门委托技术后援单位做具体的审评和检验工作。

2.5.2 日本核安全法规体系

日本的核安全法律法规体系中，《原子能基本法》（1955 年第 186 号法案）位于最高层，确立了核能利用的基本理念。在此基础上，日本制定了《原子炉等规制法》（1957 年第 166 号法案）、《放射性同位素等辐射危害防护法》《电力事业法》《原子能灾害对策特别措施法》《原子炉等规制法》中阐述了政府的安全监管以及营运单位的责任。

在《原子能基本法》的指导下，每个特定的领域都制定了相应的子法，比如《原子能灾害对策特别措施法》《特定放射性废弃物最终处置法》等。此外，《原子能机构和核安全委员会设立法》《经济产业省设立法》《原子力安全基盘机构法》等法律中规定了监管相关各组织的设置依据及其使命。特别提一下日本的核损害赔偿法，该法律规定了由核事故造成的核损害发生时损害赔偿的基本制度。其中采用了核设施执照者负有“无过失责任”的赔偿责任制度，并具有无限赔偿责任。

除上述立法外，日本核安全委员会还编制了安全审查和安全评价的导则，规定了核设施基本设计审查需要使用的技术要求，在进行设施许可申请的安全审查过程中，使用这些导则对营运单位申请内容的妥当性进行判断。

2.6 韩国

2.6.1 韩国核安全监管体制

韩国总统是核安全监管的最高领导人，教育科学技术部是核安全监管机构，负责制订并实施和平利用核能与核安全监管政策，还负责监管核电、研究堆和辐射应用等相关活动。教育科学技术部下属的核安全委员会是重大核安全政策和事务的国家决策机构，原子能局为核安全监管主管机构，下辖辐射安全处、核安全应急处和核安全处。场外应急管理中心和核设施场址常驻检查员构成核安全监管基层单位；韩国原子能安全技术院是核安全监管的专家组织。

韩国核安全委员会的组织构架很大程度上模仿了美国核管会的安全监管体系。核安全委员会由 7 位委员组成，由教育科学技术部长官任主席。委员会下设核安全特别委员会（25 名成员）和特别调查委员会两个专职部门。核安全特别委员会由反应堆系统分会、辐射防护分会、环境与选址分会和监管政策与体系分会组成。

日本福岛核事故后，韩国为了确保核安全，成立独立的核安全监管机构——核安全与安保委员会。该机构是正部级编制，直接向总统负责，业务涉及核安全监管、核安保与核不扩散。核安全与安保委员会的任务是开展监管活动，以保护公众健康和安全，保护环境，促进国家防御和安全，并履行国际承诺，主要职能有：政策制定，制定核监管法律和标准；核设施、材料和活动的审批；对审批的设施、材料和活动进行检查和执法；事故响应与应急准备；核设施和材料的实物保护；核不扩散与保障监督活动；核相关材料和设备的进出口管制。自1958年韩国订立《原子能法》以来，核安全与安保委员会是第一个真正独立的核安全监管机构。

2.6.2 韩国核安全法规体系

《原子能法》是韩国核能开发、利用与安全监管的基本法律，明确了所有有关核安全监管和辐射防护的规定。《原子能法》界定了核能开发与利用、核安全监管的根本问题。《原子能法》包括4个层次的内容，即《原子能法》《执行令》《实施细则》和《科学技术部通告》。该法还包括对原子能委员会、核安全委员会、核能促进计划、核设施建造和运营审批等方面的规定条款。《执行令》又被称为《总统令》，规定了执行《原子能法》所需的技术标准和行政程序或方法。

1994年9月，韩国科学技术部颁布了《核安全政策声明》，声明指出，确保安全是核能开发和利用的先决条件，从事核活动的所有人员必须遵循“安全第一”的原则。它还强调了国际原子能机构提出的核安全文化发展的重要性。声明规定，核安全的最终责任由核设施运营商承担，设计者、供应商、建造商或监管机构也负有一定责任。政府应履行保护公众和环境免受辐射危害的总体职责，检查并确保获得核活动许可的企业和组织的核安全措施的合格率，并建立高层次的核安全保障体系，以实现安全目标。

2.7 主要核电国家核安全监管特点分析

核安全监管在组织形式上，世界各国政府都是统一监管，但各国对监管机构赋予的权力和职责以及建立的核安全监管体制机制又各有特点。

2.7.1 立法授权

一些国家在推动法制化国家建设中，提出了“法无禁止即可为，法无授权不可为”的原则。法理型权威在现代社会中占主导地位，权力来源于法律的规定。授权的法律规范位阶越高，其权威性与长效性越强，受到其他权力限制的可能性越小。当前，绝大多数核电国家的核安全监管机构都是依法设立，但授权法律的位阶高低不同。

在核安全监管领域的法律授权，主要推行“有限责任政府”模式，其核心就是：政府的职责和监管工作是有限的，更多赋予了放射源与核设施储运、使用、处理和处置过程中直接责任主体的权限和责任。即立法机构通过《原子能法》《核安全法》《能源法》等法律，赋予了相关单位对涉核事务进行核安全监管的职责，同时也明确了核安全责任主体（营运者或许可证持有人）的权限和权限。

目前美国、法国、英国、日本、韩国等国的核电科研由政府部门主管，核电设计、建造、运行由电力公司或供货商负责，核安全监管由法律授权的相关政府部门或机构负责实施。例如，美国最初监管原子能和平利用的独立机构是原子能委员会（ABC），后依据1974年《能源重组法》成立了NRC，承接原属于原子能委员会的所有许可证审批和相关的监管职能，美国《能源重组法》授权NRC制定标准确保最大限度减少原子能利用对生命健康和财产安全的影响。

2.7.2 独立实施

纵观主要核电国家核安全监管机构的设立，机构性质大致可以归纳为内属政府机构、政府监管机构、独立监管机构，例如德国、芬兰将机构设置于政府部门内部，没有独立的法律地位，与其同级部门保持一种准合同性质关系。决策机制是部门首长负责制，人事、财务遵守政府部门管理规定，非独立财政预算；法国和日本的核安全监管机构则由法律直接授权，享有独立法律地位，上级机关是内阁或议会总统，与其他政府部门保持独立的合作关系。决策机制是委员会制，人事、财务具有一定的自主决策权，独立财政预算；美国和加拿大设立了独立监管机构，对总统或国会负责。采用委员会制（委员由国会批准，总统任命）保证决策的理性度，拥有较大的管理自主权和独立决策权，独立财政预算。

影响核安全监管机构独立性的四个主要因素有：不受无根据的外部影响，但是存在合适的外部沟通机制；决策建立在科学基础上；明确的核安全目标和相关法律、技术标准的一贯性与可预测性；决策的透明度和可追溯性。其核心是决策的独立。

当前内属政府监管机构在体制上具有天然的依赖性，易导致监管失灵（例如福岛核事故），正逐步退出历史舞台。独立监管机构和政府监管机构享有准立法权、监督权和强制执行权，此外前者还享有准司法权，使得监管权限更为广泛。

2.7.3 军民分设

各国政府在核安全监管方面主要采取“该分就分，宜统则统”原则。核武器国家军工核设施与民用核设施采用分线管理。为国防服务的核设施主要由国防部、军队或国家授权的专门部门负责许可、监管。民用核设施一般由独立监管机构履行监管职责。

有关辐射防护、核应急与响应、环境监督方面，各国一般也采取分线管理模式。军用核设施和活动安全监管一般由专门机构进行监管（美国能源部、俄罗斯国家原子能公司）。民用核设施和活动一般由独立监管机构负责，如 NRC、ASN、ONR 等。

2.7.4 公众参与

核安全的最重要的保护对象是国民生命健康和财产安全以及生态环境安全，主要核电国家在核安全监管实施过程中，都充分重视并考虑了公众参与问题。民用核安全监管相关事务公开透明、公众可参与其中，是近年核安全监管关注的重点。

美国核管理委员会除了在其官网上对监管活动信息进行公开外，公众还可通过公开会议了解核管理委员会的监管活动的最新情况。公开会议包括委员会会议、咨询委员会会议，听证会和员工会议等。法国设立了专门的信息透明委员会为公众及时公布核电信息。我国《核安全法》设立专章规定了“信息公开与公众参与”等有关内容，规定通过政府严格监管和核设施营运单位严格守法来保护公众的权利，同时还规定了公众享有“申请获取核安全相关信息”和“就影响公众利益的重大核安全事项被征求意见”的权利。

3　问题与建议

通过研究分析国外相关国家监管体制机制，结合我国中央政府部门职能调整及环保垂直改革等一系列政策措施，优化核与辐射安全监管体制有其必要性和深层次需求。

3.1　辐射安全法规体系尚不完善，需持续推进监管法治化建设

当前，国家核安全局对核与辐射安全实行独立统一监管的格局已经基本形成，但监管体制机制有待进一步理顺。外部环境上，监管职能交叉问题依然存在。在承担一些军工任务的民用核设施安全监管、核电厂事故应急活动组织和管理、核材料管制、人员资质管理、核与辐射安全国际交流等方面，仍然与行业主管部门存在着监管职能交叉的问题。内部管理中，机构拓展、人员扩充后核与辐射安全监管系统的综合协调机制有待强化。对分工协作、互相配合、落实责任的要求进一步提高。

目前，我国已基本建成了与国际接轨并且适合我国国情的核与辐射安全法律法规体系，但总体上呈现“中间重、两头轻”的特点。一方面，相关法规、部门规章、技术导则已经基本齐备，但是体系上游缺乏基础性法律，对此，应加速和领域顶层立法原子能法的出台。另一方面，体系下游部分法规缺乏可操作性和实用性，亟需在体系下游构建一系列更具有操作性的技术导则和系统性的行业标准。

为确保核设施的安全，《核安全法》对核设施安全许可和核安全监督检查等做出了一系列制度安排，在国家法律层面上对核与辐射安全监管机制做出了规定。要落实这些制度，既需要一套层次清晰、涵盖全面、科学严谨的法律法规体系对外进行监管，也需要一套分工明确、组织合理、运转有效的管理体系对内进行规范，实现核与辐射安全监管的制度化、规范化、程序化。只有内外结合，才能确保《核安全法》相关要求在全系统、全行业、全社会得到落实，有效推动核与辐射安全监管的法治化进程，持续提升监管有效性、权威性和公信力。

3.2　核与辐射安全监管能力亟待提高，需继续推进核与辐射安全监管体系和监管能力现代化

一是人才队伍建设有待加强。核与辐射安全监管队伍具备年轻化的特点，如果不对监管队伍加强业务培训和人才培养，未来将难以适应核能快速发展的形势和监管专业化的要求。亟待提高年轻人员技术能力、做好新老员工的“传帮带”、强化核与辐射安全从业人员资质管理以及完善干部交流培养机制。二是审评和监督硬件支撑有待加强。核与辐射安全审评独立校核计算能力和实验验证能力不足，监督执法缺乏必要的装备设备。三是辐射监测体系有待健全。现有的全国辐射环境监测网络设置总体规模距离建成完全覆盖地市级区域的全国辐射监测网络仍有差距。四是监管投入经费规模尚显不足。监管人员培训以及监管配套条件的投入亟需加大。一些科技研发平台和基地项目的长期运行费用仍未落实。五是科研投入不足。在核与辐射安全监管技术能力培养和科技研发方面总体投入规模仍显不足，科研队伍仍不成熟。

习近平总书记在全国生态环境保护大会上指出，要构建以治理体系和治理能力现代化为保障的生态文明制度体系，强调用最严格制度最严密法治保护生态环境，加快制度创新，强化制度执行，让制度成为刚性约束和不可触碰的高压线。监管体系现代化的实质是制度现代化，没有科学规范的管理体系，监管体系现代化就是无源之水、无本之木。深度聚焦监管体系和监管能力现代化目标，构建系统完备、科学规范、运行高效的核与辐射安全管理体系，更新监管者自身的管理理念，优化管理方法和管理过程，切实推动监管工作的系统化、科学化、法治化、信息化和精细化。

3.3 核安全文化建设亟待加强，需强化监管机构核安全文化建设

我国已发布《核安全文化政策声明》，国家核安全局启动了核安全文化宣贯推进专项行动，在全社会、全行业掀起了培育和践行核安全文化的热潮，但要在全行业内将核安全文化真正内化于心、外化于行，仍然任重道远。发挥核安全文化的引领作用、全面推动核安全文化建设对提高核与辐射安全水平有非常重要的意义。

三十多年来，核与辐射安全监管系统逐步形成了一整套监管理念、原则和方法，是一代代核安全监管人逐步摸索、持续实践提炼出来的理论财富。核与辐射安全管理体系通过对上述实践经验的系统梳理、总结、归纳、完善和升华，能为核与辐射安全监管事业和精神传承提供有效载体，为监管理论巩固、转化和再创新搭建良好平台。既是对前辈知识和经验的总结和传承，也为未来核安全人继续探索前进、追求卓越提供了思路、方法和工具。

由多部委联合发布的《核安全文化政策声明》中提出，要建立一套以安全和质量保证为核心的管理体系，健全规章制度并认真贯彻落实。政府应建立健全科学合理的管理体制和严格的监管机制。管理体系建设是监管机构刀口向内的自我加压、自我改革，是持续改进、追求卓越先进理念的现实体现，是监管机构核安全文化建设的重要内容。构建一套相对完整、系统、科学、严格的管理体系，并将管理体系的各项要求内化于心、外化于行，自觉落实体系要求、督促体系执行、推进体系完善，持续提升监管系统内部核安全文化水平。

3.4 核与辐射安全监管参与国际合作存在障碍，需接轨国际安全标准和良好实践

在国际合作方面仍然存在着合作渠道不畅、国内有关部门参与国际合作存在一定程度的定位混淆和职能不适应等问题。在引进 IAEA 安全标准工作上，由于国际交流机制不畅问题，导致我国法规制修订滞后于国际组织安全标准更新的步调。

监管机构的管理体系建设是国际同行共同推崇的普遍做法，也是 IAEA 的安全标准要求。2010 年，IAEA 国际评估团对我国开展了核与辐射安全监管国际评估活动，提出了一系列改进要求和建议。其中一项就是要求国家核安全局要依照 IAEA 安全标准 GS-R-3《设施和活动的管理体系》，建立核安全监管部门的核与辐射安全管理体系。管理体系建设是吸取国际先进经验的良好做法，是接轨国际最新安全标准的有效渠道，是分享我国监管成果的重要平台，对建立国内权威、国际一流的核安全监管机构，助力核安全与核电“走出去”具有重要作用。习近平总书记在海牙及华盛顿核安全峰会上，提出了我国“理性、协调、并

进”的核安全观，承诺我国将强化国际合作，努力打造核安全命运共同体，推广国家核电安全监管体系，实施最严格的安全监管，确保中国境内和对外出口的核电厂安全可靠、万无一失，为提高全球核电安全水平作出贡献。

3.5　民众对核安全关切日益增长，需筑牢核安全应急保障

近年来，民众对核安全的关切日增，涉核舆情不断涌现。党中央、国务院对核安全工作更加重视，批示指示明显增加，数量之多、关注问题之具体，前所未有。同时，我国核能核技术利用发展迅速，放射性废物不断累积，传统的核与辐射风险有所增加，核恐怖袭击、涉核项目“邻避问题”、朝核环境安全等非传统安全风险此起彼伏，核与辐射安全监管工作要求更高、任务更重、转型发展的需求更迫切。面对新形势，核与辐射安全监管工作需要实现跨越式发展，在工作重心上面临“三个转变”：在工作内容上，从建设项目审评监督向保障核设施持续安全运行转变；在工作模式上，从经验式监管向标准化、规范化监管转变；在工作方法上，从抓顶层设计向抓全面落实转变。其中，工作模式的转变最为基础、最为关键、也最为紧迫，管理体系建设是其中的重中之重。管理体系建设是形势所需、当务之急，对自身能力提升、对事业长远发展、对提高安全水平具有重要作用。

同时，应强化国家核安全局在应急管理工作中的作用。继续加强对核电厂事故应急工作开展监督，督促电厂做好应急准备和沟通工作，强化对系统内核与辐射事故应急演练工作的指导。提高在核事故发生场景下开展堆芯状态研判、对核事故发展进行预判的技术能力，加强场内外辐射监测数据的收集、整理和评价。

4　“十四五”期间我国核安全监管体制整体发展思路

4.1　指导思想

深入贯彻落实习近平新时代中国特色社会主义思想，以国家总体安全观、核安全观为指引，以《中华人民共和国国家安全法》《核安全法》为依据，以构建起法律规范、行政监管、行业自律、技术保障、人才支撑、文化引领、社会参与、国际合作等为主体的核安全治理体系为目标，优化我国核安全监管体制，筑牢核安全防线。

4.2　发展原则

——发展与安全并重，以安全促进发展。保障安全，既是核安全监管的出发点和落脚点，也是核能开发利用活动必须遵循的前提。安全为首，核能开发利用活动应当以保护人体健康和环境免受不当电离辐射危害的方式进行。发展并重，核能与核技术广泛应用于能源供应、工业、农业、医疗、环境保护、资源勘探等领域，将合理开发利用核能对人类社会产生巨大收益作为核能发展目标。

——监督与责任并重，以责任落实监督。确保政府监管的有效性，核安全监管应当体现

独立性原则，核安全监管职权的独立性必须得到充分保障。为了确保核安全，必须要明确对核能开发利用行为施加影响的主体的责任，只有责任落实到位，核安全法的目标和要求才能得以实现。

——管理与治理并重，以管理兼顾治理。核安全的最重要的保护对象是国民生命健康和财产安全以及生态环境安全。核安全监管除具有强烈的管制行政的性质外，还具有重大的保障公众环境权益、维护生态环境安全的功能，消除公众对核能事业发展的疑虑和对核损害救济的担忧，增强公众对发展核能的信心。管理与治理并重，推进国家治理体系和治理能力建设。

——改革与创新并重，以创新推动改革。运用创新手段，通过自我评价、独立评价和经验反馈机制，不断改进和完善管理体系。

4.3 规划目标

“十四五”期间，继续完善和优化安全监管体制，构建现代化核安全监管体系。理顺体制机制，进一步健全国家层面上核安全管理。建设一支专业化、标准化、规模化运作的核安全的成熟队伍。加强核安全研究设施建设，建成国家核与辐射安全监管技术研发基地。加强核风险信息交流，树立民众的核安全信心。核安全国际合作交流广泛深入，在国际核安全领域话语权和影响力、参与规则制定的能力得到显著提升。

4.4 重点任务

4.4.1 理顺体制机制，进一步健全核安全管理

国家核安全局对核与辐射安全实行独立统一监管的格局已经基本形成，但需进一步解决国家核安全局与其他部门职能交叉的问题。在承担一些军工任务的民用核设施安全监管、核电厂事故应急活动组织和管理、核材料管制、人员资质考核、核与辐射安全国际交流等方面，重点解决与行业主管部门存在着监管职能交叉问题。确保国家核安全监管机构依法实施独立监督管理，确保涉核活动在法律法规许可的框架下及可接受的限度之内开展。

4.4.2 建设一支专业化、标准化、规模化运作的核安全监管队伍

进一步健全完善“三位一体”监管机构。实行核安全、辐射安全和辐射环境管理的统一独立监管，优化总部机关、地区监督站、技术支持单位“三位一体”的核安全监管组织体系。着眼于核事业发展和核安全监管需要，把队伍建设作为百年大计和基础工程，大力培养政治强、本领高、作风硬、敢担当，特别能吃苦、特别能战斗、特别能奉献的核安全“铁军”，逐步形成总部机关百人、中央本级千人、全国近万人的核与辐射安全监管队伍。

4.4.3 加强核安全研发设施建设，开展核安全关键技术研究

将核安全研发设施建设列入国家科技计划相关项目，加快推进战略性、基础性、公益性核安全监管技术研发，建成国家核与辐射安全监管技术研发基地。开展辐射环境监测和技术

审评关键技术研究，创新审评监督技术手段。鼓励行业开发和推广应用先进、可靠的核安全技术，布局核安全关键设备和材料的自主研发和国产化科研体系，实现自主安全发展。

4.4.4　加强核风险信息交流，树立民众核安全信心

建立健全公众交流的体制机制，加强顶层设计，强化公众宣传，推进核与辐射安全公开透明。明确公众宣传、公众参与、信息公开和舆情监测与应对工作指导思想。强化职责任务落实到位，打造专业队伍，强化制度保障，全力构建畅通有效的公众交流机制、体系。

5　保障措施

我国在核与辐射安全监管现代化发展中，需要建立具有足够权威性的核与辐射安全监管机构，做好核与辐射安全监管人才培养工作，强化核与辐射安全监管法制建设，积极落实安全监管信息反馈机制，通过组织、人才、法治与渠道这四重保障来不断提高我国核与辐射安全监管能力，以此全面促进我国在核与辐射安全监管方面的现代化转变。结合前文分析研究，总结提出如下保障措施建议。

（1）加强具有权威性的核电安全监管机构建设，实现组织保障

建立权威性的核电安全监管机构，实现核电安全监管统一化、集中化。在建立核电安全监管机构过程中，需要建立相应的安全监管机制。由于核安全是关乎国家安全的特殊领域，在建立核电安全监管机构时，考虑升格现有的国家核安全局，使其成为一个具有足够权威性的核电安全监管机构，并由国务院进行直接管理。在管理职能上应保障其在人事、行政与财务等方面的独立性与权威性，同时，还要对多个涉及核电安全监管的职能机构实施统一梳理，由核安全局来对这些职能机构进行直接管理，并由核安全局负责国家在核安全上的战略决策，同时对核电安全监管体制的制订发挥主导作用。通过该机构的建立，可使核电安全领域中不同管理机构的安全监管职能得到有效整合与协调，进而使我国在核电安全方面实现统一协调与整体规划，进而使我国能够与其他国家在核电安全监管方面形成平等的机构权威性，实现跨国家式的核电安全部门交流与合作。

（2）加强核安全监管顶层制度设计，完善监管制度体系建设

加强核安全监管顶层制度设计，做好涉及各领域、各环节的法律法规标准的制修订工作，建立一套完善的能够指导和规范核安全相关活动的法律法规标准体系，加强体系下游系统性的技术导则和行业标准制定，促进规范化和程序化监管。提高核安全监管的科学化和高效化水平，加强事中事后监管。

（3）强化监管人才队伍建设，建设卓越稳定的监管队伍

建立一支“人员数量充足、专业水平一流、管理规范严格、创新能力较强”的适应新时代监管要求的人才队伍。扩充全国各级监管队伍规模，增加人员数量。强化人员专业培训，完善人才培训制度化建设。加强人才队伍严格管理，建立统一考核评价机制，以考核促能力提升，促进人才流动。加大培养创新型人才，提高监管队伍创新能力。加强国际化人才培养，为我国核安全“走出去”提供人才保障。

（4）加强核安全研究设施建设，提升各级监管水平

布局核安全监管技术研发体系，培育和奠定核与辐射安全关键技术的科研能力，夯实核与辐射安全监管活动技术支持基础。加强核与辐射安全中心、辐射环境监测技术中心及六个地区监督站的辐射监测、监督执法和应急监测等仪器装备配置。加强核安全验证和独立校核计算能力，做好适应新时期新要求下的中央本级机构科研能力储备。

（5）健全公众沟通机制，推进公众沟通规范化和透明化建设

建立专门的公众沟通组织机构，推动建设信息公开、科普教育、公众参与和舆情应对等多功能窗口的公众沟通平台。完善信息公开制度，明确各级监管部门、核设施营运单位和核技术利用单位等信息发布的范围、职责和程序，以及公众救助途径。实施政府部门、企业、媒体三方合作的宣传机制，构建多元化宣传机制。提高公众参与度，加强涉核建设项目公众参与，提高公众在项目选址、建造和运行等过程中的参与度。

（6）提高国际交流深度，提升在核安全领域的国际话语权影响力

建立国家核安全局与IAEA沟通和互动直接渠道。进一步加强同国际原子能机构等国际组织的合作，在合作研究、信息共享、经验反馈、培训交流、同行评估、应急响应与援助等领域广泛而深入开展合作。加强核安全技术引进与合作开发。积极开展双边、多边和区域核安全交流与合作。提高核安全领域相关国际公约履约能力。加强与有核国家的核风险信息交换交流，特别是与我国周边国家和地区的核风险信息交流交换。

七、核与辐射安全审评校核计算“十四五”规划思路研究

根据《核安全与放射性污染防治“十三五”规划及2025年远景目标》（以下简称“十三五”规划）中核与辐射安全审评校核计算重点任务，总结核与辐射安全审评校核计算相关工作在规划落实中的经验、不足和存在的主要问题，分析“十四五”面临的形势、挑战，研究提出核与辐射安全审评校核计算“十四五”期间指导思想、基本原则和应达到的目标及量化指标，研究提出核与辐射安全审评校核计算在核与辐射安全“十四五”规划中的工作思路和建议，包括重点任务、重点工程、保障措施等内容。

1　“十三五”规划中核与辐射安全审评校核计算实施情况

核与辐射安全中心针对我国核与辐射安全发展和安全审评技术需要，根据国家核能发展战略和“十三五”科技规划，开展核安全审评关键技术相关研究。重点针对我国自主设计的三代核电厂（“国和一号”“华龙一号”），我国自主设计的模块化小型堆（ACP100），先进的四代核能系统等前沿技术，开展核安全审评关键技术和问题的攻关研究，形成多份关键技术审评技术见解，并应用于相关堆型的核安全审评工作。目前已建立能够初步满足核安全审评校核计算要求的软件体系、计算机硬件平台和人员队伍。

近年来，核与辐射安全中心通过引进美国NRC安全分析软件、美国西屋公司AP1000设计和安全分析软件、法国AREVA有关EPR设计和安全分析软件，以及通过采购商业化开发的通用专业分析软件等，建立了国际主流核电安全分析程序的技术人员队伍，其中涵盖反应堆物理、热工水力、概率安全分析、辐射防护、环境影响评价、力学、实验等各个专业。目前，中心已经开展了多个堆型的审核计算和试验验证，主要包括CAP1400示范工程、福清5号、6号机组、防城港3号、4号机组等。

1.1　现有计算平台情况

核与辐射安全中心根据核电厂安全审评校核计算所涉及的七个专业，建立了技术转让协议软件、商业软件为基础的安全分析主要软件体系，并通过已有标准例题、相关试验数据等方面对软件体系进行了验证。

随着我国核电发展，特别是AP1000等第三代核电机组首堆在我国的建设，国际上没有成熟的建造运行经验参考，国内缺少必要的安全验证试验平台，难以开展独立的基础试验和独立验证工作，核安全监管工作面临新的形势和挑战。为确保我国核电安全高效发展，国家核安全局要求，在国内首台AP1000核电机组投入运行前，核与辐射安全中心要针对

AP1000安全分析开展独立审核计算，以提高核安全审评质量，确认AP1000、EPR等新型核电厂运行的安全性。AP1000技转软件平台是由美国西屋软件公司开发的一系列专业计算软件的集合，主要用于第三代堆型AP1000的设计、分析与验证工作。核与辐射安全中心所获取的技转软件平台主要包含AP1000核岛设计分析示范平台（AMS平台）和核燃料设计分析平台（NMS平台）两部分。AMS平台共安装DROP、GENF、ITCH等各类专业设计软件62个，NMS平台安装ABROD、ALAMO、ALFRED等各类专业软件63个。为落实这一工作要求，2011年10月，核与辐射安全中心全面启动AP1000技转能力建设工作，并同步启动了计算分析实验室建设，为技转软件平台搭建一个安全、可靠、稳定的计算环境，以保障独立审核计算工作有效实施。计算分析实验室及配套机房总建筑面积为64 m^2，分为实验室和配套机房两部分，其中实验室面积43 m^2，设置有工位16个，并配有高配置终端PC机12台，高性能工作站7台，用于专业人员开展独立校核工作；配套机房面积21 m^2，安放有专业机柜6套、高性能服务器11台，供各类计算分析软件可靠高效运行。为了更好地进行核与辐射安全模拟计算，在国家重大专项项目支持下，配备高性能服务器32台，大型刀片计算机两台，同时购买国内外通用商业用的核与辐射安全分析软件约6000万，满足独立校核计算的需求。同时，中心独立校核计算工作组相关人员利用建成的软件平台已经展开相关研究工作。

另外，EPR技转软件平台是由法国AREVA NP公司开发的一系列专业软件，主要用于第三代先进堆型EPR的设计、分析与验证，目前我中心技转平台共成功安装Unit4、SQUALE等33款软件用于相关领域的分析和验证工作。

1.2 队伍建设情况

“十三五”期间，核与辐射安全中心通过国家支持和生态环境部的指导，建立了具有7个专业方向，30余人的核安全审评校核计算专业队伍，并专门成立了校核计算与独立验证研究所（二级部门），承担核安全审评校核计算、试验验证工作和核安全分析软件评价工作。队伍平均年龄35岁，70%具有博士学位，70%具有高级职称，具有较强的业务水平和研究实力。

1.3 已开展的核安全审评校核计算工作

“十三五”期间，核与辐射安全中心已完成AP1000、CAP1400示范工程、福清5号、6号机组、防城港3号、4号机组的初步安全分析阶段的核安全审评校核计算工作。完成了福清5号、6号机组最终安全分析阶段的校核计算工作。对我国自主设计的三代核电机组深入核安全审评，有力地支持了许可证发放工作。

目前，在反应堆核设计方面，已经利用商业软件对ACP100、AP1000、“国和一号”“华龙一号”的核设计进行校核计算，并对其乏燃料水池临界进行校核计算。在事故分析方面，利用TRACE、RELAP5程序完成了AP1000冷却剂强迫流动丧失事故和ACP100全厂断电事故的审核计算。开展了AP1000小破口冷却剂流量丧失事故等四种典型设计基准事故的审核计算及CAP1400模型的建立和审核计算；开展了福清5号、6号机组蒸汽发生器传热管断裂、小破口、全失流、冷却剂泵卡轴、丧失厂外电源事故校核计算；开展了防城港 3 号、4 号机组冷却剂泵卡轴事故和短期丧失厂外电事故校核计算。在辐射防护方面，已初步使用 ORIGENS、SCALL 等软件完成 CAP1400 和 ACP100 模块式小型堆的堆芯源项的计算工作，并使用公式推导完成气载放射性源项计算工作；使用 MCNP 软件完成 CAP1400 主屏蔽的计算工作；应用 MicroShield 完成福清 5 号、6 号辅助厂房的屏蔽计算。在环境影响评价方面，利用 GALE 程序进行初步校核计算；利用 MIKE21 软件完成了防城港 3 号、4 号机组的放射性液态流出物海水稀释因子及温排水影响范围的校核计算工作；利用 PAVAN 软件完成了防城港 3 号、4 号机组和福清 5 号、6 号机组事故大气弥散因子和事故剂量校核计算；利用 C-AIRDOS 和 ROULEA 完成防城港 3 号、4 号机组和福清 5 号、6 号机组正常运行辐射剂量校核计算。在概率安全分析方面，应用 RiskSpectrum 建立了针对国内各类运行核电机组的标准 PSA 模型，并针对 AP1000 及 CAP1400 系统进行建模，开展概率安全评价校核计算工作；完成福清 5 号、6 和防城港 3 号、4 号关键始发事件的校核计算。在力学方面，完成了针对 AP1000 蒸汽发生器支撑设计变更的独立审核计算，完成了 AP1000 蒸汽发生器排污管线应力评定、ACP100 蒸汽发生器传热管的动力学失效分析和 ACP100 主蒸汽管道的破裂防护评价研究；完成了 AP1000 核岛结构建模和地震反应分析，完成了 AP1000 核岛结构辅助厂房、安全壳和壳内结构有限元模型，正在进行 CAP1400 核岛结构和钢质安全壳结构建模工作。

审核校核计算的发展为我国核安全审评多元化、精细化打下了良好的基础。文件审查、审核计算和试验验证彼此独立开展，这将更加有力地保证我国核电的安全健康可持续发展。

2　“十三五”规划贯彻落实的经验总结

2.1　校核计算人员对于分析软件的熟悉程度和理解程度不足

“十三五”期间，在重大专项等研究项目支持下，核与辐射安全中心逐步恢复了核安全审评校核计算能力，建立了具有 7 个专业方向的核安全审评校核计算专业队伍。虽然完成了 AP1000、CAP1400 示范工程、福清 5 号、6 号机组、防城港 3 号、4 号机组的核安全审评校核计算工作，但是由于校核计算人员缺乏丰富的核安全设计和分析经验，存在以下几点问题：一是计算分析软件的熟悉程度和使用技巧未能全面掌握；二是部分关键参数的选取和确定方法仍需掌握；三是分析软件中所包括的理论方法、经验公式，采用的经验参数仍需深入了解；四是分析软件的适用范围和要求，参数验证和范围仍需进一步掌握。由此造成建模分析过程中不必要的反复和结果不确定性的增加。需要校核计算人员在软件适用的经验增长过程中，不断提高对分析软件的熟悉和理解程度。

2.2　针对安全分析所涉及的现象需进一步深入

目前的校核计算工作主要根据反应堆的设计进行建模，根据安全分析的事故假设和法律法规要求的验收准则进行计算和分析评价，整个过程步骤和评价方法规范化。因此在安全分析过程和校核计算过程中都存在按照既定程序完成建模和计算的现象，并没有针对其中的物理过程和现象进行深入的探究和思考，技术人员对于所分析事故的物理过程和现象缺乏深入理解和研究，对于现象产生的机理并不明确。特别是在新堆型的安全分析和评价中此问题较为突出。对于分析结果波动原因或隐含现象的判断不能深入，针对安全分析所涉及的现象理解需要进一步深入。

2.3 校核计算困难程度和文件审查周期不匹配

根据已发布的管理程序，核安全审评校核计算工作主要包括计算内容确定、数据资料收集、校核计算模型建立、数值计算和结果分析几个主要步骤。其中最为复杂的步骤是校核计算模型建立，应根据收集的相关资料，应用校核计算用安全分析程序，进行与设计方背对背的建模。相对于传统的核安全审评模式的文件审评，校核计算要求建立专业的计算机模型，涉及的数据庞大、并且技术复杂。在满足校核计算人员对于分析程序使用掌握达到一定熟练程度的条件下，校核计算还涉及数据传递、设计澄清、模型交流、结果对话等方面的问题，所需评价周期更长。特别是对核动力厂运行阶段发生的运行事件以及设计修改等临时或突发性问题的校核计算，需要评价周期与要求审查周期不相匹配。

2.4 不同分析软件之间结果差异认知不足

由于校核计算所用的部分软件，特别是事故分析软件、严重事故软件等，是通过美国、法国核安全机构技术转让用于核安全审评，因此与设计方法安全分析适用的软件不同。应用这些软件进行事故分析，其结果差异的来源和大小目前缺少深入的研究，对其认知有限。当校核计算结果和设计方安全分析结果存有较大差异时，存在无法分辨差异来源是分析过程中的错误或是分析不全面，还是分析软件本身的差异导致的问题。由此可能造成对于分析结果差异对与安全水平影响的错误判断。因此，需要进一步对不同软件结果进行差异化研究，提升认知水平，做出正确判断。

2.5 运行核电厂事件评估和分析存在困难

目前，核安全审评校核计算所应用的计算是分析方法和软件体系是针对核电厂的安全分析报告审评而建立的，校核计算模型的建立根据核电厂的设计完成，所用事故清单、具体数据也具有一定的普遍性和通用性。由此，校核计算所具备的条件主要面向核电厂设计建造阶段的审评，将其完全应用于运行核电厂的事件评估并在分析方法、模型修正、电厂实际数据应用等方面需要进行提升和改进。

2.6 不同人员对于校核计算重要程度的认知不一致

不同层次人员接受信息的程度不同，造成对于校核计算重要阶段的认知不一致。核安全审评校核计算是深入的核安全审评，与文件审查、试验验证并行，共同成为新三代堆型的核安全审评方法，是确保核安全审评深度和结果可靠性的必要审评方法之一，也是提升核安全审评水平和核电行业安全水平的方法之一。因此，核安全审评校核计算受到多数领导的广泛重视。但由于所需数据资料详细，建模计算技术复杂且周期长，计算结果通常存在一定的差异，所以存在部分人员对校核计算必要性、知识产权保护、结果评价和结论、审评周期等方面存在一定的疑问。

3　“十四五”面临形势和挑战

随着核能与核技术利用事业的发展，核安全日趋重要，运行核电厂安全水平成为重点。由其在世界范围内发生了三次核电厂严重事故后，核安全愈发重要，已成为行业发展的共识。目前，核安全已成为国家安全的重要组成部分，随着我国核能行业的发展，运行核电厂安全已逐步成为核安全监督管理的重点。福岛核事故之后，全球运行核电厂占核电厂总数的绝大部分，未来2—3年，我国的运行核电厂也将远超过在建核电厂。因此，确保运行核电厂安全水平，正成为未来发展的方向和重点。针对运行核电厂安全水平的分析和评估将成为核安全监督与审评未来面临的主要形势，其方法和技术手段也将成为未来的重要挑战。

自主化堆型及先进堆型发展迅速，各种模块化小型堆发展需求强烈。核能行业经过几十年的发展，在原有设计日趋完善的基础上，根据三次事故的经验反馈，逐步引入新的理念和技术，开发出满足先进堆型标准的核电厂。我国在多年的发展基础上，结合AP1000和EPR技术消化吸收，开发出自主化三代堆型。为了符合多元化应用要求，各种模块化小型堆的需求和研发日益强烈。同时，高温气冷堆、熔盐堆等四代堆型的研发也正加紧进行。这些先进堆型和模块化小型堆的研发，带来行业技术的进步和提升，这也为核安全审评技术提出更高要求和更深层次需求。

核安全分析评价基础研究和核心技术体系亟需完善。随着核设施的技术成熟和新技术的应用，为核安全审评技术提出新的要求，针对新技术的安全评估，需要从方法、机理和现象本质出发评价。新堆型的建设和运行，模块化小型堆的研发和设计，要求核安全审评更加深入，需要探求更加基础的物理过程和现象本质，从而确定安全水平。先进堆型的研发，更新了对反应堆的认识，要求核安全审评综合多学科技术，进行系统性研究评价。由此，为核安全分析评价的基础研究和核心的评估技术手段提出新的高要求，同时需要针对核安全分析评价研究体系进行进一步完善，以便更好地支持先进技术和先进堆型的安全评价。

软件自主化需求紧迫，成为行业发展的关键瓶颈之一。目前，我国自主化核电堆型的设计和安全分析所采用的关键软件，主要包括反应堆物理分析、事故分析等，仍为美国或法国进口的软件。一方面无法针对新技术和新堆型进行较为全面的适用性评估，另一方面无法满足“走出去”战略的知识产权保护要求。同时，行业基础研究的积累和应用技术的总结也为核电设计和安全分析软件的自主化提供了较好的基础和推动力。软件自主化需求紧迫，成为行业发展的关键瓶颈之一。

深入的核安全审评成为行业“走出去”的必要保障。在自主研发的“华龙一号”出口过程中，巴基斯坦核安全监管机构和英国核安全监管机构都对福清5号、6号和防城港3号、4号机组的核安全审评校核计算工作给予了高度关注。针对这些机组的校核计算工作不但深入检验了“华龙一号”设计的安全水平，同时也间接增强了巴方和英方对“华龙一号”安全性的信心。另一方面也提升了我国在核安全审评技术领域的国际地位和话语权。因此，深入的安全审评校核计算逐步成为我国自主堆型“走出去”的必要支持和保障。

4 “十四五”指导思想、基本原则和目标指标

4.1 指导思想和基本原则

指导思想：科学结果与工程实践有机结合，实事求是与标准要求相结合，建立评估要求、工具和模型体系，并有效用于安全审评实践。

基本原则：深入审评，支持决策；坚实基础，扩展应用；辅助研发，助力发展。

4.2 规划目标

在核安全审评校核计算方面，审评方法与要求进一步细化，法律法规要求体系进一步健全，建成环境保护核与辐射安全校核计算与验证重点实验室，进一步提升校核计算和验证能力，形成系统的、较为全面的校核计算标准模型体系。

5 重点任务和重点工程

提升深入校核计算能力，推进深入的核安全审评规范化和制度化建设。不断加强审评技术开发和研究基础，全面建成核与辐射安全校核计算与验证重点实验室。在堆芯及事故分析、临界安全分析、辐射防护与源项计算、概率安全分析、力学计算、厂址选择、环境影响评价及应急工作中进一步完善审评方法与法律法规，进一步提高校核计算能力，推进校核计算软件体系和标准模型体系优化完善，开展自主化的安全审评软件开发与应用。

5.1 完善并细化校核计算法律法规、技术文件及标准要求

根据校核计算所涉及所有专业的详细技术文件和标准要求，建立系统性的规范要求文件体系，并做好形成法规标准的准备。主要包括计算内容的选择、所需数据的提出、模型建立计算的方法、敏感性分析和不确定性分析的方法、结果分析评价的准则等五个方面。

5.2 形成较为完整的校核计算标准模型体系，并进行审评应用

针对“华龙一号”“国和一号”建立可用于同一类型核电厂安全审评的校核计算标准模型体系，至少包括堆芯物理、事故分析、严重事故分析、屏蔽及源项分析等几个方面的模

型。模型具有良好的稳定性和健壮性，具有良好的可扩展性。

5.3　开展关键模型、参数的分析和验证相关研究

针对“华龙一号”“国和一号”等新堆型，选择堆芯物理、事故分析、严重事故、辐射屏蔽等几个安全审评关键方向中典型的、关键的安全评价内容，研究安全分析中涉及的物理模型和经验公式，研究其中设计的关键参数和选取方法、依据，并进行模型、参数的验证工作。

5.4　开展自主化安全审评软件开发与验证

以项目为依托，结合校核计算以及软件评价工作需要，逐步开发一套具有自主知识产权的核安全审评校核计算软件体系，包括堆芯物理、辐射屏蔽等程序。

同时，建议推动以下四方面重点工程：安全审评校核计法律法规及标准体系分析与建立，安全审评校核计算标准模型体系建立与应用，安全审评校核计算模型关键参数分析与验证，自主化安全审评软件开发与验证。

6　保障措施

为了完成“十四五”规划重点任务和重点工程，应建立固定的技术研发和基础研究支持渠道，给予一定的扶持政策，并积极开展自上而下的核安全审评校核计算宣传培训。同时通过固定项目的持续性支持，以重点实验室建设为依托搭建研究、开发平台，进行核安全审评所需的深入的基础研究和应用技术研究，开发自主化核安全审评校核计算软件体系，加强优秀人员队伍，加强持续提升核安全专业水平，推进行业进步。

八、核动力厂安全分析软件评价能力“十四五”规划思路研究

当前，在“一带一路”倡议带动下，中国核电成为高科技和高端制造业走向世界的一张国家名片。自主化核动力厂安全分析用计算机软件的开发不但是支持我国核电“走出去”的关键，更是提升核与辐射安全能力水平的核心。随着“华龙一号”“国和一号”和高温气冷堆等我国拥有完全自主知识产权的核电技术和示范工程的研发和建造，以及核电“走出去”战略步伐的加快，开展自主化安全分析软件评价，已经成为我国核电安全监管工作中的一项重要基础性工作。由于安全分析软件评价难度高、专业性强，而目前我国安全分析软件评价尚处于起步摸索阶段，因此有必要开展研发和集中公关。本节调研了国际安全分析软件审评情况，根据我国安全分析软件开发与评价现状，针对我国核电安全分析软件评价面临的问题，提出加强软件评价的建议，旨在为核安全与放射性污染防治“十四五”规划（以下简称核安全“十四五”规划）提供支撑。

1 国际安全分析软件审评情况

美国、法国和国际原子能机构（IAEA）等国家和组织对核电安全软件提出了相关的法规要求，其他国家大都直接或间接的采用了美国的国家标准。这些法规标准把软件开发的过程主要划分为计算模型的选择、程序开发和模型评估过程、以及质保过程，而对于软件颁发许可证的相关法律法规仍处于探讨阶段。

本节针对美国核管理委员会（NRC）对于西屋公司、加拿大 ACEL 公司、法国 FRAMATOME 公司的安全分析程序审评情况进行了调研和梳理，也对 IAEA 关于耦合程序的认可的讨论进行了总结。

1.1 NRC 对西屋公司 AP600 和 AP1000 事故分析程序认可

AP1000 使用的安全分析程序，均已在 AP600 中使用过，使用时都通过了 NRC 的同意或认可。

1.1.1 NRC 对西屋公司用于 AP600 的安全分析程序的审查

西屋指定三个反应堆系统计算程序和一个安全壳系统计算程序用于 AP600 的安全分析，程序如下：

（1）LOFTRAN/LOFTTR2：用于非 LOCA 瞬态，如 SGTR 和主蒸汽管线破裂；

（2）NOTRUMP：用于小 LOCA；

（3）WCOBRA/TRAC：用于大 LOCA；
（4）WCOBRA/TRAC：用于长期冷却；
（5）WGOTHIC：用于安全壳性能分析。

NRC 对每个程序在 AP600 中的认可评价简述如下：

（1）NRC 对 LOFTRAN 的评价

NRC 审查的结论：西屋公司开发 LOFTRAN 来评价 SSAR 第 15 章核电厂瞬态状况的后果，通过增加 ADS、CMT、PRHR 及 IRWST 组件模型来修订程序，以应用于 AP600 非能动反应堆设计中。基于审查，NRC 员工得出结论，LOFTRAN 的修订包含了在 AP600 非 LOCA 瞬态中的 AP600 电厂特征和行为的必须模型，因此可使用与 AP600 非能动电厂设计。

（2）NRC 对 NOTRUMP 的评价

NRC 审查得出结论，NOTRUMP 程序已经适当修订，包含了 AP600 的 SBLOCA，期间模化 AP600 电厂及其自然现象的必要特征，因此，NOTRUMP 可使用于 AP600 非能动电厂的设计。

（3）NRC 对 WCOBRA/TRAC 用于 AP600 的 LBLOCA 的评价

基于 NRC 员工的审查得出结论，对 AP600 西屋公司已经满足 10 CFR 50.46 的部分条款，其中（A）（1）（Ⅰ）为本次审查的重点关注内容，10 CFR 50.46（B）（5）长期冷却单独审查。

（4）NRC 对用于 AP600 长期冷却（LTC）的认可评价

NRC 和西屋公司就 LTC 阶段分析的窗方法的验证、验证范围的充分性和验证结果的充足性展开详细的讨论，关闭了一些问题，同时还保留了部分问题。

（5）NRC 对 WGOTHIC 的认可

NRC 审查得出结论，WGOTHIC 程序和 AP600 评价模型（EM）方法结合，可用于说明 AP600 安全壳设计满足总的设计准则（GDCS）16 和 50 的要求。

1.1.2　西屋公司提交的 AP1000 的程序审查专题报告

在审查 AP1000 的安全分析报告时，西屋公司向 NRC 提交的专题报告 WCAP-15644-NP，“AP1000 程序应用报告”，以便 NRC 审查 SER 第 15 章。该报告分别就 AP600 中使用的计算机程序：NOTRUMP，用于小 LOCA；WCOBRA/TRAC，用于大 LOCA；WCOBRA/TRAC，用于长期冷却；WGOTHIC，用于安全壳完整性分析，在 AP1000 中的应用做了评价。

（1）WCOBRA/TRAC 程序对 AP1000 的验证

WCOBRA/TRAC 程序，在 AP600 中的 LBLOCA 分析已被批准，可用于 AP1000 的最佳估算分析，因为和 AP600 相比 AP1000 的 LBLOCA 中没有新的现象，支持本程序验证的试验数据适用于 AP1000。与此同时，AP600 设计认证审查中的问题的解决方法适用于 AP1000。对表征非能动安全系统直接注入（DVI）的独特性的 WCOBRA/TRAC 的补充验证，已经完成，并在 AP600 中由 NRC 批准。AP1000 的 DVI 与 AP600 相同，验证也是适用于 AP1000 的。在 AP600 中由 NRC 批准的 WCOBRA/TRAC 计算机程序和 LBLOCA 方法，适用于 10CFR50.46 要求的 AP1000 应急堆芯冷却系统（ECCS）性能分析，95%的计算峰值包壳温度值升到执照申请限值 2200 ℉（约 1204.4 ℃）。

WCOBRA/TRAC 批准在 AP600 长期冷却分析中使用，可以用于 AP1000 第 15 章中

LOCA 事件后的长期冷却的保守分析。和 AP600 相比，在 AP1000 中没有新的现象，支持 AP600 验证的实验数据适用于 AP1000。AP600 设计资质审查中解决问题的方法也使用于 AP1000。AP1000 非能动安全系统使用 WCOBRA/TRAC 分析长期冷却，相对事故分析的管理限值有大的裕量。

（2）对小 LOCA 的 NOTRUMP 验证

NOTRUMP 程序在 AP600 中批准，可用于 AP1000 第 15 章中的小 LOCA 事件的保守分析。对于小 LOCA 事件，相比 AP600，AP1000 中没有新的现象，支持 AP600 的验证的实验数据适用于 AP1000。AP600 设计认证审查时解决问题的方法也适用于 AP1000。使用 NOTRUMP 分析第 15 章的事故时，存在大的裕量。

（3）LOFTRAN-AP 程序验证

LOFTRAN-AP 程序在 AP600 中批准，可应用于 AP1000 第 15 章的瞬态事件的保守分析。得出该结论的基础是，考虑瞬态事件时，相比 AP600，AP1000 中没有识别出新的现象，支持 AP600 验证的实验数据适用于 AP1000。同时，AP600 设计资质审查时的问题的解决方式适用于 AP1000。评价表明 AP1000 非能动安全系统和 AP600 的运行方式相同，相对管理限值的大裕量存在于瞬态事故分析中。AP1000 第 15 章使用 LOFTRAN 进行事故分析，存在大的裕量。

（4）WGOTHIC 对 AP1000 安全壳完整性分析的适用性

WGOTHIC 程序在 AP600 中批准，可用于 AP1000 第 6 章中保守安全壳分析。和 AP600 相比，对安全壳完整性的挑战（即：大 LOCA 和小的蒸汽管线破裂）在 AP1000 中没有新的现象，支持 AP600 程序验证的实验数据适用于 AP1000。况且，AP600 设计认证审查时的问题的解决方法适用于 AP1000. 使用 WGOTHIC 分析时，AP1000 对安全壳设计压力有足够的裕量。

1.2 加拿大 ACEL 公司 ACR 堆型设计程序认可审评

NRC 对 ACR 所用的设计和安全分析的计算机程序表示认可。大多数程序已得到认证，少部分需要增加确认活动，极少数程序需要根据 ACR 的设计做出更改。对现有程序的修改或对验证的扩展都需要满足相应的程序质保大纲要求。

对于已认可程序，如果要将其使用于新的安全或执照分析中，需要在程序质保大纲中列出对这些程序的要求。ACR 安全分析程序认可计划，针对特定的事故现象增加相关的程序确认活动。

程序的认可工作需要和设计工作同步进行。认可工作优先关注重要的设计和安全分析程序以及重要的确认活动变更。由于 ACR 是对现有 CANDU6 机组的扩展，程序的确认工作没有大的变化。程序的认可工作首先关注关键程序的确认，以确保程序预计的不确定性最小化。

1.3 法国 FRAMATOME 公司 SCIENCE V2 程序包执照申请

SCIENCE V2 程序包用于进行压水堆堆芯设计、安全分析和堆芯负荷的堆芯物理计算，包括输运程序 APOLLO2-F、堆芯计算程序 SMART 以及图形用户界面程序 COPILOTE。

FRAMATOME 向 NRC 进行程序执照申请时提交的程序认可相关文件包括有物理模型报告和程序认可报告。物理模型报告主要描述程序所采用的物理模型、理论公式和数据数值。程序认可报告陈述 APOLLO2-F 程序和 SMART 程序的所进行的验证活动，APOLLO2-F 通过实验、基准比较对程序功能分别进行验证；SMART 程序主要通过对计算数据和测得数据进行比较以完成验证。

对于 SCIENCE 程序包的更新升级，NRC 认为需要对程序的改动进行基准测试和确认活动，以确保程序新功能所得结果满足专题报告中提出的认可准则。如果程序的变更满足相关准则，不会改变程序的不确定性或相关应用，FRAMATOME 可在内部记录程序和相关结果的变更而不需要通知 NRC。但是，如果发生了不确定性的变更，只要变更影响到程序在执照申请应用中的不确定性时，FRAMATOME 要向 NRC 提交相关支持文件。对于程序包未来的新的应用，如果未在专题报告内提供，将需要对程序包进行再次确认活动。

1.4　IAEA 关于耦合程序的认可讨论

IAEA 讨论关于耦合程序（COUPLED CODES）的认可方法，将用于分析瞬态和设计基准事故的程序分为六类，分别为：反应堆物理程序、燃料行为程序、热工水力程序、安全壳分析程序、大气扩散和剂量程序、结构程序。

耦合程序的确认活动通过耦合程序的结果与实验数据和其他程序的结果进行比较完成。对耦合程序进行验证时，需要做到：

（1）定义所有需要的核电厂数据，并进行审查；

（2）核电厂数据包括设计特性和实验数据；

（3）所用数据也应可用于比较计算中；

（4）使用的数据应来源于运行电厂的试验或由设备的试验（TESTS）所确认；

（5）核电厂稳态和瞬态获得的数据均要使用，并与实验的结果进行比较；

（6）最后对计算结果进行不确定性分析，并对影响的参数进行敏感度分析。

2　我国安全分析软件开发与评价现状

对于自主化核动力厂安全分析用计算机软件（以下简称“安全分析软件”）开发，我国核工业经历了引进、消化吸收到自主化的发展过程，现阶段已全面进入自主开发阶段。对于安全分析软件评价，国家核安全局实现了从等效采用引进国监管当局的认可、少量软件的适用性评价到自主化软件全面独立评价的突破，目前已正式开展安全分析软件评价。

2.1　自主化安全分析软件开发快速发展期

我国第一座自主设计和建造的核电厂——秦山核电厂在 1984 年破土动工，结束了我国无核电的历史。截至 2020 年 12 月我国已有运行机组 48 台，在建机组 17 台。这些机组中既有引进的 M310 型、VVER 型、CANDU 型、AP1000 型、EPR 型机组，也有自主开发的三代核电技术“华龙一号”。可以说，我国核电技术的发展经历了引进、消化吸收、局部创新到自主化的发展过程。

与核电技术的发展类似，核电安全分析软件同样经历了引进、消化吸收到自主化的发展过程。

（1）引进、消化吸收阶段。为了掌握从法国、美国引进的核电安全分析软件，我国的核工业届开展了长期的消化吸收，同时为了解决其中的关键问题，突破国外的技术壁垒，开展了大量的试验研究与分析计算，获得了近百个试验台架的数千项试验数据以及近 40 个核电机组运行数据。

（2）自主化阶段。进入 21 世纪以来，随着引进软件消化吸收的不断深入，自主化安全分析软件的开发工作受到了我国核工业届的普遍关注。伴随核电“走出去”战略步伐的加快，近几年三大核电集团及相关科研院所在开发具有自主知识产权的安全分析软件上取得了重大成绩，为中国自主核电机型成套出口及技术转让提供了有力支撑。中国核工业集团有限公司开展了核电设计与分析软件（NESTOR）的开发，中广核集团有限公司开展了 23 款安全分析软件的开发，国家电力投资集团有限公司开展了核电设计及安全分析一体化软件包（COSINE）开发。此外，针对小型堆、高温气冷堆、钠冷快堆、钍基熔盐堆、铅基快堆等先进堆型的自主化软件开发也已全面铺开。

2.2　安全分析软件评价办法已基本完成

一直以来，我国核动力厂安全分析用计算机软件一般等效采用引进国监管当局的认可，少量安全分析软件通常通过核电项目安全分析报告审评的方式获得国家核安全局对安全分析软件应用的认可。为了支持我国核电“走出去”战略，国家核安全局将自主化安全分析软件评价列为我国核电安全监管工作中的一项重要基础性工作。

在该背景下，国家核安全局先后于 2017 年 12 月发布了《核动力厂安全分析用计算机软件开发与应用（试行）》导则和《核动力厂安全分析用计算机软件评价内部管理工作规定》。《核动力厂安全分析用计算机软件开发与应用（试行）》导则作为国家核安全局制定的核动力厂安全设计系列导则之一，是对《核动力厂设计安全规定》（HAF102）中针对安全分析用软件开发和应用的说明和补充，进一步完善了我国核与辐射安全法规体系，规范和促进了我国安全分析软件的开发与应用。《核动力厂安全分析用计算机软件评价内部管理工作规定》用以指导安全分析软件评价工作，内部管理工作规定的落地对于组织和指导安全分析软件评价具有重要意义。

2.3　安全分析软件评价工作全面开展

依托《核动力厂安全分析用计算机软件开发与应用（试行）》导则和《核动力厂安全分析用计算机软件评价内部管理工作规定》的发布，国家核安全局允许申请者递交安全分析软件评价材料。2018 年 2 月，国家核安全局受理了中广核核设计软件包 PCM 软件评价，标志着我国正式从核安全审评角度开展安全分析软件评价。

截至目前，国家核安全局已经受理了 16 款软件的安全分析评价，涉及核设计、热工水力与事故分析、安全壳热工水力、辐射源项、辐射屏蔽、燃料性能分析等专业。核与辐射安全中心对每个软件组建了专业队伍，采用文件审查、验算、独立核算等手段，从功能完整性，理论模型或经验关系式的适用性，确认充分性，保守性、敏感性、不确定性，质量保证等方面开展评价。

3　我国核电安全分析软件评价面临的挑战

在我国自主化安全分析软件持续开发，相关法规导则和管理性文件发布落地，安全分析软件评价有序开展的背景下，当前安全分析软件评价中仍存在一些问题，需要在“十四五”期间重点考虑关注。

3.1　技术规范有待完善

虽然《核动力厂安全分析用计算机软件开发与应用（试行）》导则和《核动力厂安全分析用计算机软件评价内部管理工作程序》已经发布，但是上述两份文件的内容比较原则，而具有可操作性的、可直接指导技术评价的规范尚未建立。相比于管理制度，安全分析软件评价更重要的是技术规范，技术规范的建立为审评人员提供指导，也为开发人员的软件确认工作提供参考。缺少技术规范导致安全分析软件的评价工作难以深入、充分地展开。

3.2　技术能力尚显不足

虽然近几年我国核安全监管部门通过技术转让、商业采购等方式获得了大量的安全分析软件，并实现了软件的消化吸收，但是对于软件中较为核心的物理模型，评价人员尚未完全理解清楚。对于软件核心机理现象的掌握，需要长期的投入和持续不断的研究，同时确认例题的缺少也给软件评价带来了一定困难。现阶段安全分析评价人员开展软件评价工作的技术能力尚显不足，仍需不断提高。

3.3　审评经验积累不够

在正式开始安全分析软件评价之前，我国一般等效采用引进国监管当局的认可，少量安全分析软件通常通过核电项目安全分析报告审评的方式获得国家核安全局对安全分析计算机软件应用的认可，尚未独立开展过安全分析软件评价工作，缺少相关的审评经验，现有的核安全审评经验无法直接用于软件评价工作中。

3.4　评价队伍仍需加强

安全分析软件涉及反应堆物理、热工水力、事故分析、辐射防护、燃料行为分析、放射性后果分析、力学、材料等多个专业领域，开展软件评价的队伍既需要有相关的专业背景，又需要对相关专业软件能够熟练使用。目前相关科研单位满足上述要求的技术人员相对较少，评价队伍有待加强。

3.5 软件工程应用验证不充分

核动力厂安全分析用计算机软件最终用到工程上，需要开展大量的验证和确认工作，特别是自主化热工水力和事故分析软件。由于其中的物理现象较为复杂，无法通过理论公式进行描述，需要利用大量的试验数据和经验关系式来进行分析。然而由于我国之前相关基础性试验研究较少，缺少很多关键参数和工程应用验证试验数据，如堆芯单相流动压降试验数据、湍流扩散现象试验数据、夹带试验数据、临界流试验数据、快速冷却系统响应试验数据、安全壳内部大尺度空间自然循环试验数据等，成为制约发展的关键因素。在软件评价过程中，由于工程应用验证的不充分，成为评价工作较大的阻碍。

3.6 缺少安全分析审评软件

安全分析软件是核安全审评的重要工具，而核安全审评必须保证独立性的要求，使得审评应尽量使用与设计不同的软件进行计算。目前我国核安全审评采用的软件主要是美国和法国的软件及部分商用软件，在应用过程中存在诸多问题。例如，软件功能不完善、体系不完整、源代码缺失、应用范围和扩展性受到制约等，无法满足对国产先进三代堆型的审评要求等，部分软件还明确规定不允许在出口的核电项目上使用。自主化安全审评软件的缺少，不利于开展软件对比验算，影响了软件评价工作，也阻碍了核电“走出去”战略的实施。

3.7 基准题共享数据库尚未建立

由于试验数据库的建立对软件开发、设计验证、科学研究等具有重要意义，国际上很多国家和组织都建立了试验数据库。我国各涉核企业、科研院所及高校经过多年的累积，掌握了一定数量的试验数据、电厂运行数据和基准例题，建立各自的试验数据库，但是这些数据库缺乏统一数据标准规范，质量参差不齐。而且试验数据被各单位视为自己的知识产权，严格限制数据的应用和共享，没有充分发挥相应的作用。此外，每个机构掌握的数据量有限，不能完全覆盖自主化安全分析软件确认、评估和评价的需要。从目前软件评价工作来看，各专业软件普遍存在确认不充分的问题，亟需在“十四五”期间建立涵盖多个专业领域的基准题数据库，解决自主化安全分析软件工程应用问题。

4 “十四五”指导思想、基本原则和目标

4.1 指导思想

以习近平新时代中国特色社会主义思想为指导，牢牢把握“五位一体”总体布局和

“四个全面”战略布局，全面落实国家安全战略要求，坚持“理性、协调、并进”的核安全观，坚持“安全第一、质量第一”的根本方针，围绕核与辐射安全工作主要任务，以加强技术研发创新为先导，以满足核安全监管需求为牵引，加强能力建设，提升我国核与辐射安全监管水平。

4.2　基本原则

统筹规划，分步实施。加强顶层设计，对核与辐射安全监管能力体系建设进行总体部署，统筹长远规划与近期目标，兼顾核与辐射安全监管各方面，分阶段完成核与辐射安全监管能力体系建设。

整合资源，突出重点。充分利用核工业领域现有能力，积极发挥社会科研力量，有效整合和优化配置国内外资源，提高使用效率。突出建设重点，重点建设监管职能所必需、且国内尚无依托条件的监管能力，避免重复建设。

依靠科技，共同推进。充分发挥科技支撑和引领作用，加快核安全领域科技研发与成果应用。综合考虑影响核与辐射安全监管能力提升的制约因素，软硬结合，在加强硬件装备的同时，加强人才队伍培养培训。

公开透明，协调发展。制定公众参与机制，保障公众对核安全相关信息的知情权。加强宣传教育，提高核与辐射安全领域科普知识普及水平，增强公众对核安全的了解与信心。坚持核安全监管与核能与核技术利用事业同步发展，推动核能与核技术利用事业和社会、环境的协调发展。

4.3　规划目标

构建现代化核安全监管体系，建设现代化核安全监管能力，掌握自主化安全分析核心技术，提升安全分析软件评价和校核计算能力，培养核与辐射安全分析评价专业技术人才。

5　重点任务

为解决安全分析软件评价中存在问题，加强安全分析软件评价的规范性和可操作性，提升安全分析软件评价水平，积累安全分析软件评价经验，提出以下七项重点任务。

5.1　加强软件评价法规标准和技术规范体系建设

《核动力厂安全分析用计算机软件开发与应用（试行）》导则、《核动力厂安全分析用计算机软件评价内部管理工作规定》先后发布实施，为核动力厂安全分析用计算机软件评价工作提供了指导，但仍需要对导则适用性和可操作性进行进一步论证，并细化和规范配套文件。因此，应立足我国安全分析软件开发、应用与评价的实际情况，围绕《中华人民共和国核安全法》，梳理相关法规导则的要求，结合国际上安全分析软件的审查经验，考虑不同软件的专业特点，建立一套切实可行的评价技术规范体系，包括核设计分析软件评价技术规范、堆芯子通道分析软件评价技术规范、非破口类事故系统安全软件安全评价技术规范、最佳估算破口类安全分析软件评价技术规范、安全壳分析软件评价技术规范、燃料棒性能分析软件评价技术规范、源项分析软件评价技术规范、蒙卡屏蔽分析软件评价技术规范、离散纵标屏蔽分析软件安全评价技术规范等，确定不同专业软件的评价准则，更好地指导软件评价工作，以确保软件评价的质量和合规性。

5.2 建立高水平安全分析评价专业队伍

安全分析软件评价工作技术性较强，对人才队伍的专业性需求较高。有必要依托相关科研单位高职称技术专家以及专业技术过硬的技术骨干，不断吸收青年才俊，组建一支高水平的安全分析软件评价队伍，为安全分析工作提供人才保障。同时，依托国内各高校和科研机构相关领域专家形成外部专家队伍，为安全分析软件评价提供咨询。

5.3 强化技术培训和国际合作

安全分析软件评价工作是我国核与辐射安全监管中的一项新任务、新挑战，国内可借鉴的经验较少，而美国、法国、俄罗斯、日本、韩国等国家在安全分析软件评价方面积累了一定的经验。借鉴国际经验，对指导和帮助我国自主化软件评价工作具有重要意义。为了提高我国安全分析软件评价人员的技术水平，有必要以邀请国外的专家来华交流、选派技术骨干出国学习培训等方式，加强安全分析软件评价方面的国际合作和技术交流培训，建立长期的合作交流机制，实现各方共同技术进步。

5.4 注重文件归档和经验反馈

文件归档是保证评价质量的重要环节，经验反馈是评价技术提升和提高评价效率的根本。安全分析软件评价要面对国内各核电集团相关科研院所及高校，在相关软件开发时各企业会有很多相同的模型、方法、验证例题等，在安全分析软件评价过程中，要特别注重文件归档和经验反馈，加强各专业软件在不同评价阶段的经验总结，建立经验反馈制度，形成持续的技术交流活动，以提升评价质量和评价经验的积累。

5.5 开展自主化安全分析软件工程应用验证研究

依托各涉核企业、科研院所及高校已有的试验台架及必要的新建台架开展补充试验，针对目前出现的和将来可能缺少的数据开展研究，包括堆芯单相流动压降试验数据、湍流扩散现象试验、夹带试验、临界流试验、快速冷却系统响应试验、安全壳内部大尺度空间自然循环试验等，解决自主化安全分析软件的关键技术难题，实现自主化安全分析软件的工程应用验证和评价，全面提升我国的核电技术水平和技术能力，突破西方国家对我技术和知识产权封锁，支撑我国核电“走出去”战略。

5.6　研发核与辐射安全审评软件包

核与辐射安全审评软件包将在国内已开发的堆芯物理软件、热工水力与事故分析软件、安全壳热工水力分析软件、源项屏蔽分析软件、严重事故分析软件、放射性后果分析软件、地质处置分析软件等基础上进行二次开发，实现广泛适用性、良好扩展性、多物理场耦合性。同时依托于安全分析软件验证试验平台和核动力厂安全用计算机软件评估基准题共享平台完成核与辐射安全审评软件包的工程应用验证。

5.7　建立安全分析软件评估基准题共享平台

为国内自主化安全分析软件开展全面深入的确认与评估，为国家核安全局开展核动力厂安全分析用计算机软件评价，提升我国核电技术水平，填补国内空白，提高国际影响力，有必要建立核动力厂安全用计算机软件评估基准题共享平台，并从以下四方面开展工作。

（1）制定基准题标准规范

统一的基准题标准规范是保证平台实现共享的基础和前提。通过研究国内外核设计类软件验证的相关标准规范，针对不同的数据类型（试验数据、电厂运行数据和国际基准题）的主要特点和应用情况，研究建立数据收录、数据评价、储存管理、输出调用、质量保证等过程的标准规范，形成不同类型数据管理和基准题开发的指导规范，进而为共享平台开发建立基础规范。

（2）广泛收集国内典型核动力厂运行数据和各机构的试验数据

经过多年的积累，国内各核电集团、科研院所及高校已积累了一定数量的试验数据、电厂运行数据和基准例题，为了实现共享平台基准题数量的全面性，有必要收集并整合国内典型核动力厂（如秦山第二核电厂、大亚湾核电厂、岭澳核电厂、方家山核电厂、宁德核电厂、三门核电厂、台山核电厂、阳江核电厂等）的调试、运行期间的反应堆物理数据、热工水力数据、源项屏蔽数据等，有必要收集各核电集团、科研院所及高校自主的试验数据和基准例题，有必要整理和分析国际上可用的试验数据和基准例题，同时依据共享平台基准题规范开发针对不同专业软件评估的基准题。

（3）建立评估基准题共享平台

为实现国内各核电集团和科研院所对数据和基准例题的共享，建议结合所收集到的核电软件评估数据，开发用于管理和互联网远程共享的数据管理平台，完成平台的上线测试和运行等。该平台功能包括数据分类管理、数据更新、数据远程共享管理、数据评价管理、在线绘制图形等功能，同时具有用户界面友好、数据交互便捷、数据接口通用、多节点登录等特点，满足各用户需求。

（4）将共享平台应用于自主化安全分析软件评价工作

结合所开发的基准题和建立的共享平台，对国内自主化安全分析软件的核安全评价技术进行深入研究，利用共享平台中各专业的基准题开展独立核算工作，支撑我国核动力厂安全分析用计算机软件评工作，提高我国核安全分析软件评价能力。

第五篇

构建现代核安全治理体系

一、核与辐射安全法规体系“十四五”规划思路研究

为贯彻全面依法治国的基本方略，加强核与辐射安全法规体系建设，夯实核与辐射安全监管基础，全面提升监管水平，依据《中华人民共和国核安全法》（以下简称《核安全法》）《中华人民共和国放射性污染防治法》（以下简称《放射性污染防治法》）《核安全与放射性污染防治“十三五”规划及2025年远景目标》等有关规定，开展核与辐射安全法规体系专题研究，作为核与辐射安全“十四五”规划前期研究的重要组成部分。

1　现状

1984年国务院批复设立国家核安全局，开始了我国对民用核设施和核活动实施独立的安全监督和管理。为了保证核安全，保障工作人员和公众的健康，保护环境，我国一直致力于构建核安全法规体系，建立严格的监督管理制度。

1986年国务院发布《民用核设施安全监督管理条例》，同时批复国家核安全局制定的核电厂选址、设计、运行和质量保证等四个安全规定，这五项文件即形成了我国重点民用核设施监督管理基本法规体系的雏形。三十年来，我国借鉴国际原子能机构（IAEA）核安全标准体系，结合我国监管实践，建立并不断完善核与辐射安全法规体系，制定并发布了一系列核与辐射安全法规，以此为依据实施独立的核与辐射安全监管。

截至2020年12月底，我国现行的核与辐射安全法规共130项，其中由全国人民代表大会常务委员会通过，国家主席令颁布实施的法律2部，即《核安全法》《放射性污染防治法》；由国务院令发布的行政法规7部，即《民用核设施安全监督管理条例》《核电厂核事故应急管理条例》《放射性废物安全管理条例》《中华人民共和国核材料管制条例》《民用核安全设备监督管理条例》《放射性物品运输安全管理条例》《放射性同位素与射线装置安全和防护条例》；根据法律和条例，规定具体实施的办法，并由生态环境部（国家核安全局）颁布的部门规章（HAF）按照管理领域划分为10个系列，共计27项；对部门规章进行补充说明或给出推荐方法和程序，由国家核安全局发布的核安全导则（HAD）共计94项。“十三五”期间提出需要制修订的法规121项，除已发布的17项外，目前进入审查程序尚未发布的法规共41项。

2　问题

法规体系的构建和完善是一个循序渐进的长期过程，尤其是在核与辐射安全领域，专业

性强，技术要求高，我国相关科技基础工作较弱，总的来说我国核与辐射安全法规体系还不完善，所需法规缺口较多。主要问题如下。

2.1 核与辐射安全法规体系性欠佳，缺项较多

目前，核与辐射安全法规缺项较多，如与核安全法配套的放射性废物相关法律、核损害赔偿相关法律等急需制定。核与辐射安全监督管理部门负责输变电设施及线路、信号台站等电磁辐射装置和电磁辐射环境的监督管理，但目前仍未有电磁辐射相关的法律等。

随着《核安全法》颁布实施和我国核电安全重心从建设转移到运行、核能与核技术利用产业的发展以及新的国家要求，核与辐射安全法规标准体系需要进一步完善和补充：一是一些核与辐射安全法规急需出台，如核设施规划限制区、高水平放射性废物处置、信息公开、公众沟通、核设施信息安全等有关的法规。二是部分法规亟需修订，以满足技术的进步和安全需要。三是需要更多的核安全导则，支撑核安全监管执法。四是梳理现行有效的部门规章、核安全导则，按照其规范的具体内容进行调整，将属于监管部门提出的管理要求的，归为部门规章或导则，将属于技术要求的，归为核安全标准。

2.2 法规管理制度需进一步完善

法规顶层设计不足，缺少整体规划，由于没有明确的体系或规划做指导，造成了项目申报缺少科学指南，法规建设进展缓慢、效率不高，关键领域重要法规的工作方向不明、实用性不强，质量不高，直接引用与我国实际不符的国外标准、可执行性差等诸多问题。

2.3 科研基础薄弱，法规科学性和合理性有待提高

目前很多核与辐射安全相关的法规是直接参照或翻译国外标准，很多技术问题只知其然，不知其所以然。我国核与辐射安全法规基础研究相对薄弱，当前我国核与辐射安全法规的制（修）订缺少技术支撑，基础科学和应用技术研究与国际先进水平总体差距仍然较大，制约了我国核安全水平的进一步提高。

3 “十四五”指导思想与原则

3.1 指导思想

坚持以全面依法治国基本方略为指导，认真落实习近平生态文明思想和全国生态环境保护大会部署，坚持总体国家安全观，坚持理性、协调、并进的核安全观。核安全是国家安全的重要组成部分，必须确保万无一失。核安全监管工作必须依靠严格执行程序制度，提升安全管理水平。积极推进核与辐射安全监管领域内的法规制修订工作，加快并完善核与辐射安全监管法规体系建设，全面坚持依法治核、依法监管，全面提高核与辐射安全监管的有效

性，确保核安全。

3.2　原则

3.2.1　以法律为依据

核与辐射安全法规顶层设计以法律为依据，以贯彻落实《核安全法》《放射性污染防治法》的要求为基础，以保障核与辐射安全为目标，开展法规体系建设，强化法律法规管理，加快核与辐射安全法规制修订工作，建立相对完备的核与辐射安全法规体系。

3.2.2　法规体系与标准体系统一协调

在核与辐射安全监管领域，核与辐射安全法规和标准是有效实施核安全监管的“两条腿”，法规是基本要求，侧重于管理。标准是具体的判定依据和尺度，侧重于技术，是法规的支撑和配套，两者是一个有机整体。应确保标准体系与核与辐射安全法规体系的协调一致。

3.2.3　以监管工作需求为牵引

核与辐射安全法规体系建设服务于监管，是开展核与辐射安全监管工作的技术支撑，以核与辐射安全监管业务需求为导向，充分发挥各业务部门在法规制修订工作中的主导作用，提高法规的指导性和可操作性。

3.2.4　统筹规划，突出重点，补短板，强弱项

抓紧制定法律有要求，但尚未有相关支撑的法规文件，或者尽快对不适用法律要求的相关法规进行修订升版。整理立项需求，按轻重缓急原则，合理安排法规制修订项目任务。

3.2.5　国际经验和国内实践相结合

在充分体现我国核与辐射安全监管实践经验的基础上，引进并消化吸收国际上先进的核与辐射安全监管理念，进一步补充和完善我国核与辐射安全法规体系。

4　规划目标

总目标——建成统一、协调、科学合理的核与辐射安全法规体系，与我国核能与核技术利用事业发展水平相适应，为核与辐射安全监管各项工作提供全面技术支撑，促进我国核能与核技术利用安全、健康和可持续发展。

具体目标——建成以核安全法、放射性污染防治法为引领的结构合理、层次清晰的核与辐射安全法规体系，与标准体系统一协调。

5 重点任务

“十四五”期间的核与辐射安全法规体系建设，坚持接轨国际，区分轻重缓急，拟形成以国家法律、行政法规、部门规章和国家标准、推荐标准与核安全导则四层法规标准体系。既保障了现有体系的延续性、稳定性，又强化了逻辑性、自洽性，为推荐监管重心向保障运行安全转变提供有力的法治保障。依据相关法律以及核与辐射安全监管工作需要，制修订一批重要急需的法规。进一步提高核与辐射安全法规文件的质量，完善法规制修订机制。

5.1.1 加快相关法律的研究制定

继续开展原子能法的立法工作，争取“十四五”期间能够发布实施；开展放射性废物法、核损害赔偿法、电磁法、电离辐射法、辐射环境管理法等 5 部相关法律的前期研究工作。尽快启动《放射性污染防治法》的修订工作，以便与《核安全法》协调匹配。

5.1.2 启动相关行政法规的修订

修订《民用核设施安全监督管理条例》《核电厂核事故应急管理条例》《中华人民共和国核材料管制条例》《放射性同位素与射线装置安全和防护条例》《民用核安全设备监督管理条例》等 5 部行政法规，以满足《核安全法》的相关要求，推进行政审批改革，进一步加强独立监管，减少重复监管，简化监管程序。

（1）推动相关部门规章和核安全导则的制修订

1）通用系列

根据国际核与辐射安全监管的有效做法以及我国核与辐射安全监管实际情况，急需对质量保证、应急、公众沟通等相关方面法规文件进行制修订，如修订《核电厂质量保证安全规定》《核动力厂营运单位的应急准备和应急响应》等 2 项部门规章，研究制定核事故应急终止的安排、监管机构与利益相关者的沟通和磋商等核安全导则。

2）核动力厂系列

根据国际原子能机构（IAEA）安全标准制修订工作最新进展以及核安全法和核安全监管重心转向运行安全监管的实际需求，加快对《核动力厂运行安全规定》以及配套导则的修订工作，继续推动《核动力厂设计安全规定》配套导则的制修订工作。研究修订部门规章《核电厂厂址选择安全规定》，修订《核电厂厂址查勘》《核动力厂定期安全审查》等核安全导则，研究制定核动力厂严重事故管理、核动力厂水化学方案、核电项目安全基础设施的建立、核设施建造等核安全导则。

3）研究堆系列

根据我国对研究堆安全监管的实践以及实际需求，修订《研究堆安全分类（试行）》，并根据实际情况考虑制定部门规章。研究制定研究堆运行经验反馈、研究堆的抗震安全评价、研究堆和临界装置退役、研究堆安全重要仪表和控制系统等核安全导则。

4）非堆核燃料循环设施系列

参考国际上对核燃料循环设施安全要求以及我国核安全监管实践，修订部门规章《民用核燃料循环设施安全》，合并修订《乏燃料贮存设施的设计》《乏燃料贮存设施的运行》《乏燃料贮存设施的安全评价》三项核安全导则，研究制定核燃料后处理设施安全、核燃料循环研究和开发设施安全等核安全导则。

5）放射性废物管理系列

根据国际上对放射性废物管理安全要求以及我国核安全监管实践，制定部门规章放射性废物的处置前管理、核设施退役管理办法，修订部门规章《放射性固体废物贮存和处置许可管理办法》，研究制定"医疗、工业、农业、研究和教学中产生的放射性废物管理安全导则"、放射性废物的岩洞处置设施、高水平放射性废物深地质处置、放射性废物处置设施的关闭、放射性废物处置设施关闭安全监护计划等核安全导则。

6）核材料管制系列

以核安全法的要求和体系为框架和基础，整合现有的核材料管制和放射性物品运输安全管理系列法规导则中关于运输的内容，在核材料管制系列中全面规定核材料运输的要求，其他放射性物品的运输安全要求在放射性物品运输安全管理系列规定。推进《核材料管制条例》及其实施细则的修订工作，使其更加符合核安全法和现实工作的实际情况。结合现有的法规导则文件和监管工作实践，参考IAEA《核安保丛书》系列出版物，研究制定部门规章核设施信息安全要求，研究制定动力堆核燃料后处理厂核材料衡算、铀浓缩厂核材料衡算、MOX燃料组件制造厂核材料衡算、高温气冷堆核电厂核材料衡算、核设施实物保护要害区域划分原则、核设施实物保护系统有效性评估、"设计基准威胁的确定、应用和维护"等核安全导则。

7）民用核安全设备监督管理系列

改变重许可、轻监管，重安全分析、轻质量监督的方式，加强设备监管所需法规建设。制定部门规章民用核安全设备总体监管要求，强化过程和质量管理，针对所有相关设备、部件、材料等提出明确地监管要求，针对所有相关单位明确责任分配和责任传递，针对所有民用核安全设备活动提出质量管理和过程控制的要求。研究制定民用核安全设备鉴定的相关要求。鉴于新版HAF602和HAF603删掉了老版（2007版）中的附件，建议将删掉的相关内容列入核安全导则。

8）放射性物品运输安全管理系列

依据《核安全法》《放射性污染防治法》和《放射性物品运输安全管理条例》有关要求，完善配套的规章、导则，规划研究和立项监督检查系列的导则，制定与《放射性物品运输安全监督管理办法》（HAF702—2016）配套的导则。

9）放射性同位素和射线装置监督管理系列

推进对室内氡浓度测量、公众公开、相关建筑规范等法规的制修订工作；加强对孤儿源的摸底调查，制定重新控制孤儿源的法规要求。开展易受攻击的源的研究，加强对放射性物质消费品法规的制修订工作。

10）辐射环境系列

尽快制定部门规章电磁辐射环境保护管理办法，加强铀钍矿伴生矿开发利用辐射环境方面法规制修订，重点开展铀加工及核燃料制造设施流出物法规的研究和制修订工作，研究制定与天然放射性物质（NORM）相关的法规等。

6 保障措施

6.1 加强组织领导和统筹协调

完善的核与辐射安全法规体系，是依法监管的必备基本工具。应从领导层面统筹协调核与辐射安全法规制修订工作，充分调动并发挥业务部门及相关单位参与法规的制修订工作，把法规制修订工作作为重中之重。

6.2 加强人才队伍建设

完善有关人才培养制度和激励机制，鼓励所属技术支持单位重视法规的制修订工作，鼓励科研人员积极参与法规的制修订工作；加强科研人员参与国际相关标准制修订活动的实践锻炼，加快培养一支专业技术扎实、熟悉法规制修订工作的专家队伍，为提升核与辐射安全法规制修订能力提供人才保障。

6.3 加大经费保障

为满足核与辐射安全法规工作实际需求，应加大对法规项目的经费支持力度，适当增加工作经费投入，提高单项法规制修订经费，增加法规前期研究的经费投入。

二、核与辐射安全标准体系“十四五”规划思路研究

标准体系的构建是一个循序渐进、不断完善的长期过程，尤其是在核安全与放射性污染防治领域，专业性强、技术要求高，我国相关科技基础较弱，需要做好顶层设计规划，通过国家政策和科技计划引导和支持，更好更快推动核与辐射标准的建设。《核安全与放射性污染防治“十二五”规划及2020年远景目标》提出要“完善核安全法规标准体系”“抓紧研究制订原子能法和核安全法，加快制修订核安全行政法规、部门规章和标准，力争到‘十二五’末建成比较完整的核与辐射安全法规标准体系”。《核安全与放射性污染防治“十三五”规划及2025年远景目标》（以下简称“核安全‘十三五’规划”）进一步提出推进核安全标准系统化，加强核安全标准顶层设计与管理，建立核与辐射安全标准体系，加快制修订一批核安全标准，强化核安全标准立项审查，提高标准与法规的衔接性。在开展核安全与放射性污染防治“十四五”规划编制工作之前，做好标准规划思路的预研，认真研究分析当前核与辐射安全标准工作的制约因素、存在的不足和问题，调查我国核与辐射安全标准现状，研究国际国内核与辐射安全形势，分析国内外相关标准体系的特点、成功经验及借鉴意义，从体制、机制、政策、科技计划等方面提出“十四五”期间我国核安全标准体系建设规划思路建议，对规划的编制实施意义重大。

1　核安全标准建设的重要性和存在问题

我国借鉴国际原子能机构（IAEA）核安全标准体系，结合我国监管实践建立了与国际接轨的核与辐射安全法规标准体系，制定、发布了一系列法规标准，以此为依据实施独立核与辐射安全监管。随着我国核与辐射安全法规标准体系的不断完善，核与辐射安全标准建设取得了一定成绩制定，制订了一批重要、亟需的核与辐射安全标准，对我国核能与核技术利用事业的快速发展起到了重要的技术支撑作用。

近年来，我国核能与核技术利用事业加速发展，核电开发利用的速度、规模已步入世界前列，保障核与辐射安全的任务更加艰巨。对核活动进行规范管理必然要求制定相应的安全标准，这就对核与辐射安全标准建设提出了更高要求。

1.1　标准体系建设的重要性

核与辐射安全标准凝结着核与辐射安全技术的优秀成果，是开展核与辐射安全监管的重要基础和依据，是推进核与辐射安全监管体系与监管能力现代化的重要环节。开展核与辐射安全标准体系建设有利于核与辐射安全技术的推广，对于提高我国核与辐射安全水平、确保

国家整体安全具有重要作用。

依据标准开展监管工作是我国当前的通用实践。在我国当前的法律环境以及政府监管体系中，标准占有重要的位置，我国的监管体系中通常都会包含法规体系与标准体系。2017年我国修订了《中华人民共和国标准化法》（以下简称《标准化法》），全面落实国务院《深化标准化工作改革方案》精神和各项举措，优化标准体系，完善标准化工作机制，加强标准化工作，发挥标准在提升质量、推动创新、促进发展等方面的作用，为改革提供法律依据和制度保障。修订后的《标准化法》明确了国家标准分为强制性标准、推荐性标准，行业标准、地方标准是推荐性标准。明确了企业标准的自愿性，首次规定国家鼓励学会、协会、商会、联合会、产业技术联盟等社会团体协调相关市场主体共同制定满足市场和创新需要的团体标准。《国务院办公厅关于加强环境监管执法的通知》（国办发〔2014〕56号）中明确要求“加快完善重金属、挥发性有机物、危险废物、持久性有机污染物、放射性污染物质等领域环境标准，提高重点行业环境准入门槛。”

加强核与辐射安全标准建设是客观需要。2017年我国发布《中华人民共和国核安全法》（以下简称《核安全法》），提出“国家从高从严建立核安全标准体系，国务院有关部门按照职责分工制定核安全标准。核安全标准是强制执行的标准。核安全标准应当根据经济社会发展和科技进步适时修改。”《中华人民共和国放射性污染防治法》（以下简称《放射性污染防治法》）规定国务院环境保护行政主管部门应根据环境安全要求、国家经济技术条件制定国家放射性污染防治标准；《核安全“十三五”规划》要求“新建核电机组设计指标满足国际最新核安全标准，新建核电机组实现从设计上实际消除大量放射性物质释放。统筹解决早期核设施退役和历史遗留放射性废物治理问题，按照最新标准建造各类核设施，提高设施固有安全水平，从源头减少废物产生。”

当前开展核与辐射安全标准体系建设是顺应我国依法治核的潮流，推进核与辐射安全监管体系与监管能力现代化，落实“理性、协调、并进”的核安全观，提升核与辐射安全水平进而保障国家总体安全的有力举措。

1.2 当前标准工作存在的问题

1.2.1 核与辐射安全标准系统性不足

《中华人民共和国核安全法》（以下简称《核安全法》）规定国家从高从严建立核安全标准体系。目前，核与辐射安全标准体系性欠佳，缺项较多。如与核安全法核损害、高水平放射性废物安全管理等重要领域配套的标准存在很多缺项；一些新发布、新修订的法规，其配套导则和技术标准不全；部分已有标准还存在相互关系不明确、部分内容交叉重叠等问题。另外，由于国内标准多是直接采用或转化源自不同体系的国际标准，导致体系性欠佳。

标准顶层设计不足，缺少整体规划，由于没有明确的体系或规划做指导，造成了项目申报缺少科学指南，标准建设进展缓慢、效率不高，关键领域重要标准的工作方向不明、实用性不强，标准质量不高，直接引用与我国实际不符的国外标准、可执行性差等诸多问题。

1.2.2 现有标准不能满足监管实际需要

核与辐射安全监管工作具有极强的专业技术性，生态环境部（国家核安全局）直接对核设施的设计和运行参数进行独立分析、计算和验证，地区核与辐射安全监督站实时监控具体核设施的系统、设备、参数和工序，密切监视其核安全状况。然而，由于当前相关技术标准建设工作落后，存在缺项、实用性不强等问题，不能满足监管工作的实际需要，造成部分监管工作无据可依，监管质量、监管效能均受到影响。

1.2.3 专业化标准技术机构不完善

标准管理制度需进一步完善，缺少如标准化技术委员会的相关机构做专业化支撑。目前核与辐射安全标准在制定过程中由生态环境部（国家核安全局）成立的国家核安全专家委员咨询审议，进行技术把关。国家核安全专家委员是一个综合性专家组织，每一个专业分委员会的委员层次较高但细分专业领域的专家覆盖程度和人数受限制，难以满足标准草案数量日益增长的需求。

1.2.4 标准科学性和合理性有待提高

我国核与辐射安全标准研制基础薄弱，专业人才不足且较分散，研制标准的能力和水平不能适应当前的工作需要。目前很多核安全相关标准是直接参照或翻译国外标准，很多核电标准是针对具体堆型制定的，在我国通用性不强，部分自主研制的标准由于基础研究滞后和缺乏实践验证，影响了其科学性和合理性，不能适应安全监管和行业发展需要。

2 国内外相关标准体系情况

国际国内很多标准协会和行业组织均从专业角度开展相应的标准发展规划，并形成了各自领域的标准体系，包括国际原子能机构（IAEA）、美国、法国，以及我国能源行业标准体系、安全生产标准和中国环境标准体系，通过对这些体系的建设目的、结构划分、范围确定和标准设置等方面的研究，可以为“十四五”期间核与辐射安全标准体系建设规划提供借鉴和参考。

2.1 国际原子能机构（IAEA）标准

IAEA 安全标准是出于有效地保护人类和环境免于辐射危险的目的，是为确保缔约方有效履行《核安全公约》《核事故或辐射紧急情况援助公约》《乏燃料管理安全和放射性废物管理安全联合公约》等国际公约而制定的，各国设计者、制造者、营运者和监管者可依据这些标准，加强电力生产、医学、工业、农业、研究和教育领域的核安全与辐射安全。

自 20 世纪 90 年代中期，IAEA 开始对其安全标准体系进行大规模梳理，包括确定旨在更新整套标准体系的系统方案，已经形成的新标准体系具有较高水准并且基本反映了各成员国的最佳实践。在安全标准委员会的协助下，IAEA 努力促进全球对其安全标准的认可和使用。

IAEA 发布的标准可分为五个专业领域，分别是：核安全（NS）、辐射安全（RS）、运输安全（TS）、废物安全（WS）和通用安全（GS），分别由5个安全委员会负责。IAEA安全标准体系中，通用安全要求包括：监管安全框架、安全领导和管理、辐射防护和辐射源安全、设施和活动的安全评估、放废处理处置管理、退役和活动终止、应急准备与响应。专用安全要求包括：核设施厂址评价；核电厂设计、建造、调试、运行安全；研究堆安全；核燃料循环设施安全；放废处置设施安全；运输安全。

IAEA安全标准体系分为三个层次：安全基础（Safety Fundamentals，SF）、安全要求（Safety Requirements，SR）和安全导则（Safety Guides，SG）。为金字塔结构，如图5所示。最顶层是安全基础，其次是通用安全要求（General Safety Requirements，GSRs）和专用安全要求（Specific Safety Requirements，SSRs），再次下层是相应的通用安全导则（General Safety Guides，GSGs）和专用安全导则（Specific Safety Guides，SSGs）。

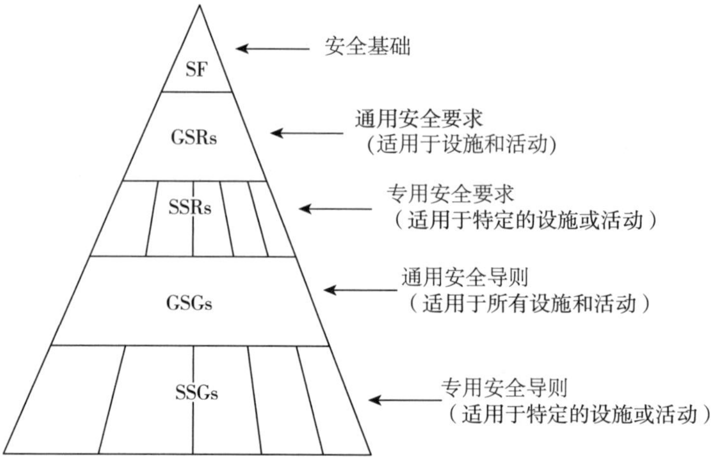

图5 IAEA安全标准体系层次图

2.2 美国的标准管理体系和战略

美国的标准体系由自愿性标准和政府专用标准构成，市场驱动和民间组织为主体是美国标准化管理的基本特点。美国的标准化工作已有上百年的历史，最初是由民间组织根据市场需要发展起来的，可以说美国标准的制定就是一项行业行为。美国政府自己也制定一些政府专用标准，但并不主导自愿性标准的制定，也不操控任何一个民间标准化团体，但美国标准管理体制的市场化和民间为主体制定自愿性标准并不游离于政府之外，而是政府以某些方式对民间标准化活动施加必要的影响。

美国标准体系包括三个构成要素，即联邦政府专用标准、国家标准、专业团体标准。联邦政府专用标准代表国家意志，包括采购标准和监管标准，属于技术法规范畴。国家标准和专业团体标准则是产生于民间组织的自愿性标准，是相关方协调一致的产物。在美国，国家标准是自愿性的，其中很小部分是由美国国家标准学会（ANSI）制定的，其余大部分是由ANSI认可的标准制定组织（SDO）制定的。也就是说只有ANSI认可的SDO制定的标准，才有可能被ANSI批准为美国国家标准。图6展示的是美国标准体系结构图。

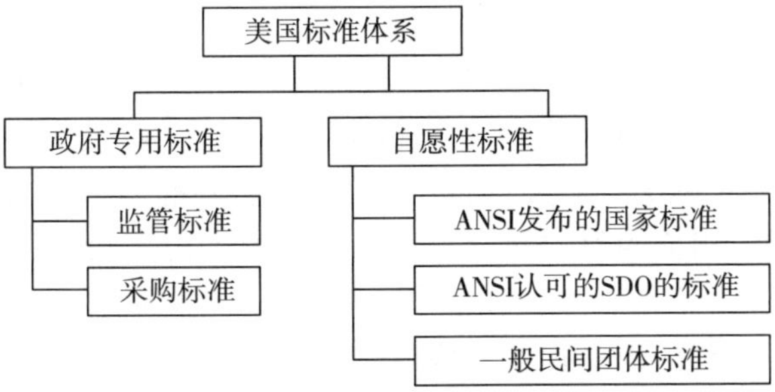

图 6　美国标准体系结构图

一直以来，美国的标准研制科研基础雄厚，随着标准在科技和贸易中的地位作用不断提高，美国政府更加关注标准化工作，美国标准战略的主要目的是积极推动其标准在全球的主导作用。美国先后制定 2 份重要的标准战略文件，即《美国国家标准战略（2000—2005）》《美国标准战略（2005—2010）》。《美国国家标准战略（2000—2005）》旨在维护美国国家利益最大化，以价值观和技术标准的统一性为根基，有效保护国内市场，最终实现美国标准的全球化。

2.3　法国核电标准

法国在 20 世纪 70 年代初期引进美国西屋公司的 90 万 kw 级核电机组技术后，在美国机械工程师协会（ASME）标准体系基础上建立了自己的核电厂设计和建造技术系列标准 RCC。RCC 系列规范标准的原始基础仍是美国轻水堆核电标准。法国引进、吸取了美国核电的许多经验，但并非机械照搬，而是结合本国国情有所创造和发展。法国核电法规标准体系结构，如图 7 所示。

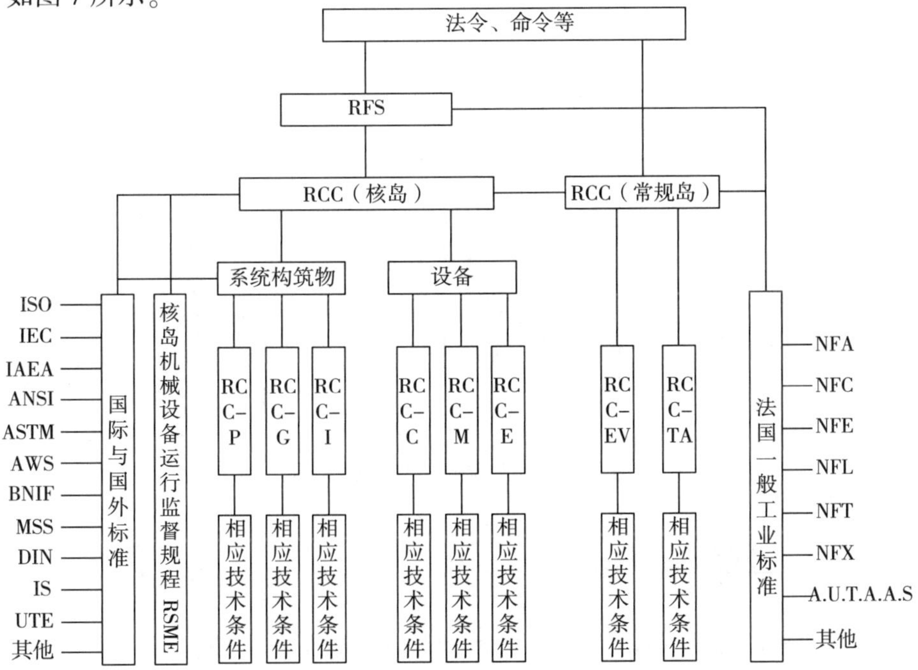

图 7　法国核电法规标准体系结构

RCC 系列包含法国标准（NF）、国际标准（如 ISO、IEC、IAEA、IIS、IIW 等）及国外标准（如 ANSI、ASTM、DIN 等）。每个 RCC 标准在使用中都涉及和引用了大量法国一般工业标准。与核能有关的一般工业标准约有几百个，主要为 NF 标准（由法国标准化协会制定）。为适应法国核安全管理的要求并根据工业实践经验和业主（EDF）对制造和检测的要求，对引进的标准增设了相关的附加规定，并把上述附加规定与设计和建造标准全部收集到一套完整的文件中。

法国核电法规标准体系结构具有以下特点：核安全法规属强制性法规，以法令或命令形式颁布，必须遵照执行。法国核设施安全局制定并发布基本安全导则（或译为要求、规章），每个基本安全导则都对应一个 RCC 标准，提高了 RCC 标准的强制性。整个 RCC 体系按照核设施的系统、设备、土建、燃料组件等的设计、建造等分为不同的子系，结构清晰，便于使用。

2.4 国家安全生产标准

国家安全生产监督管理总局（现应急管理部）于 2007 年 10 月制定了《全国安全生产 2007—2010 年标准化发展规划》，分析了安全生产标准化工作存在的问题，提出了标准化的原则、目标，规划了其重点任务和项目。

在该规划指导下，国家安全生产监督管理总局（现应急管理部）制定了安全生产标准体系，其框架按安全领域划分，包括通用、煤矿、非煤矿山、危险化学品、烟花爆竹、粉尘防爆、涂装作业、防尘防毒、个体防护装备和机械等 10 个安全生产标准分体系，如图 8 所示。安全生产标准体系主要内容包括基础标准、管理标准、技术标准、方法标准和产品标准五部分。标准包括国标 GB、行标 AQ、行标 LD、煤炭 MT、轻工业 QB 等，还有部分欧标 EN 等国际标准。

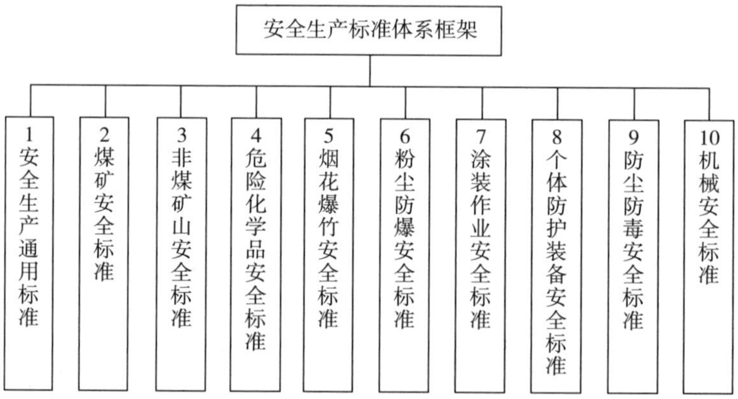

图 8　安全生产标准体系框架图

2.5 国家能源行业核电标准体系

国家能源行业核电标准（NB）体系分 8 个领域：通用和基础（a）类、前期工作（b）类、工程设计（c）类、设备（d）类、建造（e）类、调试（f）类、运行（g）类、退役

（h）类，共 900 多项标准。压水堆核电厂标准体系框架结构图如图 9 所示。

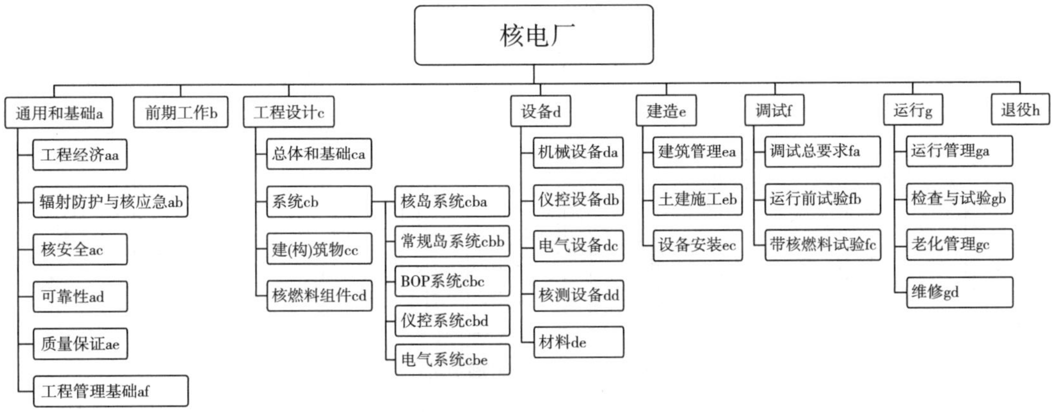

图 9　压水堆核电厂标准体系框架结构图

2.6　国家环保标准

环境保护部（现生态环境部）在总结“十二五”环境保护标准工作基础上，提出《国家环境保护标准“十三五”发展规划》，以推动标准制修订工作。具体包括，围绕排污许可及水、大气、土壤等环境管理重点工作，加大在研项目推进力度，制修订一批关键标准。构建基于实测的标准制修订及实施评估方法体系，优化形成内部科学、外部协调的环保标准体系。“十三五”期间，共启动约 300 项环保标准制修订项目，发布约 800 项环保标准等。

2.7　我国核与辐射安全法规标准体系

依据《核安全法》《中华人民共和国放射性污染防治法》（以下简称《放射性污染防治法》）和国务院核安全监督管理部门三定职责规定，核与辐射安全法规标准体系的架构宜沿用以监管领域进行专业分类、以文件属性和等级确定层次、以法规标准配套协调为总体原则的设计思路。国家核安全局负责包括核动力厂、研究堆、核燃料循环、核材料管制、放射性废物、核安全设备、物品运输、同位素与射线装置、辐射环境及铀矿冶等领域的安全监督，每个领域都需要编制有关的法律法规或规章规定其安全要求并制定相应的技术标准作为监管执法依据，法规标准需求量很大，很多领域法规标准缺项严重，亟待开展制修订工作。

依据《核安全法》和国家核安全局监管职责所涉及的专业领域，将核与辐射安全法规标准体系总体划分为核动力厂、研究堆、核燃料循环、放射性废物、核材料实物保护、核安全设备、放射性物品运输、放射性同位素与射线装置、辐射环境等专业系列，以及包括质量保证、文化和事故应急的通用系列。每个系列类别包含若干子类。体系内专业领域覆盖全面、层次清晰、标准间关系明确、可操作性强。核与辐射安全法规标准体系框架如图 10 所示。

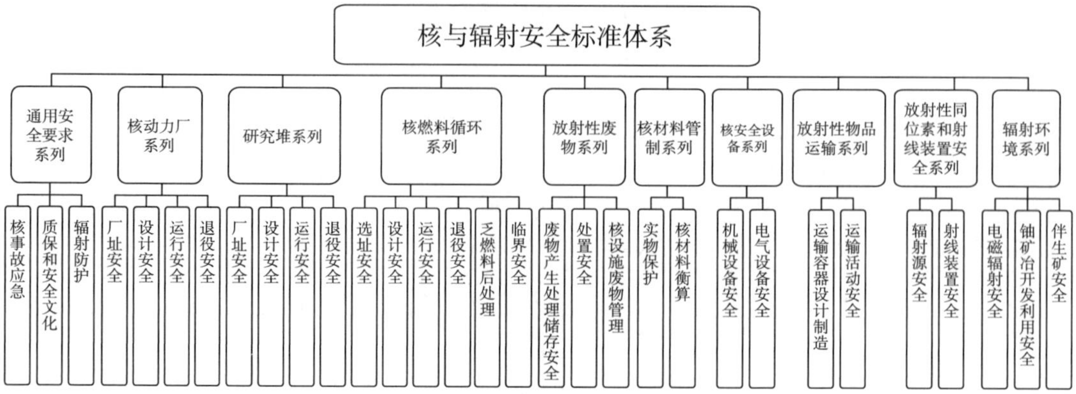

图 10　核与辐射安全法规标准体系框架

3　指导思想与基本原则

3.1　指导思想

以习近平法治思想为指导，全面贯彻依法治国基本方略，认真落实习近平生态文明思想和全国生态环境保护大会部署，坚持总体国家安全观，坚持“理性、协调、并进”的核安全观，以贯彻落实《核安全法》《放射性污染防治法》等有关法律要求，在吸取国际核安全标准建设先进经验和我国核与辐射安全监管实践基础上，围绕未来五年国家核与辐射安全监管要求和核能核技术发展对核与辐射安全技术标准的重大需求，积极推进核与辐射安全监管领域内的标准制修订工作，加快建设并完善核与辐射安全监管领域内的标准体系，提升我国核与辐射安全标准整体水平和国际竞争力，促进核能与核技术利用事业安全、健康和可持续发展。

3.2　基本原则

3.2.1　以法律法规为依据

核与辐射安全标准体系的建设应以贯彻落实核与辐射安全法律法规相关安全要求为导向。在核与辐射安全领域，核与辐射安全法规和标准是有效实施核安全监管的“两条腿”，法规是基本要求，侧重于管理，标准是具体的判定依据和尺度，侧重于技术，是法规的支撑和配套，两者是一个有机整体。应确保标准体系与核与辐射安全法规体系的协调和一致。

3.2.2　以监管工作需求为牵引

技术标准是对核与辐射安全监管工作的技术支撑，标准体系的建设应以监管工作的实际需求为牵引，充分体现核与辐射安全审评、监督、监测等工作中所需要参考限值、基本参数、试验方法、执行要求等方面的内容，相关标准应满足核与辐射安全原则、目标、放射性流出物排放限值等基本要求。

3.2.3 建立体系突出重点

一方面开展核与辐射安全标准体系的顶层设计研究，进一步优化和完善核与辐射安全标准体系，核与辐射安全标准体系的框架建立应遵从保证核与辐射安全，贯彻纵深防御理念，体现完整性、系统性、层次性、科学性、协调性的原则。另一方面，抓紧制定重点领域急需但尚存空白的有关技术规范和标准文件，或者尽快对不适用或已落后于新技术应用要求的标准进行修订升版。整理立项需求，按轻重缓急原则，合理安排标准项目任务。

3.2.4 充分利用已有的技术标准资源

已有工业技术标准中有很多与核安全相关，很多标准经过多年的工程应用实践证明符合核安全法规要求，这些标准可以根据核与辐射安全监管需要，通过标准认可或直接使用等方式引入核与辐射安全标准体系，尤其是方法类标准等推荐性标准应尽量吸收已有的或者正在制定的工业标准。这样既可以充分利用工业界的成熟经验，又可以减少重复建设、避免多重标准，达到国家利益最大化。

3.2.5 国际经验和国内实践相结合

在充分体现我国核与辐射安全监管实践经验的基础上，引进并消化吸收国际上先进的核与辐射安全标准和技术规范，进一步补充和完善我国核与辐射安全标准体系。

4 规划目标

4.1 总体目标

核与辐射安全标准建设的总目标：建立健全符合我国核能核技术产业发展要求的、科学系统和适用的核与辐射安全标准体系，为核与辐射安全监管各项工作提供全面技术支撑，促进我国核能核技术利用安全、健康和可持续发展。

4.2 具体目标

以《标准化法》《核安全法》《放射性污染防治法》等法律要求为引领，完成核与辐射安全标准顶层设计研究，构建统一协调、科学合理、结构合理、层次清晰的核与辐射安全标准体系框架，补充制定核动力厂、研究堆和核燃料循环设施等领域强制性国家标准，响应辐射安全、辐射环境管理、放射性废物等领域急需，重点制修订一批相关标准，完善核技术利用活动、放射性废物安全、辐射环境监测标准，建成与各领域专业法规配套完整、科学合理的核与辐射安全标准体系。

5 规划任务

5.1 优化和完善核与辐射安全标准体系框架

对现行核与辐射安全标准进行梳理，并研究分析相关专业领域对安全标准的现实需求，开展标准体系的顶层设计研究，建立核与辐射安全标准体系框架和明确“十四五”标准工作方向和重点项目。基本建立层次清晰、条理清楚的核与辐射安全标准体系框架，完成对框架中各个细分领域标准体系的进一步研究，建立相对完善科学的核与辐射安全标准体系。

5.2 加强核与辐射安全标准的制定、修订工作

针对辐射安全、辐射环境管理、放射性废物等领域急需，重点制修订一批相关标准。

5.2.1 核与辐射安全事故应急标准

目前我国针对核电厂核事故应急已发布的相关国家标准共22项，但体系性和有效性尚待进一步强化。我国将进一步加强对民用核设施场内应急预案开展审评和复审，对核设施日常应急准备情况、场内综合应急演习进行监督检查和评估，有效加强对核设施应急准备工作的监督管理。建议在“十四五”期间，针对福岛核事故后国际上关于核事故应急的新要求和借鉴新冠病毒疫情应对经验开展进一步研究，对照核应急法规要求进一步梳理有关标准，对核与辐射安全信息公开、公众沟通宣传、核质量保证、应急体系有效评估等相关方面法规配套的相关标准进行完善和补充，还应考虑新增针对辐射事故的标准，如放射源与射线装置辐射事故应急、核材料临界辐射事故应急、放射性物品运输辐射事故应急等。

5.2.2 核动力厂和研究堆标准

“十四五”期间应考虑根据IAEA安全标准制修订工作最新进展及《核安全法》和核安全监管工作重心转向运行安全监管的实际需求，加快对核动力厂设计安全、运行安全、退役安全等相关的配套技术规范和标准制定、转化和补充，推动配套标准的制修订工作。开展核安全标准体系的进一步研究，确定需要制定的核安全标准。优先在一些较为迫切、需要重点关注的领域开展工作，如核电厂严重事故管理、在役检查、核电厂维修、老化管理等相关标准，核设施（主要是研究堆）退役方面除放射性废物管理以外的核安全技术要求、退役计划及其组织管理以及其他的技术规范等。

5.2.3 非堆核燃料循环设施标准

目前非堆核燃料循环设施相关的厂址、建造、运行和退役相关的标准较少，特别是乏燃料后处理相关的标准缺项严重。“十四五”期间应考虑重点针对核燃料选址建造、生产、加工、贮存和后处理设施安全运行，以及乏燃料后处理安全开展相关标准的研究和制定。

5.2.4　放射性废物管理标准

“十四五”期间，国家将进一步做好放射性废物处置场、放射性废物贮存、处理设施运行安全监督，积极推动处置场选址和建设，推动历史遗留放射性废物的处理和处置。应考虑进一步加强高放废物处理、处置相关标准的研究制定，以及核设施退役放废管理和废物处置设施环评有关标准的制修订工作。积极推进放射性废物安全管理相关标准建设，做好放射性废物处置场、放射性废物贮存、处理设施运行安全监督等有关标准和技术规范制修订，为处置场选址和建设和推动历史遗留放射性废物的处理和处置等工作提供技术支持。

5.2.5　核材料管制与实物保护

“十四五”期间，应结合现有的法规导则文件和监管工作实践，参考 IAEA《核安保丛书》系列出版物，考虑重点补充完善一些具体的核材料衡算方法和评价、监督检查技术规范，包括散料核设施核材料衡算方法（体系）、动力堆核燃料后处理厂核材料衡算、铀浓缩厂核材料衡算、MOX 燃料组件制造厂核材料衡算、高温气冷堆核电厂核材料衡算、核设施实物保护要害区域划分原则、核设施实物保护系统有效性评估等标准。

5.2.6　民用核安全设备标准

“十四五”期间应重点考虑优先开展有关民用核安全设备国家标准的研究，研究制定民用核安全设备总体技术要求，针对核级设备、部件、材料等提出明确技术要求，消除安全隐患，确保核安全。研究制定民用核安全设备鉴定的相关标准，修订完善与新版《民用核安全设备无损检验人员资格管理规定》《民用核安全设备焊接人员资格管理规定》配套的技术规范和标准，包括与正在修订的《质量保证安全规定》与民用核安全设备相关的质量保证技术规范。

5.2.7　放射性物品运输标准

依据《放射性物品运输安全管理条例》等法规和规章要求，建立健全运输安全标准体系。一是以《放射性物品安全运输规程》（GB11806）为顶层标准，制定与其配套使用的系列标准。二是针对放射性物品运输容器的设计、制造和使用，以及运输活动安全管理等领域规划立项制定一批亟需的重要标准，如放射性物品运输容器结构审查，放射性物品运输工具安全评价等。

5.2.8　同位素和射线装置标准

目前，虽然发布的放射性同位素和射线装置相关标准不少，但很多标准应根据安全要求进行修订完善和补充，一些领域的标准仍有欠缺。“十四五”期间应加强相关标准的梳理，加快对孤儿源和放射性物质消费品相关标准的制定，补充完善针对废旧放射源回收、贮运和处置的相关标准。另外，应研究制定移动放射源使用的安全技术规范，制定针对性更强的医疗和开放性场所中放射源和射线装置的相关技术标准，细化完善加速器的相关标准。

5.2.9 辐射环境监测标准

我国现行辐射环境监测标准主要包括辐射环境质量、排放限值、监测规范以及检测方法等标准，包括国家标准和环境标准等300多项，但标准缺项也较多，主要表现为：大部分环境质量标和限值标准缺少放射性核素指标；核与辐射设施监督性监测标准急需制定；部分核与辐射设施辐射环境监测的技术要求有待制定；应急监测方面相关标准严重缺项；现有辐射环境监测标准无法覆盖现行各项监测方案的项目，如移动通信类、大型发射设施类以及输变电直流相关的环评和监测技术规范。

因此“十四五”期间应加强标准适用性和完备性的审查工作，补强上述领域的标准缺项，以及核与辐射设施监督性监测等标准的制定。加强铀钍矿伴生矿开发利用辐射环境方面标准制修订，重点开展铀加工及核燃料制造设施流出物和环境保护标准，以及这些设施退役环境影响评价的技术规范的研究和制修订工作。

5.3 加强标准管理，强化标准宣传贯彻和实施工作

5.3.1 加强标准管理

针对以往存在的标准管理不到位的问题，应加强标准制修订项目的管理工作，完善核与辐射安全标准管理制度，保证标准编制的质量和进度。还应考虑在现有核与辐射安全法规标准审查专家委员会基础上，加强标准领域的专家队伍力量，吸纳更多技术专家，确保有足够的专家和技术人员投入到标准工作中。

5.3.2 加强行业标准认可工作

“十四五”期间继续推进对核安全相关的能源行业核电标准的认可审查工作。进一步完善认可管理制度，加强认可审查人力资源建设，增强标准认可审查专家队伍力量，保障认可审查的质量和进度。

5.3.3 加强标准宣贯和实施评估工作

大力开展核与辐射安全标准的宣传培训，特别是涉及核安全基本原则和技术要求的强制性标准，促进从事核安全相关活动的单位学习贯彻核与辐射安全标准，进一步提高核与辐射安全水平。

建立标准应用的跟踪评价和经验反馈制度，及时修订相关标准。建立对核安全标准的定期评估机制，解决以往很多核与辐射安全相关的标准长期没有适时进行评估和修订的问题。根据标准实施中的工程应用实践评估标准实施情况，重点涉及核安全基本原则和技术要求的强制性标准的实施情况，包括安全水平与经济成本、技术要求与可行性情况。形成的评估报告中明确制约达标的技术、经济和政策等关键因素，提出解决对策，形成标准修订和相关标准体系调整建议，提出完善核与辐射安全监督管理的工作建议。

6　保障措施

6.1　加强组织领导和统筹协调

加强与国家标准化主管部门的协商，加强政策、规划、计划制定和核安全标准研制的协调，按照职责分工和规划确定的目标要求，统筹规划、统一协调、分工实施、精心组织、抓好落实，将标准制修订任务纳入年度工作计划中，严格管理。

6.2　在科技政策和计划中强化对标准研制的支持力度

着力加强核安全技术标准制定的基础科技研发，通过相关科技项目加强对标准的支持力度，建立科技成果转化为技术标准的激励机制。促进技术成果转化为核安全技术标准，在科研项目设定中发挥技术标准的导向作用，对科技成果有望形成重要技术标准的，科技主管部门在后续科技计划项目安排中予以优先支持，加强技术标准的研制。有技术标准研制任务的科研项目，应将形成技术标准作为约束性指标，在编制项目申报指南时，征求国家标准化主管部门关于技术标准研制的建议。

6.3　加强标准人才队伍建设

完善有关人才培养制度和激励机制，鼓励所属技术支持单位重视技术标准的研制工作，鼓励科研人员积极参与技术标准研制与应用活动，提升科研人员技术标准研制能力。加强科研人员参与国际标准化活动的实践锻炼，加快培养一支专业技术扎实、熟悉标准研制的专家队伍，为提升核与辐射安全技术标准研制能力提供人才保障。

6.4　加大经费保障

加大对标准项目的经费支持力度，适当增加工作经费投入，提高单项标准制修订经费，特别是核安全、乏燃料后处理、放射性废物等的单项经费，以进一步提高标准制修订水平以及强化标准的试验验证。

三、核与辐射安全治理体系和治理能力“十四五”规划思路研究

习近平总书记在党的十九大报告中强调：“要健全国家安全体系，加强国家安全法治保障，提高防范和抵御安全风险能力”“构建政府为主导、企业为主体、社会组织和公众共同参与的环境治理体系”。核安全作为国家安全的重要组成部分，作为环境监管的重要领域，加强核安全监管、构建新时期核安全治理体系是落实党的十九大精神的重要举措，是维护国家安全、推进国家核安全治理进程、构建人类命运共同体的必然要求。

1 核安全治理体系现状

我国核工业从1955年起步，通过老一辈核工业人的艰苦努力，圆满实现了原子弹、氢弹试爆成功和核潜艇下水，建成了国内核燃料循环工业体系。1984年，我国决定建设秦山核电厂，开始和平利用原子能，为接轨国际、加强安全监管，国家组建国家核安全局，开始对全国民用核设施实施独立统一监管。

经过30多年发展，我国始终坚持“安全第一”的根本方针，秉承“发展与安全并重”的原则，逐步建立了一套立足国情、接轨国际的核与辐射安全监管模式和制度体系，实现了核能大规模和平利用，为促进经济发展、保障能源安全、提高人民生活水平做出了积极贡献。我国核设施保持良好安全记录，未发生国际核事件分级表（INES）2级及以上的事件或事故。核技术利用安全水平大幅提升，放射源和射线装置100%纳入许可管理，放射源辐射事故年发生率持续降低。放射性污染防治成效显著，核设施周围环境辐射水平处于本底涨落范围之内，公众个人剂量远低于国家限值，全国辐射环境质量良好。核安保措施管控有力，未发生核材料被盗、丢失或非法使用事件，做到了核材料“一克不丢、一件不少”。

党的十八届三中全会以后，结合监管工作实际，国家核安全局提出了“实现核与辐射安全监管体系和监管能力现代化”的具体目标，核与辐射安全监管体系建设稳步推进、不断完善。在政府层面，核安全监管部门实施严格的核安全许可、监督制度，按照“独立、公开、法治、理性、有效”的监管原则，对核设施、核材料、核活动和放射性物质实施独立安全监管；在企业层面，企业承担核安全全面责任，建立了完善的管理制度和严格的质量保证体系，大力培育良好的核安全文化，严控质量，积极防范核事故；在社会层面，公众积极参与重大核安全决策，持续监督核安全状况，推动核安全水平不断提升。这些监管理论和实践探索为核安全治理体系建设提供了方向指引和顶层设计，“政府为主导、企业为主体、社会组织和公众共同参与”的核安全治理体系初具雏形。

1.1　核安全治理规则不断健全

核安全法规标准体系不断完善。法规标准体系是治理体系的基本组成和重要基石。我国全面参考国际原子能机构发布的核安全标准，建立了一套起点高、要求严、实用性强的核与辐射安全法规标准体系。目前已经形成了以核安全法、放射性污染防治法两部法律为顶层法律、7 部行政法规、27 项部门规章、94 项导则和千余项相关标准在内的法规标准体系，构建并不断完善包含核设施、核设备、辐射安全许可证制度，监督检查执法制度，环境影响评价制度，事故应急与调查处理制度，人员资质管理和辐射环境监测制度六大体系为核心的核与辐射安全监管制度框架，为开展核安全工作奠定了法治根基。

核安全政策规划体系持续加强。核安全政策是国家核安全的顶层设计，生态环境部（国家核安全局）牵头组织多个国务院相关机构制定《国家核安全政策》，描绘了国家核安全的宏伟蓝图。规划体系是科学推进监管工作的“施工图”和“进度表”，生态环境部（国家核安全局）将核安全重点任务和工程纳入国家“十三五”规划纲要、国家安全保障能力建设规划、生态环境保护规划、核安全与放射性污染防治规划等有关规划，努力实现国家级规划在核安全领域的“多规合一”，形成了系统的核安全规划体系。自“十二五”以来，生态环境部（国家核安全局）负责牵头国务院相关机构制定实施核安全与放射性污染防治五年规划，为提高核安全水平，推进监管能力建设、强化风险防控发挥了重要作用。

国际舞台唱响中国声音。积极加入国际公约体系，倡导构建公平、合作、共赢的国际核安全体系，推进全球核安全治理进程，打造核安全命运共同体；忠实履行核安全国际义务，努力践行国家核安全承诺，积极参与国际核安全相关公约履约活动，为全球核安全治理贡献中国力量；全面拓展核安全交流合作，参与核安全国际组织倡导的各项活动，加强与世界各国核安全交流合作，发出中国声音、分享中国经验。

1.2　核安全治理组织体系逐渐完整

核安全治理组织体系由政府主导的监督和管理体系、企业为主体的行业自我管理体系、社会组织监督体系以及公众参与体系组成。

生态环境部（国家核安全局）作为国务院核安全监督管理部门，负责核安全的监督管理，对全国核设施和核技术利用装置实施统一的监督管理。建立了包括总部机关、地区监督站、技术支持单位“三位一体”的核安全监管组织体系。总部机关制定核安全政策规划、法规标准，统筹全国核安全监管工作；在全国分区域设立 6 个地区监督站作为派出机构，实施核安全监督检查；设立专职技术支持单位，开展安全审评等技术支持工作。此外，成立核安全专家委员会，为核安全决策提供咨询意见。

国家能源局作为国务院能源主管部门，负责核电事业发展及相应安全管理工作。国防科工局作为国务院核工业主管部门，负责除核电以外的其他核工业行业发展及相应安全管理工作。国家卫生和健康委员会负责放射性职业病防治，开展核与辐射事故紧急医学救援。其他有关部门在各自职责范围内负责有关的核安全管理工作。

生态环境部（国家核安全局）牵头建立国家核安全工作协调机制、朝核环境风险应对、涉核“邻避”问题风险防范与化解工作机制，统筹协调成员单位推进核安全、核安保、防核扩散和核保障等国家核安全相关工作，高效应对重要核安全风险。

核设施营运单位对核安全负全面责任。为核设施营运单位提供设备、工程以及服务等的单位，负法律和合同规定的相应责任。

我国当前有中国核学会、核能行业协会、辐射防护学会等10家涉核一级社团组织，社会组织积极参与核安全治理，通过学术交流、同行评估、第三方评估、以及科普宣传等活动，促进政府与会员单位之间、会员单位之间、国内与国际之间的沟通与交流，维护全行业和会员的合法权益，向政府建言献策，努力发挥桥梁和纽带作用，推动核行业的自主创新和技术进步，为提高核能利用的安全性、可靠性和经济性提供服务，促进核行业安全发展。

我国目前建立“中央政府督导、地方政府主导、企业作为、社会参与”的核安全公众沟通机制，增进全社会对核安全的认识、理解和监督，营造共建共享、共同维护核安全的良好氛围。中央和各级地方政府全面加强信息公开，及时发布权威信息，建立新闻发言人和媒体定期交流制度，开展核安全政策解读，保障公众的知情权。积极推动公众参与，地方政府和核设施营运单位就涉核项目建设等涉及公众利益的重大核安全事项，通过问卷调查、听证会、论证会、座谈会等形式充分征求利益相关方的意见并及时反馈，保障公众的参与权和监督权。核电厂营运单位和核行业社团组织广泛开展科学普及，推动将核安全基础知识纳入青少年教育体系，建设国家级核科普教育基地，组织开展“公众开放日”“核安全文化进校园、进社区”等各类系列核科普活动，搭建科普网络及新媒体平台，积极回应公众对核能、核安全的了解诉求，提高全社会对核安全的认知水平。公众积极参与，对核设施、核技术利用等开展公众监督，对核安全管理积极献言献策。

1.3 精神文化不断丰富

精神力量是核行业从业人员和核安全监管队伍持续发展进步的源动力。2014年第三届核安全峰会上，习近平总书记提出“理性、协调、并进”的核安全观，强调坚持发展和安全并重、权利和义务并重、自主和协作并重、治标和治本并重，为核安全工作提供了根本遵循，为确立核安全目标和工作原则提供思想指导，为制定核安全政策提出行动指引，形成了核行业和核安全监管队伍的普世价值。

我国积极倡导核安全文化。政府通过发布《核安全文化政策声明》《核安全文化特征》等政策和指导性文件，宣示中国对核安全文化的政策主张。开展全行业核安全文化宣贯，推广良好实践，建立核安全文化评估机制，推动全行业贯彻核安全文化理念，引导全行业乃至全社会开展核安全文化建设。涉核企事业单位，积极完善各自的核安全文化体系，开展专项的核安全文化评估活动，提升全行业核安全文化水平。

核工业60多年发展历程中，铸就了“事业高于一切，责任重于一切，严细融入一切，进取成就一切”的核工业精神。核安全监管队伍总结了30多年核安全监管经验，提炼了“核安全事业高于一切、核安全责任重于泰山、严慎细实规范监管、团结协作不断进取”的核安全精神，为核安全监管系统确立了思想标尺和价值准则。

核安全监管人员始终坚持“独立、公开、法治、理性、有效”的监管原则，培育了“严、慎、细、实”的监管作风。始终秉承“中国共产党人的家国情怀，中华儿女的民族情怀，心中有民的为民情怀，爱岗敬业的事业情怀”，形成了“坚持文化引领、坚持依法行政、坚持依靠机制、坚持接轨国际、坚持问题导向、坚持从严管理、坚持持续创新、坚持夯实基础、坚持团结协作、坚持从我做起”的监管理念。

1.4　治理方式和手段不断优化

我国实施独立的核安全监管，不断强化法制优先，强化精神引领，强化规范监管，强化风险导向，强化机制保障，依法对核电厂、研究堆、核燃料循环设施、核安全设备、放射源与射线装置、放射性废物、铀（钍）矿和伴生矿开发利用以及放射性物品运输等实施安全监督管理，建立了安全许可、监督检查执法、环境影响评价、事故应急与调查处理、人员资质管理、辐射环境监测等全覆盖全过程的监管工作机制。

强化审评许可与监督执法支撑。大力推进行政许可改革，简政放权。建立适用于中国核安全监管的审评方法体系，提高审评能力，强化审评许可支撑。加强事中、事后监管，加强核安全监督执法能力建设，优化监督检查方法，提升监督检查技术水平，强化监督执法支撑。

强化辐射监测与事故应急支撑。建立国家和省级辐射环境监测体系、核设施监督性监测体系和核与辐射应急监测体系三张监测网络，不断完善全国辐射环境质量监测、核设施监督性监测及辐射环境应急监测体系，完善辐射监测网络布点，优化国控点、省控点网络布局，强化辐射监测支撑。建立统一指挥、统一调度的核事故应急响应专业队伍，建成专家评价系统，开展应急演习，强化地方应急能力建设，提高地方政府应急能力和水平，强化事故应急支撑。

强化经验反馈和技术研发支撑。健全文件体系，搭建信息平台，建立经验反馈专家库，完善国家核安全局经验反馈体系，强化经验反馈支撑。推进国家核与辐射安全监管技术研发基地建设，完善科研管理制度，培育科研队伍，保障持续性投入，提高相关成果应用水平，强化技术研发支撑。

强化公众沟通和国际合作支撑。着力推进核安全公众沟通规范化、机制化建设，制定核设施信息公开制度，提高公众参与程度，完善核安全突发事件公共关系应对体系，强化公众沟通支撑。加强国际合作，进一步借鉴先进经验，密切跟踪国际核安全发展趋势，汲取国外先进的核安全管理和监督经验，促进中国核安全管理水平不断提升，强化国际合作支撑。

1.5　治理效果评估多样化

持续开展国际同行评估。中国政府接受国际原子能机构的定期评估，同时通过国际公约履约，参加公约审议大会，接受国际同行的审议，推动缔约方经验反馈和共享。核电营运单位积极参加国际原子能机构运行安全审评队伍（OSART）、世界核电运营者协会（WANO）等国际组织开展的核安全国际同行评估活动。中国政府和专家参加对其他国家及核电厂的同行评估，借鉴国际经验，开展国际对标，促进共同提高。

积极推进国内同行评估工作。在政府部门支持指导下，我国核能行业协会大力开展核电厂生产运行、维修、技术、公众宣传、核安全文化等专项评估活动，不断发现核电厂在生产运行、工程建设方面存在的待改进项，提升管理水平。

监管部门综合管理和评价体系不断健全。国家核安全局全面梳理、分析和评价现行核安全监管制度、工作经验和良好实践，持续完善管理制度、工作程序和流程文件，建立了一套覆盖核与辐射安全监管全领域、全流程的行之有效的综合管理体系，为核与辐射安全监管提供了标准化、规范化的工作指南。各部门和单位的各级管理者制定并实施相关制度和程序，持续监测管理体系各要素和各活动的工作质量，评价管理体系运行的有效性，包括自我评价和独立评价、内部评价和外部评价等，及时识别体系运行过程中存在的问题和组织内外部环境的发展变化，不断调整组织的目标、政策和策略，改进和创新工作方式方法，不断提升监管活动的质量和效率，满足公众及各相关方的需求和期望。

2 存在的问题和对策

2.1 核安全法规标准体系需进一步完善

《中华人民共和国核安全法》（以下简称《核安全法》）实施后，监管制度发生了一些新变化，需要制修订配套行政法规、部门规章和导则，建立系统实用的核安全标准体系，有效落实法律确立的政策和制度。国家核安全局积极支持原子能法立法，加强与《核安全法》衔接。积极推进各项核安全行政法规制修订工作，推进电磁环境保护管理条例制定。加快《核安全法》配套部门规章制修订工作，完善核与辐射安全标准体系，加快制修订一批核安全标准。

2.2 核安全文化建设尚需加强

我国核行业虽然建立了相对完善的质量管理体系，大力培育核安全文化建设。但仍有核设施在建造过程出现违规操作、数据造假的事件。反映出个别企业核安全文化建设尚有待进一步加强，部分从业人员的质量意识、安全意识、守法意识尚需提高。因此，所有核活动相关单位要建立并有效实施质量保证体系，按照核安全重要性对物项、服务或工艺进行分级管理，使所有影响质量和安全的活动得到有效控制。要建立核安全文化评价体系，开展核安全文化评价活动，强化核能与核技术利用相关企事业单位的安全主体责任，确保核安全作为自觉的行动。

2.3 持证单位权责利存在不匹配的现象

近年来，我国核电厂管理引入了大业主持证模式、联合执证模式和集团执照模式，带来了核电厂持证单位权责利不匹配的问题。大业主持证模式存在资源无法统筹配备，员工难以有序流动，人才、管理不能有序输出的情况；联合持证模式存在业主公司与运行单位之间的法律责任难以准确划分，各自责任依靠相互之间的协议确定，难以在现有法规框架中找到依据的情况；集团持照模式存在股权结构复杂，各公司均为独立法人单位，责任划分和传递困难，且从上到下涉及多个层级，管理流程相对较长，可能导致效率低下的情况。核电厂营运单位在组织机构划分、人力资源配备、绩效考核方式等方面，应落实独立性、可支配性，使其有足够的能力承担法律法规要求的全面核安全责任。探索建立核电集团和装备集团取证的模式。

2.4　自主创新能力建设需进一步提升

2018 年 10 月，美国对我国发布核能技术限制政策，同时向其盟国施压限制与我核领域合作，企图遏制我核技术发展，维持其技术领先地位。总体上该政策对我影响可控，不影响现有核设施安全，对我拥有自主知识产权的核能技术及“走出去”项目影响有限，但对小堆、快堆等先进核能技术及先进燃料未来研发将产生一定影响，部分关键设备和控制系统国产化能力尚需进一步提升。我国核安全审评独立的分析评价、校核计算和试验验证手段初步建立，但在压水堆共性事故及核安全设备安全验证等实验室建设方面仍有较大空白，海洋放射性环境监测网络尚未建设。在“十四五”期间，坚持自主创新，不断提升核电自主化和国产化水平。实施核电重大专项接续工程，支持自主创新，全面梳理“卡脖子”技术设备材料清单，加大科技重大专项投入。同时针对小堆技术和我自主知识产权核电技术，设立核电重大专项，持续支持核能关键技术创新发展，抢占科技战略高点，加快国产化进程。推进国家核与辐射安全监管技术研发基地实验室建设，加大核安全监管技术科研投入，加快科研成果转化，为监管工作提供有力技术支撑。加强国控辐射环境自动监测站和实验室、东北边境应急监测能力建设，推动军民融合相关项目落实。

2.5　社会组织作用需进一步发挥

社会组织是核安全治理的重要组成部分，是政府、企业和公众之间的桥梁。当前我国 10 家核领域国家一级社团组织，尚未形成统筹协调机制，需要进一步加强学术交流、公众沟通和科普宣传，通过制定行业规则、加强行业第三方管理，进一步促进行业自律。一要大力倡导行业自律，鼓励支持涉核行业完善行约行规和自律规范，充分发挥行业协会在行业自我监督、自我管理、自我约束等方面的主导作用，引导涉核企业恪守法规标准，强化自律行为，提高社会监督，树立良好形象。二要强化宣传教育，充分发挥行业协会社会化平台优势，加强涉核行业宣传教育和培训，普及核与辐射安全法律法规，督促引导企业坚守道德底线，强化质量管理，落实安全责任，推动形成行业自律、企业自觉共同推动安全健康发展的良好格局。三要积极推进成立“中国核安全学会”国家一级社会组织，建立涉核社会组织的协调工作机制，强化社会组织自我管理，促进充分发挥有益效能。

2.6　涉核社会风险防范需要进一步加强

涉核问题极度敏感，处置不当，极易引发社会风险。党的十八大以来，在党中央、国务院坚强领导下，以坚决维护国家安全、政治安全为核心使命，以大力破解涉核项目“邻避”问题为主要抓手，涉核社会风险防范化解工作取得积极成效。但总体而言，我国涉核社会风险防范化解工作仍处于初期阶段，一是部分单位对涉核社会风险防范化解工作的重要性和紧迫性认识不足，缺乏足够重视和有力支持。二是监管部门、发展部门、企业和社会组织等资源有限且分散，虽有机制但共同发声较少。三是重事后应对、轻事前防范的现象较多，工作主动性、前瞻性、时效性有待加强。四是面对复杂敏感的新媒体网络环境，部分单位的适应能力和应对能力还有待进一步提高。

公众沟通工作要把握好科学性和规律性，紧紧抓住理念、体系、机制、策略四个关键点，着力加强涉核社会风险的防范化解工作。一要树立“双向沟通、互动反馈”的新理念，健全接收—反馈—回应沟通闭环，充分尊重民意、听取民意、回应民意，强化双向沟通、互动沟通。二要完善协同推进的“四位一体”新体系，大力加强信息公开，深入推进科普宣传，纵深开展公众参与，妥善做好舆情应对。三要构建“齐抓共管、全面参与”的新机制，增强齐抓共管意识、协同配合意识、联动应对意识，引导社会各界力量依法、全面、有序地参与公众沟通工作。四要实施以人群、行业差异为基础的新策略，积极适应分众化、差异化沟通趋势，做好公众情感态度、利益诉求等分析研判，科学进行群体划分，从时、度、效着力，制订针对性的沟通策略和沟通方式，实现精准沟通、有效沟通。

2.7 人才队伍建设需持续推进

新技术新任务对技术水平、管理能力和工作效率提出更高要求。监管范围不断扩大，监管人员数量不足，同时人员年轻化、经验不足。随着新技术的发展，解决新问题的技术能力需要不断提升。行业人才流失问题突出，近年来在核行业系统各单位人才流失问题不断涌现，行业人才紧缺。未来，应制定核安全人才计划，推动增加人员编制，加大人才引进力度，壮大核与辐射监管人才队伍。建立精细化的人员分级授权和分类培训制度，加强专业知识培训，提高人员技术能力。探索建立政府管理部门与企业、企业与企业间均衡的人才流动机制，吸引高素质人才进入核安全领域，强化核燃料循环产业前端和后端人才配置。形成有利于各类专业人才充分施展才能的选人用人机制，提高核安全从业人员的薪酬待遇，完善以绩效为核心的人才考核与激励机制，培养核安全学术和技术引领者、专业领域技术带头人等。

2.8 核设施内其他质量和安全监管存在模糊地带

《中华人民共和国特种设备安全法》明确规定核设施所有特种设备不适用该法，《核安全法》及相关条例只授权国家核安全局对核安全级设备进行监管。目前如核设施中的电梯、吊车、非核安全级的承压设备等的监管职责未予明确。各核设施营运单位或自行管理或购买第三方服务，方式不一。“十四五”期间，应建立生态环境部内协调机制，加强核设施内部与生态环境部职能相关的危险化学品的安全管理，加强涉核项目常规环境的监测、监察执法垂直管理，提高常规环境质量。建立部际协调工作机制，统筹核能发展和安全，形成联防联控的机制，共享数据，确保核电发展和安全的无缝衔接，加强政府部门对核电核设施内部非核安全相关物项（如特种设备、消防等）监督管理。

3　“十四五”指导思想、基本原则和目标

构建新时代核安全治理体系是落实党的十九大精神、推进国家核安全治理进程的新要求，是核与辐射安全监管体系现代化的现实目标，是“十个坚持”监管理念基本经验的深化和落实，是“四块基石、八项支撑”核安全监管大厦的延伸与升华。构建新时代核安全治理体系即使核与辐射安全监管制度更加科学、更加完善，实现核与辐射安全监管活动的制度化、程序化和规范化，依靠法律和制度治理核与辐射安全，提高监管工作的独立性、权威性和有效性。

3.1　指导思想

以党的十九大和十九届三中全会精神为指引，深入落实总体国家安全观与核安全观，从我国核与辐射安全监管工作实际出发，坚持“安全第一、质量第一”的根本方针，全面聚焦核与辐射安全监管体系和监管能力现代化目标，加强核与辐射安全风险防控，不断强化决策指挥体系、政策法规体系、安全监管体系、技术支持体系、监测应急体系、废物处置体系和综合保障体系建设。

3.2　基本原则

一是顺应当前政府机构改革的大势，落实生态环境部改革任务，形成生态环境保护与核安全深度融合的管理格局。二是瞄准机构、制度和机制等方面的新问题，开展监管体制机制改革，确保改革开展与问题解决同步跟进。三是吸纳国际核安全监管改革经验，借鉴国内其他领域的改革实践，确保核安全监管体系始终保持与国际接轨。四是着重调整和优化法规制修订、审评许可、监督执法、应急与监测、人员资质管理等监管流程和工作机制。五是遵照《核安全法》的要求，落实政府部门和企业的责任，构建政府为主导、企业为主体、社会组织和公众共同参与的核安全治理体系。

3.3　目标

完善决策指挥体系。在党中央、国务院的领导下，在国安委的指导下形成统一指挥、高度集中、部门联动、军民融合、运转协调、联防联控的核与辐射安全决策指挥体系。强化核安全工作机制的统筹协调作用，高效开展对核安全风险的研判预警、信息共享和联防联控等工作。

完善政策法规体系。实施《核安全法》，完善核安全法规标准，健全一套完整、科学、系统的法律法规体系，不同法规之间层级清楚，定位清晰，关系明确，为依法从严监管、提高核安全法治化水平提供有力保障。完善核与辐射安全标准体系，保障核与辐射安全监管“列车”在法规标准的“轨道”上安全、高速前行。

完善安全监管体系。提高核与辐射安全监管机构的独立性、权威性和有效性，形成与我国核能核技术利用事业发展态势相适应的核安全监管体制机制。优化监管组织架构，建立良好的运转机制，高效运转核与辐射安全监管综合管理体系，推进监管工作制度化、规范化。

完善技术支持体系。构建覆盖核安全审评许可、监督、监测预警、应急处置、执法等全链条的技术研发、科技创新、经验反馈、信息共享的技术创新平台和人才队伍。充分发挥派出机构、后援单位、专家委员会、研究院所等技术支持单位的作用，充分转化监管技术成果，强化核与辐射安全监管技术支撑。

完善监测应急体系。建成覆盖全国重点地区、边疆地区、敏感地区的常规监测、监督性监测和事故应急监测等辐射环境监测网络，具备完备的辐射环境监测与事故应急能力，打造一支“拉得出、上得去、测得准、打得赢”的监测应急队伍，形成运转高效的应急准备响应体系。

完善废物处置体系。建设有效贮存、分类处置、责任明确、安全可靠的，与核事业发展规模相适应的放射性废物处理处置体系，按照安全标准，合理布局中低放固体废物处置场，有力推进高放废物地质处置工作，确保乏燃料、放射性废物、废旧放射源等放射性废物安全。

完善综合保障体系。形成由基础能力、人员培训、经费投入、经验反馈、公众沟通、信息发布、网络安全、国际合作、精神文化、作风建设等组成的综合保障体系，确保核安全体系稳定高效运行。

4 重点任务

4.1 政府层面

进一步强化核与辐射安全监管法治水平。全面实施《核安全法》，完善配套制度和法规标准体系，以核与辐射安全法律法规标准体系为指引，整合监管职能，调整监管部门设置，提升行政效率；创新监管方式，优化依法监管机制，加强事中事后监管；完善执法程序，严格执法责任，提高监管执法效能，全面夯实法治保障。

进一步完善核安全体制机制。落实国家核安全相关政策和规划，优化核安全工作协调、境外环境风险应对、涉核社会风险防范等体制机制；协调推进各省、自治区、直辖市核安全协调机制的构建，加强各类涉核风险联防联控。推进保障核设施运行安全相关体制机制改革，健全核设施安全监督机制和技术支持体系，全面发挥核电厂运行安全技术支持体系的作用。进一步发挥地区监督站职能作用，立足保障核设施安全，全面提升监督执法效能。持续加强监管队伍和精神文化建设，打造核安全铁军。

深入开展核安全政策研究。聚焦核安全领域涉核反恐、涉核舆情、境外涉核风险对我国影响等重大问题，深入开展核安全风险和政策研究，强化重大风险研判和预警，推动核安全监测预警信息化平台试点和建设。严密防范涉核风险向政治和社会领域传导。

依法从严开展核电厂、研究堆安全监管。继续推动核电厂、研究堆安全审评、环评审查和监督检查规范化，制定核电厂安全标准审查大纲，发布《核电厂总体安全状况》；积极开展核电厂网络安全、小型堆、浮动核动力平台等核安全监管前瞻性研究；以运行安全为核心，切实做好运行核电厂、研究堆日常监管；及时总结经验，深入细致做好新设计核电厂监管，妥善处理建造和运行事件，加强共性问题调查处理和经验反馈。

加强核燃料循环设施和放射性物品运输监管。加强核燃料循环设施运行安全监管，做好安全重要风险环节的监督检查。强化乏燃料后处理专项工作机制，加强后处理设施核安全和环境排放标准研究，推进落实中法核安全监管专项合作。规范放射性物品运输活动，加强放射性物品运输监督检查，规范二、三类放射性物品运输容器的设计和制造管理，加强运输过程中的辐射防护管理，提高放射性物品运输核与辐射安全水平。配合推进乏燃料公海铁运输体系建设。

推进核设施退役和放射性废物治理。全面开展基地调查评价和总结，编制处置场规划，推进处置场选址建设，推动历史遗留退役治理，加强运行处置设施安全监管。

进一步规范核技术利用辐射安全管理。继续推进“放管服”改革，改革辐射安全与防护培训机制，推进高风险移动源在线监控系统建设。

强化铀矿冶、伴生放射性矿和电磁辐射安全监管。完成伴生放射性矿普查，发布《开发利用企业名录》。督促关停铀矿山退役治理。

优化核安全设备和核安全特种人员监管。开展《民用核安全设备监督管理条例》及其配套规章实施情况评估，深化设备许可管理制度改革，实行许可动态管理，推动优胜劣汰，规范行政执法和处罚程序，强化事中事后监管。推进核设施操纵人员、民用核安全设备焊接、无损检验人员资格管理优化改革。

提升辐射环境监测和核与辐射应急能力。加快辐射环境国控监测网络体系建设，加强核设施辐射环境监督性监测工作，强化国控网运维管理。统筹加强涉核反恐防范和核材料管制工作，保障重大活动期间核与辐射安全。

扎实推进技术支持能力建设。建成国家核与辐射安全监管技术研发基地一期工程，重点保障基地内涵建设项目落地，提升独立校核、试验验证能力。推动核与辐射安全管理体系贯彻实施，强化跟踪问效和运维管理。开展核与辐射安全监管信息系统建设。

不断深化国际合作。落实“推广国家核电安全监管体系”等倡议，推动核安全与核电共同“走出去”，有序推进“华龙一号”工作组工作，筹备《核安全公约》《乏燃料管理安全与放射性废物管理安全联合公约》履约，深化与国际原子能机构、经合组织核能署、美、法、俄、英、巴等双多边合作。

4.2　企业层面

全面落实企业核安全责任，建立并有效实施质量保证体系，探索建立核电集团和装备集团取证的模式。建立核安全文化评估体系，建立核行业信用清单，严防违规操作和弄虚作假。建立安全状况评估体系，加强风险指引，开展经验反馈，指导核安全改正，提升安全管理能力和水平。加快核电集团核电厂场内核事故应急支援体系和能力建设，推进核与辐射应急演习实战化、规范化、科学化，推动核设施应急演习场景库建设。推动企业核安全信息强制公开，强化企业安全管理与自我约束。核设施营运单位预提核设施退役费用、放射性废物处置费用，列入投资概算、生产成本，专门用于核设施退役、放射性废物处置。研究规划限制区电力优惠或经济补偿政策，建立跨地区协商机制，提高公众接受度。推进技术研发，推动新技术和重大科技专项技术研究。

4.3 社会组织和公众层面

完善社会组织与动员公众参与核安全与环境管理和监督机制。进一步完善信息公开制度，建立政府与社会各界的沟通协商机制，构建公众有序参与规划制定、许可、管理监督等环节的制度与程序，充分协商，发挥基层组织与公众沟通的作用。培育和扶持各类基层社区组织和民间组织，引导社会公众依法、积极、有序地参与核安全政策制定、项目建设等决策过程，对核设施、核技术利用等开展公众监督，对核安全管理积极献言献策。

充分发挥行业社会组织力量，完善行约行规和自律规范，充分发挥行业协会在行业自我监督、自我管理、自我约束等方面的主导作用，引导涉核企业恪守法规标准，强化自律行为，提高社会监督，树立良好形象。充分发挥行业协会社会化平台优势，加强涉核行业宣传教育和培训，普及核与辐射安全法律法规，督促引导企业坚守道德底线，强化质量管理，落实安全责任，推动形成行业自律、企业自觉共同推动安全健康发展的良好格局。积极推进成立“中国核安全学会”国家一级社会组织，建立涉核社会组织的协调工作机制，加强社会组织管理，促进其充分发挥有益效能。